中式热菜示范与实训

主编　佟新章

天津出版传媒集团

天津科学技术出版社

图书在版编目(CIP)数据

中式热菜示范与实训/佟新章主编．--天津：天
津科学技术出版社，2021.7

　　ISBN　978-7-5576-9432-6

　　Ⅰ.①中… Ⅱ.①佟… Ⅲ.①中式菜肴-烹饪
Ⅳ.①TS972.117

中国版本图书馆 CIP 数据核字(2021)第 121865 号

中式热菜示范与实训

ZHONGSHI RECAI SHIFAN YU SHIXUN

责任编辑：吴　頔
责任印制：兰　毅

出　版：天津出版传媒集团
　　　　　天津科学技术出版社
地　址：天津市西康路 35 号
邮　编：300051
电　话：(022)23332377(编辑室)
网　址：www.tjkjcbs.com.cn
发　行：新华书店经销
印　刷：三河市佳星印装有限公司

开本 710×1000　1/16　印张 12.75　字数 250 000
2021 年 7 月第 1 版第 1 次印刷
定价：50.00 元

前　言

　　饭后，突发遐想：原来我们每天用筷子夹起来的饭菜，不仅仅是吃到嘴边的食物，夹起来的食物还联系到人类文化的起源，社会历史的起点，文明进程的起步……

　　众所周知，文化是人类认识和改造世界的反映，是历史演变的积累，是社会文明进步的综合体现。由此，想到了烹调，想到编纂《中式热菜示范与实训》。

　　当初原始人类"茹毛饮血"的时候，烹调尚未出现。后来人类发现了火种，懂得了熟食，逐步学会了火烤、石炙、泥烹等烹调技术。再往后，随着烹调技术的日渐成熟、多样化，人类的饮食习惯不断发生着改变，生活也渐渐向上，社会也随之前进，人类的文明程度和幸福指数也犹如山花开放，越来越灿烂，越来越美好！

　　烹饪技术，可以说就是做饭、做菜的技术。烹调方法就是烹炒和调制味道。目前仍以手工工艺技术为主，虽然如此，但它却包含有广泛的技术、艺术和科学内涵，它是一门很深的学问，也包括灿烂的文化。我国已故著名烹调学者聂凤乔教授曾讲过："中华烹调历史十分悠久，文化积淀也就十分深厚广博，为举世之所称道。"他还特别指出，"由烹调生产到饮食消费，连同其中间的餐饮部分（流通过程），共同构成为中国烹饪文化。烹调、饮食和餐饮都是文化，但是生产决定消费，孰重孰轻，不言自明。何况烹饪文化的创制者是烹调，不做，哪来的吃？"

　　编写《中式热菜示范与实训》，正是本着这样的宗旨。全书从对中国烹饪技术的学习、继承、挖掘、整理、推广等五个方面着手，对我国丰富悠久的烹饪技术进行了系统规范，较为全面地向广大烹饪工作者、烹调爱好者介绍了烹饪技术、方法和知识，并以此向中国烹饪科学与艺术境界的更高层面掘进，为弘扬祖国的烹饪文化做出一点应有的贡献。

　　中国烹饪技术源远流长，内容丰富，博大精深。本书编写者虽然竭尽全力，但也仅是收集了中国烹饪技法的一部分而已，可以说内容有挂一漏万之嫌，每个词目大多是资料整理，有的技法距实践操作可能还有一定距离，有的还可能有错误，以此可知本书的不足和失误之处。欢迎读者在实践中学习操作，在操作中弥补本书的不足。对本书文字上的疏漏，一并欢迎读者批评指正。

目　　录

第一章 热炒烹调概述

第一节 热菜烹调工艺

一、热菜烹调工艺概念

中国烹饪源远流长，丰富多彩，它是中华民族灿烂文化的一部分，也是世界文化艺术宝库中一颗绚丽夺目的明珠。它与法国烹饪、土耳其烹饪齐名，并称为世界烹饪三大风味体系。中国菜肴品种繁多，烹调工艺精湛，形成具有色、香、味、形、质、器、养统一的风味特色，其中以味的艺术享受为核心，以养的物质享受为目的，构成中国菜肴的最大特色。

烹就是对烹饪原料加热使之成熟，调就是调味；通过加热调味将生的烹饪原料制成熟的菜肴，就是烹调技术。热菜烹调工艺是烹调技术的积累、提炼和升华是有计划、有目的、有程序地利用烹调工具和设备对原料进行加干、切配、调味、加热与美化，使之成为能满足人们生理需求的菜肴的工艺过程。

热菜烹调工艺不是一成不变的，随着科学研究的不断深入，烹饪新原料的不断开发利用和烹饪新工具、新设备的不断更新，其烹调工艺也将越来越完善。

二、热菜烹调工艺流程

1）菜肴烹调工艺的种类

第一，按风味流派的不同，可划分为山东菜制作工艺、四川菜制作工艺、江苏菜制作工艺、广东菜制作工艺、湖南菜制作工艺、安徽菜制作工艺、浙江菜制作工艺、福建菜制作工艺等。

第二，按烹调方法，可划分为水烹法制作工艺、油烹法制作工艺、汽烹法制作工艺、辐射法制作工艺、其他烹调方法制作工艺等。

第三，按筵席制作，可划分为大菜、头菜、热菜、饭菜、甜菜、汤羹类等。

2）热菜烹调工艺流程

第一，原料选用。

选料是菜肴制作的重要环节，包括对各种原料的鉴别与选择。好的原料是制作好菜肴的物质基础，为了保证菜肴质量，烹调之前对用料须进行认真的选择与组配。鉴别其产地、固有品质、新鲜度、用途、营养成分及有无毒害，经过烹调加工可提供营养、卫生、安全的菜肴。

第二，初步加工。

原料的初加工包括对植物性原料的剔选、摘掐，对动物性原料的宰杀，去毛、羽、鳞片和剖腹去内脏、洗涤、出骨、出肉或分档取料、干货涨发等。

第三，切配。

烹饪原料的切配过程，包括刀工处理、配菜、初步熟处理、制汤以及挂糊、上浆、拍粉和码味腌渍等，为临灶烹调作准备。

第四，临灶烹调。

临灶是指将经过切配后的原料进行加热、调味，制作菜肴的工艺，是菜肴烹调工艺的最后一道工序。因为多在炉灶前操作，又称炉子或灶上、火上的。因为餐饮业的炉灶通常有 3 个以上的火眼，从事临灶操作的厨师，根据技术水平又分为头炉（头灶、头锅）、二炉（二灶、二锅）、三炉等。相对应炉子的切配厨师，又称为头砧、二砧、三砧等。临灶以烹制为中心，其工艺内容包括烹制、调味、制汤、勾芡和装盘等。

第二节　热菜烹调方法的分类法

热菜烹调方法众多，由于所持的标准不同，分类的方法也有多种，常见的分类方法是，按菜品温度和按传热介质分。

1）按菜品温度分为冷菜技法和热菜技法。冷菜烹调技法常用的是拌、腌、泡、冻、酱、卤、酥等。热菜烹调技法常用的是烧、扒、煨、炖、炝、汆、煮、炒、炸、爆、熘、煎、贴、烹、蒸、烤、拔丝、蜜汁、挂霜等。

2）按传热介质分为水烹法、油烹法、汽烹法、辐射法、其他烹调方法。

第一，水作传热介质的烹调法。

水烹法是指菜肴原料的主要成熟过程以水作为传热介质的烹调方法，如烧、扒、煨、炖、烩、焖、汆、煮、蜜汁等。

第二，油作传热介质的烹调法。

油烹法是以食用油脂作传热介质来加热原料的烹调方法，如炒、炸、爆、熘、煎、贴、烹、拔丝、挂霜等。

第三，蒸汽作传热介质的烹调法。

汽蒸法是以水蒸气为传热介质来加热原料的烹调方法，如蒸和熏等。

第四，辐射作传热介质的烹调法。

辐射作为传热介质的烹调法有烤和微波烹调等。目前以电加热的设备可分两大类，一类是通电后将电能直接转化为热能的装置，一般有电炸炉、电扒炉、电法兰板等；另一类是通电后将电能转化为电磁波，通过电磁波来加热的装置，一般有电磁灶、远红外线烤炉、微波炉等。随着经济的发展，它的应用领域将不断得到拓宽，不断被普及推广和应用。

第五，其他烹调方法。

其他烹调方法主要是指以固态的盐、泥沙、卵石等作为传热介质的烹调方法，如盐烹和石烹等。

第二章　烹饪原料及初加工

第一节　烹饪原料基础知识

一、烹饪原料的分类

（一）烹饪原料分类的意义

我国幅员辽阔、地大物博，多样的地理和气候条件为各种动植物原料生长、繁衍提供了良好的环境，加上在漫长的历史长河中我们的先辈创造性地开发了各种干制品、腌渍品，使我国常用的烹饪原料多达上千种。在利用我国原产原料的同时，我们历来重视对外交流引进新的食物品种，已知的从汉代至今，我们引进了数量众多的优质烹饪原料，如胡瓜、胡葱、胡豆、南瓜、黄瓜、茄子、辣椒、番茄、洋葱，新的食物品种不断拿来为我所用，促进了我国烹饪的发展。当然，对如此多的烹饪原料进行分类也就有了重要的意义。

1. 有助于全面、系统地认识烹饪原料

每一种烹饪原料都有不同的食用特点和营养特点，将不同的烹饪原料用科学的方法进行分类，找到同一类原料的共性与不同类原料的特性，有利于我们了解烹饪原料的内涵，掌握其在运用过程中的内在规律。

2. 有助于科学、合理地利用烹饪原料

通过对烹饪原料进行分类，了解和掌握各类烹饪原料的特点和运用方法，能充分发挥烹饪原料的作用，进而达到最佳烹饪工艺效果的目的；也可通过对烹饪原料的分类，调查各类烹饪原料的使用情况，了解和掌握烹饪原料的使用趋势，去劣存优，最大限度地发挥烹饪原料的作用。

（二）烹饪原料的分类方法

从不同的角度出发，采用不同的分类方法，烹饪原料的分类也不尽相同。常见的分类方法有以下几种。

1. 按原料性质分类

植物性原料：粮食、蔬菜、果品等。

动物性原料：禽、畜、水产品等。矿物性原料：盐、碱、矾等。人工合成原料：色素、复合香料等。

2. 按原料加工程度分类

第一，鲜活原料：鲜肉、鲜菜、鲜果、活禽、活鱼等。

第二，干货原料：动物性干货、植物性干货等。

第三，复制品原料：腌腊制品、罐头制品、速冻制品等。

3. 按原料商品学分类

可将原料分为粮食、肉及肉制品、蛋奶、野味、水产品。

4. 按原料在烹饪中的作用分类

第一，主料：构成菜肴的主要原料，如京酱肉丝中的猪肉。

第二，辅料：又称配料，在菜肴中居辅助地位、衬托主料。

第三，调料：在菜肴中起调味作用，如精盐、酱油、料酒。

5. 其他分类方法

按食品资源，分为农产食品、畜产食品、水产食品、林产食品、其他食品等。中国疾病预防控制中心营养与食品安全所编著的《中国食物成分表》对原料及食物进行的分类：谷类及制品，薯类、淀粉及制品，干豆类及制品，蔬菜类及制品，菌藻类，水果类及制品，坚果、种子类，畜肉类及制品，乳类及制品，蛋类及制品，鱼虾蟹贝类，婴幼儿食品，小吃、甜饼，速食食品，饮料类，含酒精饮料，糖、蜜饯类，油脂类，调味品类，药食两用食物及其他，共 21 种。

二、烹饪原料的选择与品质鉴别

（一）选择的目的与意义

1. 烹饪原料选择的目的

高质量的烹饪原料是高质量菜品的基础，烹饪原料选择的目的就是通过对原料品种、品质、产地、部位、卫生状况等多方面的挑选，为特定的烹调方法和菜点提供优质的原料。

2. 烹饪原料选择的意义

第一，为菜点提供安全保障。选择安全、卫生的原料是烹饪过程中首先要遵循的原则。生活中我们的烹饪原料在种植和养殖、采摘和宰杀、存储过程中会遇到各种食品安全的挑战，例如种植、养殖过程中的农药、兽药残留；采摘、宰杀过程中微生物引起的污染；存储过程中的腐败、变质等。所以必须对烹饪原料进行选择，以满足菜点三大属性（卫生性、营养性、食用性）之一的卫生性。

第二，为菜点提供营养支持。菜品中的各种营养素来源于原料，合理地选择原料，去除原料中的有害物质，最大限度地保护原料的营养价值，考虑进餐者的健康状况有针对性地选择适合的烹饪原料，以满足菜点三大属性之一的营养性。

第三，为菜点提供质量保证。每个菜点均有不同的烹调方法和质量标准，根据菜点的要求选择合适的烹饪原料，充分发挥不同原料在色泽、香气、味道、形状、质地、营养等某个方面的优势，通过最佳的烹调方法，将原料变成成品，以满足菜点三大属性之一的食用性。

（二）烹饪原料选择的基本原则

选择烹饪原料时，必须遵守国家相关法律法规，根据菜点的要求和烹饪的需求，遵循以下几点原则：

1. 具有安全、卫生性

选择安全、卫生的烹饪原料，需要充分了解原料在种植、养殖、加工过程中各个环节的情况，目的是为烹饪提供安全卫生的烹饪原料，防止食物中毒。在选择烹饪原料的过程中，要求从业人员必须具备相应的卫生学和原料学的知识，必须了解食品安全法，选用经卫生检疫部门检疫认可的各类原料，杜绝腐败、变质的原料。

2. 具有营养性

烹饪原料的营养价值受很多因素的影响，如原料的品种、部位、不同生长时期以及不同的加工方法等。根据进餐者的营养需要，选择合适的主料，再根据主料科学合理地搭配辅料，真正达到合理膳食、均衡营养的要求，充分发挥原料的营养作用。

3. 具有风味性

广义的风味是指食物特有的化学成分或食物形态给人的综合感受，除了包括味觉、触觉、嗅觉、视觉以外，还包括心理方面的感受。影响原料风味的因素包括进餐者的民族属性、宗教信仰、个人喜好等，也包括某些原料选择的时限性，如：某些蔬菜水果在相应的采摘季节风味最好，俗话所说的"七荷八藕九芋头""九月韭，佛开口"等，就是食用最佳时期的体现；某些水产品在特定捕捞季节风味最佳，如"桃花流水鳜鱼肥，赏菊吟诗啖蟹时"等，也体现了食用的最佳季节。因此，一定要根据食客情况、烹调方法和菜肴要求来选择风味最适合的烹饪原料。

4. 具有实用性

选择实用的烹饪原料除了要考虑营养、风味等因素以外，还要考虑原料的形状、大小、色泽、产地等因素。形状、大小的选择主要是根据菜点的要求，在烹调的过程中要尽量提高原料的利用率，做到物尽其用。色泽的选择主要是为了满足菜肴的美观。产地的选择主要考虑两个因素，一是价格，二是质量。非本地产的价格一般要高于本地产的价格；而质量则会因地区的不同而出现品质的差异，如山东的大葱、东北的大米、四川的蔬菜、云南的水果等均是相应类别原料中的佼佼者。

（三）烹饪原料品质鉴别的方法

烹饪原料品质鉴别的方法主要有三种：感官鉴别法、理化鉴定法和生物鉴定法。理化鉴定法和生物鉴定法在食品加工过程中使用较多，烹饪中最常用的是感官鉴别法。感官鉴别法是指通过人的感觉器官，对烹饪原料的色、香、味、形、质等方面进行综合的判断和评价，进而判断烹饪原料的质量。感官鉴别的具体方法包括视觉鉴别法、嗅觉鉴别法、味觉鉴别法、听觉鉴别法和触觉鉴别法。

1. 视觉鉴别法

视觉鉴别法是指利用人的眼睛对原料的外观、形态、色泽、清洁程度等进行观察，然后判断原料质量优劣的方法。此方法适合所有原料，也是感官鉴别中必须使用的方法。我们可以通过原料的外观、形态、色泽来判断原料的成熟程度、新鲜程度以及原料是否有不良的改变。视觉鉴别法一般要在白天自然光的照射下进行，以免其他光线对鉴别产生影响。

2. 嗅觉鉴别法

嗅觉鉴别法是利用人的嗅觉对原料的气味进行辨别，然后判断原料质量优劣的方法。每种原料都具有自身的味道，如牛羊肉的膻味、鱼肉的腥味、乳制品的香味等。我们可以通过嗅觉来辨别原料的品质。当原料的质量发生变化，其气味也会随之发生改变，如糖分含量较多的原料变质会产生酸味，蛋白质含量较多的原料变质会产生臭味，脂肪含量较多的原料变质会产生哈味等。因挥发性物质的浓度会随温度的变化而变化，所以嗅觉鉴别法最好在15～25℃常温下进行。

3. 味觉鉴别法

味觉鉴别法是利用人的味觉对原料的味道进行辨别，然后判断原料质量优劣的方法。可溶性物质作用于味觉器官所产生的感觉称为味觉。不同的原料具有不同的味道，如盐的咸味、糖的甜味和醋的酸味。变质的原料味道会发生相应的变化，如米饭刚变质时会出现微甜的味道，继续变质会产生酸味；肉变质会产生苦味等。对不同烹饪原料进行味觉鉴别时，一般按照味道由弱到强的顺序进行，同时要注意保持恒温。为了防止味觉疲劳，中间应漱口和休息。

4. 听觉鉴别法

听觉鉴别法是利用人的听觉对原料被摇晃、拍打时所发出的声音进行辨别，然后判断原料质量优劣的方法。此种方法仅适用于部分原料，如鸡蛋、西瓜、香瓜等。

5. 触觉辨别法

触觉鉴别法是利用人的触觉对原料的质地、重量进行辨别，然后判断原料质量优劣的方法。如新鲜动物性原料的弹性、黏性，新鲜植物的脆嫩程度，优质面粉的细腻程度等。触觉鉴别法要求原料的温度在15～25℃，因为温度的变化会影响原料的质地。

在实际生活中，往往需要把几种鉴别方法组合在一起，以求对烹饪原料的质量进行公正的评判，选择符合标准的原料。

三、烹饪原料的保藏

烹饪原料的保藏是指在一定条件下，通过一定的手段和方法保存烹饪原料以保证其品质的过程。常用的保藏方法有低温保藏、干藏、腌渍保藏、烟熏保藏、高温保藏和辐射保藏等。

（一）低温保藏

低温保藏可分为冷藏和冻藏。低温保藏的原理是通过维持烹饪原料的低温水平或冰冻状态，以阻止和延缓其腐败变质的进程，从而达到保藏的目的。冷藏一般适用于新鲜蔬菜、水果、蛋奶、禽畜肉、水产品等，保藏温度应根据原料的特点来选择，通常在 0～10℃，保藏时间不宜过长，最长不超过一个星期。冻藏适用于各类动物性原料和一些组织致密的果蔬类原料，也适合一些烹饪加工的半成品。冻藏过程中要尽量做到速冻，这样对原料品质的影响较小。

（二）干藏

干藏的原理是使烹饪原料中的水分含量降低到足以防止腐败变质的程度，并保持低水分而进行长期储藏。适合干藏的原料范围很广，如菌类、豆类、部分蔬菜、鱼翅、鱼肚、墨鱼干、干贝等均是采用干藏的方法进行保藏的。干藏常采用的方法有干燥、脱水，近年来采用的真空冷冻干燥技术是干藏技术中最先进的。干制后的原料在保藏中要注意保持干燥和通风。

（三）腌渍保藏

腌渍保藏的原理是利用食盐、食糖或醋等渗入烹饪原料组织中，提高渗漏压，降低水分活性，以控制微生物的生长与繁殖，从而防止烹饪原料腐败变质。腌渍常用的方法有糖渍、盐渍、酸渍，适用于各类蔬菜、水果、肉类等原料。我国很早就开始使用这种保藏方法，原料在保藏的过程中还会产生独特的风味，如蜜饯、泡菜、腌肉等。

（四）烟熏保藏

烟熏保藏通常是原料在腌渍的基础上，利用木材或其他可燃原料不完全燃烧时产生的烟雾对原料进行加工的方法。其原理是烟雾中含有醛类、酚类等物质，可以起到杀菌的作用，同时熏制过程中的高温和腌渍时的高渗透压也可消灭或抑制部分微生物的生长，从而达到原料保藏的目的。烟熏保藏主要适用于肉类、笋类等。

（五）高温保藏

高温保藏的原理是利用高温杀灭引起原料腐败变质和使人致病、中毒的有害微生物，并且使原料中的酶失去活性，从而保证原料安全卫生，延长原料的保藏期。在烹饪中我们常将各类动植物原料进行卤制、加热制熟等，即属于此方法。除此以外，食品加工中经常用到的巴氏消毒、高温瞬时消毒等均是利用高温延长原料保藏期的方法。

（六）辐射保藏

辐射保藏的原理是利用原子能射线的辐射能量，对烹饪原料进行杀菌、杀虫、酶活性钝化等处理。此种保藏方法具有较高的科技含量和设备要求，常在大批原料食品工业化保藏时使用，如粮食类、薯类、花生等。

除了上述原料保藏的方法以外，我们还经常对家禽、家畜、水产品等采用活养的方式进行保藏，但因烹饪前仍需进行宰杀才得到烹饪中的原料，故活养的方法请同学们自己查找资料学习掌握。

第二节　植物性原料及初加工工艺

植物性原料是来自植物界用于烹饪的一切原料及其制品的总称，主要包括粮谷类原料、蔬菜类原料和果品类原料。这类原料在膳食结构中所占比例极大，对其进行合理的初加工，去劣存优，在烹饪中有着非常重要的意义。

一、粮谷类原料及初加工

粮谷类食物是我国居民的主食，在膳食中占有非常重要的地位，主要供给人们每天所需要的能量、碳水化合物和蛋白质，同时也是矿物质、B 族维生素的重要来源。

（一）粮谷类原料的分类及常见品种

按照食品用途和植物学系统分类，我们通常把粮谷类原料分为三大类：

第一，谷类：以成熟的种子供食，常用的主要有稻谷、小麦、玉米、燕麦、高粱、小米、荞麦等。

第二，豆类：以成熟的种子供食，主要分为大豆和杂豆。杂豆又主要有蚕豆、豌豆、绿豆、黑豆等。

第三，薯类：以植物膨胀的变态根或变态茎供食，常用的品种有马铃薯（又称土豆、洋芋）、甘薯（又称红薯、白薯、山芋、地瓜等）、木薯（又称树薯、木番薯）和芋薯（芋头、山药）等。

（二）粮谷类原料的营养特点

1. 谷类原料的营养特点

谷类原料结构因品种不同而略有差异，但基本结构大致相同，主要由谷皮、糊粉层、胚乳和胚芽四部分组成。谷皮的主要成分是纤维素、半纤维素和木质素，同时含有少量的蛋白质，因口感粗糙，在食用前均要去除；糊粉层含有比较多的维生素和矿物质，但加工程度越高，糊粉层损失率越高，相应的营养素损失率也越高；胚乳的主要成分为淀粉，同时含有大量的蛋白质，是谷类最主要的食用部分；胚芽中含有丰富的脂肪、蛋白质、矿物质和维生素，营养价值高，但加工时一般会采用一定的工艺将其分离，用于营养强化食品和保健食品。

谷类原料蛋白质含量一般为7%～15%，因常作为主食，人们每天摄入量较大，故提供的蛋白质总量较高，可占到人们每天摄入总量的30%以上，但因加工的成品粮中赖氨酸含量较低，所以蛋白质的质量并不高。谷类原料营养成分中含量最多的是碳水化合物，占70%左右，而碳水化合物中含量最多的是淀粉。淀粉根据结构又分为两种，一种是直链淀粉，另一种是支链淀粉。一般谷类直链淀粉占20%～25%，糯米中的淀粉几乎都是支链淀粉。脂肪在大多数谷类原料中仅占1%～2%，以不饱和脂肪酸为主。从矿物质的含量来看，谷类原料含有较为丰富的磷、钙、铁、锌、镁、铜等，但质量较差。对我国居民来说，人体所需B族维生素主要来源于谷类原料，它主要集中在谷类原料的糊粉层和胚芽中，加工越精细，其损失率越高。

2. 豆类原料的营养特点

豆类原料营养物质丰富，是优质蛋白质的"仓库"，同时还含有丰富的碳水化合物、脂肪、维生素、矿物质，是古今公认的食疗佳品。

大豆的蛋白质含量为40%左右，是一般谷类的3～5倍，且高于绝大多数禽畜肉类。大豆蛋白必需氨基酸的组成除蛋氨酸含量略低以外，其余与动物蛋白相似，是优质的植物蛋白，同时赖氨酸含量比较丰富，是米、面非常好的互补食品。大豆中碳水化合物与谷类原料相比含量较低，约占25%，其中含有的多糖是引起人们胀气的主要成分。大豆脂肪含量为20%左右，其中大多数为不饱和脂肪酸。大豆中B族维生素和钙、磷、铁等矿物质的含量明显高于谷类，但人体对其中钙、铁的消化吸收率并不高。

豌豆、蚕豆、绿豆等杂豆的营养素组成和含量与大豆有很大的区别，从整体来看，蛋白质的含量比大豆低，约占25%，但高于谷类原料；碳水化合物的含量比大豆要高，占50%～60%；脂肪含量较低，约为1%；维生素与矿物质的含量与大豆比较接近。

豆制品中豆腐、豆干、豆浆因其含水量的不同，营养组成也不同，含水量越高，所含各种营养素的比例会相应地略有降低，但在加工过程中去除了大豆中的抗营养因子，故各种营养素的消化吸收率都得到了较大的提高。而发酵类豆制品如豆豉、豆瓣酱、豆腐乳等，因经过发酵工艺，蛋白质部分变性和水解，也提高了消化吸收率；B族维生素在发酵的过程中含量也有所增加。豆芽在生长的过程中会产生豆类所没有的维生素C，在特殊气候与环境条件下是维生素C的非常好的来源。

3. 薯类原料的营养特点

薯类原料淀粉和膳食纤维含量较高，可促进胃肠蠕动，防止便秘；蛋白质含量较低，儿童如果长期过多食用，会影响发育。甘薯和马铃薯的维生素和矿物质含量较高，是非常好的食物原料。

（三）粮谷类原料的初加工

对粮谷类原料，在烹饪中大多选用加工好的净料，初加工比较简单。大多数谷类的初加工仅为淘洗。但要注意淘洗的次数越多，淘洗得越干净，其营养素的损失率就越高；某些谷类如薏仁、高粱米、西米，在烹饪前需要提前用水浸泡 3～4 小时后再进行加工，口感更加软糯。豆类的初加工首先要进行挑选、清洗，大豆、雪豆、绿豆等熬煮时，可提前用清水浸泡后再进行。薯类的初加工要注意必须清洗干净，同时去除变质部分，防止中毒，根据菜肴的需要选择去皮等合适的初加工方法。

（四）粮谷类原料的品质选择与保管

大米在选择时要注意形状均匀、饱满，有光泽，色泽自然，腹白少。面粉要根据制作的品种来选择合适的加工精度，优质面粉的标准为面筋质含量多，色泽洁白，含水量低，无杂质、霉味、生虫等现象。其他谷类在选择时要注意形状均匀、饱满，新鲜程度高，色泽自然，等等。豆类在选择时要注意形状饱满，有光泽，无虫眼、霉变等现象；豆制品在选择时要看是否新鲜，色泽是否自然，有无酸败等现象。薯类的选择，主要看是否新鲜，有无腐烂、虫蛀现象。

粮谷类原料除豆制品和其他制品外，在保管过程中主要注意通风、干燥。长时间储藏时，每间隔一段时间要对原料进行晾晒。

二、蔬菜类原料及初加工

蔬菜是指可以做菜或加工成其他食品的除粮食以外的其他植物，其中草本植物较多。蔬菜是我国居民膳食结构中每日平均摄入量最多的食物，提供人体所必需的多种营养素，在烹饪过程中常作为主料、辅料、调料和装饰性原料，具有重要的作用。

（一）蔬菜类原料的分类及常见品种

1. 叶菜类

叶菜类指以植物的叶片、叶柄和叶鞘作为食用对象的蔬菜，按其农业栽培特点又分为结球叶菜、普通叶菜、香辛叶菜、鳞茎叶菜。常见的品种有大白菜、甘蓝（又称包菜、莲白、卷心菜、椰菜）、菊苣、苦苣、小白菜、芥菜、苋菜、落葵（又称木耳菜、软浆叶、豆腐菜）、藤菜（又称空心菜、竹叶菜）、生菜、菠菜、豌豆苗、茼蒿、叶用甜菜（又称牛皮菜、厚皮菜）、芦荟、荠菜（又称护生草、菱角菜）、香椿（又称椿芽）、芹菜、韭菜、香菜（又称芫荽）、葱、番芫荽（又称荷兰芹、法香、洋芫荽）等。

2. 茎菜类

茎菜类指以植物的嫩茎或变态茎为主要食用对象的蔬菜，按其生长环境可分为地上茎类和地下茎类。常见的品种有竹笋、茭白、莴笋（又称青笋、莴苣）、芦笋、茎用芥菜（我国特有的蔬菜品种，常用的有青菜头、儿菜、棒菜等）、球茎甘蓝（又称擘蓝）、菜用仙人掌、荸荠（又称马蹄、红慈姑）、慈姑（又称白慈姑）、芋头、魔芋、马铃薯（又称土豆、山药蛋）、洋姜（又称菊芋、鬼子姜、毛子姜、洋大头、姜不辣等）、蒜、洋葱（又称圆葱）、百合、莲藕、姜等。

3. 根菜类

根菜类指以植物膨大的根为主要食用对象的蔬菜。常见的品种有萝卜、胡萝卜、芜菁、根用芥菜（又称大头菜、辣疙瘩）、豆薯（又称凉薯、地瓜）、根用甜菜（又称甜菜头、红菜头）、牛蒡、辣根等。

4. 果菜类

果菜类指以植物的果实或幼嫩的种子作为食用对象的蔬菜。常见的品种有茄子、番茄（又称西红柿）、辣椒、四季豆、豇豆、刀豆、嫩豌豆（又称青元）、扁豆、嫩蚕豆、青豆（又称毛豆）、黄瓜、丝瓜、苦瓜、西葫芦（又称角瓜）、菜瓜、冬瓜、南瓜（又称倭瓜）等。

5. 花菜类

花菜类指以植物的花冠、花柄、花茎等作为食用对象的蔬菜。常见的品种有花椰菜（又称花菜、菜花）、金针菜（又称黄花菜、忘忧草）、茎椰菜（又称西兰花、青花菜）、紫菜蔓、朝鲜蓟等。

6. 低等植物蔬菜类

低等植物蔬菜类指以在个体发育过程中无胚胎时期的植物，即低等植物为食用对象的蔬菜，包括菌藻类植物和地衣植物。常见的品种有石耳、树花、银耳、木耳、各种菌类、冬虫夏草、海带、紫菜、石花菜、海白菜、海苔等。

（二）蔬菜类原料的营养特点

蔬菜类原料在膳食中主要供给我们人体所需的维生素、矿物质和膳食纤维，其成分中含量最多的是水分。蛋白质、脂肪、碳水化合物的含量与蔬菜种类有很大关系，根菜、茎菜类蔬菜中如马铃薯、山药、慈姑、莲藕、红薯、豆薯等，碳水化合物含量较高，钙、磷、铁等元素含量也比较丰富；茎菜、叶菜类蔬菜一般含有丰富的多种维生素、矿物质和膳食纤维；花菜、果菜类蔬菜除含有丰富的维生素和矿物质外，还含有较多的生物活性物质，如天然的抗氧化物质、植物化学物质等；低等植物蔬菜中的菌藻类则含有丰富的蛋白质、多糖、铁、锌、硒等，海产菌藻类中碘的含量也比较丰富。从颜色来看，一般深色蔬菜中的胡萝卜素、核黄素和维生素 C 的含量明显高于浅色的蔬菜。

（三）蔬菜类原料的初加工

对蔬菜类原料的初加工主要是摘剔加工和清洗加工。摘剔加工的主要方法有摘、剥、刨、撕、剁等；清洗加工的常用方法有流水冲洗、盐水洗涤、高锰酸钾溶液浸泡等。初加工的过程应根据蔬菜的基本特性、烹调和食用的要求来进行，时刻保持原料的清洁卫生，以保障食用安全。

第一，叶菜类原料的初加工主要是去除老叶、枯叶、老根、杂物等不可食部分，并清除泥沙等污物，然后再对原料进行洗涤。常用的洗涤方法有冷水冲洗、盐水洗涤、高锰酸钾溶液浸泡、洗涤剂清洗等。其中直接生食的原料一般要用 0.3% 的高锰酸钾溶液浸泡 5 分钟，再用清水冲洗。

第二，茎菜类和根菜类原料的初加工主要是去掉头尾和根须，需要去皮的原料一般用削、剔的方法去皮。处理好的原料要注意防止原料氧化，通常采用的方法是用冷水浸泡，使用的时候从水中取出即可。

第三，果菜类原料的初加工主要是根据菜品的需要去掉皮和籽瓤。去皮的方法主要是刨、削，个别的原料如番茄、辣椒则采用沸水烫制后再剥去外皮的方法。

第四，花菜类原料的初加工要根据花形大小和成菜的要求去掉花菜的花柄和蒂，以及一些花菜的花心，然后进行清洗即可。

第五，低等植物蔬类原料很多时候使用的是干制品，初加工一般采用水发的方法，要注意去除泥沙等杂质。

（四）蔬菜类原料的品质选择与保管

在选择蔬菜类原料时主要观察原料的新鲜程度。由于蔬菜类原料水分含量较高，质地比较脆嫩，细胞生命力旺盛，所以要选择没有碰伤的原料，同时尽量选择应季的优质原料品种。

新鲜的蔬菜类原料主要采用冷藏的方式保管，维持低温水平，以阻止和延缓其腐败变质。冷藏温度一般为 4～8℃，但也要根据具体品种灵活控制，如黄瓜、茄子、甜椒在长时间保管的过程中温度低于 7～10℃时，表面会出现水浸状凹斑的现象。经过初加工处理后的蔬菜容易发生变色、变味等反应，在短时间保管过程中要注意护色和保鲜，例如容易发生褐变的原料，处理好后应立即浸入稀酸溶液或稀释的盐水中护色；绿色的蔬菜焯水要放入沸水锅中短时间烫制，然后迅速放凉水中漂凉，或者在焯水时放入少量的碱，使原料的绿色更加稳定，但加碱会破坏蔬菜中的营养素，故较少应用。洗涤好的蔬菜在保管过程中要沥干水分，低温保管，注意不要堆放得过紧、过多，不能将沾水的原料放入塑料袋中，否则很容易发生腐败、变质。

三、果品类原料及初加工

果品类原料是指果树或某些草本植物所产的可以直接生食的果实，通常是水果和干果的统称。

（一）果品类原料的分类及常见品种

果品类原料的分类方法有很多，例如根据果实的含水量和加工程度，可分为鲜果、干果和果品制品；根据果实的自身特点，可分为仁果、核果、坚果、浆果、瓜果、柑橘、复果、什果等。常见的品种有苹果、梨、海棠、沙果、山楂、木瓜、桃、李、杏、梅、樱桃、栗子、核桃、山核桃、榛子、开心果、银杏、松子、葡萄、醋栗、树莓、猕猴桃、草莓、番木瓜、石榴、人参果、柑、橘、橙、柚、柠檬、香蕉、凤梨、龙眼、荔枝、橄榄、杨梅、椰子、番石榴、杨桃、枣子、柿子、无花果、葡萄干、蜜枣、柿饼、蜜饯、果脯、果酱等。

（二）果品类原料的营养特点

鲜果的营养特点和蔬菜类原料比较接近，它含有多种维生素，特别是维生素 C 的含量较高；热能含量低，多含单糖，易被人体吸收；含有丰富的有机酸，能刺激消化液的分泌，可以帮助消化；为碱性食物，矿物质含量高，对维持人体的酸碱平衡有重要的意义；富含膳食纤维，尤其是可溶性膳食纤维，有利于体内废物和毒素的排出。

干果类原料大多含有丰富的蛋白质、脂肪或淀粉，同时还含有丰富的矿物质。干果在干制的过程中对维生素尤其是维生素 C 的破坏比较严重。部分坚果还含有较多的硫胺素和核黄素。干果中的脂肪以不饱和脂肪酸为主，质量较好。

果品制品一般是经过干制、用糖煮制或腌渍得来，大多糖多味重。由于在加工过程中维生素损失率较高，同时糖的用量较大，故果品制品大多热量高，维生素、矿物质、膳食纤维含量低，营养价值不高。

（三）果品类原料的初加工

果品类原料的初加工主要是清洗、去皮或去壳，无特殊工艺，但因水果的主要食用方式是生食，在清洗的过程中要注意卫生和去除虫卵等。例如杨梅和草莓用清水冲洗干净后，最好用淡盐水浸泡 20~30 分钟，再用清水冲洗后食用，这样可以有效地去除虫卵和有害物质；葡萄表面的一层白霜和灰尘不太容易去除，可以在水中放入少量的面粉或淀粉不断地涮洗，去除杂质后再清水冲洗即可；苹果、桃子在清洗的过程中可以先用水冲洗，然后用食盐搓洗，再用清水冲洗即可食用；其他水果根据其特点可以采用剥皮、削皮、反复搓洗等方式进行初加工。

（四）果品类原料的品质选择与保管

果品类原料中的鲜果在选择过程中要注意原料是否色泽自然、形状美观、成熟度适中、无虫蛀，常用的保管方式为冷藏保管。干果类原料在选择过程中要注意其水分含量，是否颗粒饱满、完整，有无霉变、虫蛀、变味等现象；保管时要注意通风、干燥。果品制品中的果干、果脯、蜜饯在选择时要注意色泽自然、形状完整、果香味足，在保管过程中注意密封，最好真空保管。

第三节 动物性原料及初加工工艺

动物性原料是来自动物界用于烹饪的一切原料及其制品的总称，主要包括畜类原料、禽类原料和水产品原料。动物性原料是中国烹饪的主体原料之一，是烹调师们施展烹饪技艺的主要加工对象，在膳食中给人们提供了丰富的蛋白质、动物性脂肪、维生素和矿物质，对人体有着非常重要的作用。

一、畜类原料及初加工

畜类原料主要是指以猪、牛、羊等畜类动物的肌肉、内脏及其制品为主要食用对象的一类原料，是我们日常食用最多的动物性原料。

（一）常见的畜类原料

根据动物学的分类，畜类原料的常见品种有猪、牛、羊、兔、驴、狗、骆驼和一些可以食用的人工驯养的野生动物的肌肉、内脏及其制品。在烹饪中根据所取的部位通常可以分为头、颈、躯干、尾、四肢、内脏等。

（二）畜类原料的营养特点

畜类原料由于品种的不同，或同一品种的生长环境的不同，在营养素含量和组成上存在比较大的差异。

畜肉和部分内脏是人们膳食中优质蛋白的良好来源，优质蛋白的含量可以达到10%～20%，而且质量较高，生物学价值达到80%左右。但存在于结缔组织中的胶原蛋白和弹性蛋白，由于必需氨基酸的组成不平衡，如色氨酸、酪氨酸、蛋氨酸质量分数很低，蛋白质的利用率低，属于不完全蛋白质。

畜类原料的脂肪含量平均为10%～30%，其在动物体内的分布，随肥瘦程度、部位的不同有很大差异，肥肉则高达90%。畜肉类脂肪的组成以饱和脂肪酸为主，熔点较高，主要成分为甘油三酯、少量卵磷脂、胆固醇和游离脂肪酸。胆固醇含量在肥肉中为100mg/100g左右，在瘦肉中为70mg/100g，内脏中约为200 mg/100g，脑中最高，为2000～3 000 mg/100 g。

畜类原料中维生素主要集中在肝脏、肾脏等内脏中，B族维生素、维生素A、维生素E的质量分数最高，水溶性维生素C的含量几乎为零。

畜类原料矿物质的质量分数为0.8%～1.2%，瘦肉与脂肪组织相比含有更多的矿物质。肉是磷、铁的良好来源，在畜禽的肝脏、肾脏、血液、红色肌肉中含有丰富的血色素铁，生物利用率高，是膳食铁的良好来源。钙主要集中在骨骼中，肌肉组织中钙的质量分数较低，仅为7.9mg/100g。畜肉中锌、硒、镁等微量元素比较丰富，其他微量元素的质量分数则与畜类饲料中的质量分数有关。

畜类原料中碳水化合物的质量分数极低，一般以游离或结合的形式广泛地存在于动物组织或组织液中，主要形式为糖原。肌肉和肝脏是糖原的主要储存部位。

此外，畜肉中含有一些含氮浸出物，是肉汤鲜味的主要成分，包括肌凝蛋白原、肌肽、肌酸、嘌呤碱、尿素和氨基酸等非蛋白含氮浸出物。

（三）畜类原料的初加工

畜类原料大多体型较大，各部位的肉质有所不同：有的含肌肉较多，有的结缔组织较多；有的肉质细嫩，有的肉质粗老。现在各大城市在菜市场、超市、肉铺销售的肉都已经过合理的分档取料（对畜类原料的分档取料我们将在其他章节进行详细的介绍），因而对买回来的畜肉进行初加工也比较简单，主要是对其进行清洗和去除血污、杂质等。

畜类的内脏是初加工的重点，处理不当会对食用效果产生比较大的影响。常用的初加工方法有里外翻洗法、盐醋搓洗法、刮剥洗涤法、清水漂洗法和灌水冲洗法等。下面介绍几种常用内脏的初加工方法。

第一，猪腰，即猪的肾脏。首先撕去外表膜和黏附在猪腰表面的油脂，然后将猪腰平放在砧板上，沿猪腰的空隙处从侧面采用拉刀片的方法将猪腰片成两片，用刀片去腰臊，再清洗干净，根据菜品的要求对其进行相应的处理。

第二，猪肚、牛肚。通常用盐醋揉搓，直到黏液脱离，再里外反复用盐醋搓洗，然后将搓洗干净的原料内壁朝外，投入沸水锅中焯水后捞出，用刀刮去内膜和内壁的脂肪，用凉水冲洗干净。

第三，肠。肠分为大肠和小肠，初加工方式与肚非常接近，也是采用盐醋搓洗法。但要注意去除肠中的污物，如无法用手摘除，可用剪刀剪掉。然后将肠投入冷水锅中，等水烧沸后捞出，再用冷水冲洗，去除黏液和腥味即可。

第四，肺。由于肺叶中孔道很多，血污不易去除干净，常用灌洗法。以猪肺为例，用手抓住猪肺管，套在水龙头上，将水通过肺管灌入肺叶中，使肺叶充水胀大；当血污外溢时，就将猪肺从水龙头处拿走平放在空盆内，用双手轻轻拍打肺叶，然后倒提起肺叶，使血污流出；如果水流速度很慢，可用双手用力挤压，将肺内的血污排出来。按此方法重复几次，至猪肺外膜颜色银白、无血污流出时，用刀划破外膜，再用清水反复冲洗。

第五，舌。先用清水将舌冲洗干净，然后投入沸水锅中焯水，当舌苔增厚、发白时捞出，用刀刮去白苔，再用凉水清洗干净，并用刀切去舌的根部，修理成形即可。

第六，心、肝。用漂洗法，先用小刀去除心脏顶端的脂肪和血管、肝脏外表的筋膜，然后用清水反复漂洗即可。

第七，脑。先要用牙签把包裹着猪脑的血筋、血衣挑除掉，然后放到清水里浸泡、漂洗，直至水清、脑中无异物即可。

（四）畜肉类原料的品质选择与保管

新鲜畜肉的表面都有一层微干的外膜，呈淡红色，有光泽，切断面稍湿，不粘手，肉汁透明，气味正常，肉的弹性好，用手指按压后会立即复原，肉面无黏液；不新鲜的畜肉表面呈暗灰色，无光泽，切断面的色泽不如新鲜肉，而且有黏性，肉汁混浊，表面能闻到腐臭味，变质肉用手指按压后不能复原，有时手指还能把肉戳穿，并有较多的黏液。在购买时还应检查其是否盖有检疫合格的印章，章内标有某某定点屠宰厂、序号和年、月、日，它是经过兽医部门牲畜宰前检疫和宰后检疫及屠宰厂肉品品质检验合格后才盖上的印章。盖有这种印章的肉是"放心肉"，才可出售，才能放心食用。

新鲜的畜肉原料容易变质，一般都采用低温保存，在-12℃以下的低温中畜肉类原料可贮存较长时间。若随购随用，保管时间短，则可以放入 0℃左右的冷藏设备中保管。

二、禽类原料及初加工

（一）常见的禽类原料

禽类原料的常见品种有鸡、鸭、鹅、鹌鹑、鸽子和一些可以食用的野生动物。

1. 鸡

鸡肉细嫩，味极鲜香，富于营养，为其他家禽所不及。鸡的出肉率可达80%左右。在烹制时，要根据鸡的公母、饲养方法及育龄不同而采取不同的方法。

仔鸡，饲养期在一年内。外部表现为羽毛紧密，脚爪光滑，胸骨、嘴尖较软。肉质肥而嫩。整鸡适合蒸、烤、炸，不宜煮汤；分档部位宜炒、烧、拌、熘、炸、卤、腌等。

成年公鸡外部表现为鸡冠肥大而直立，羽毛美丽，颈尾部羽毛较长。宜炸、烧、拌、卤、腌等。

成年母鸡外部表现为鸡冠、耳郭色红，胸骨、嘴尖坚硬。皮下脂肪多。宜蒸、烧、炖、焖等。

老母鸡外部表现为鸡冠、耳郭色红发暗，胸骨、嘴尖坚硬，胸部羽毛稀少，毛管较硬，脚爪粗糙。宜烧、炖、煨和制汤等。

2. 鸭

鸭肉肉质较鸡肉粗，有特殊的香味，故有"鸡鲜鸭香"之说。鸭的出肉率约为75%，中秋节前后鸭体丰满肥壮，此时最宜食用。烹制时，嫩鸭宜炸、蒸、烧、炒、爆、卤；老鸭宜蒸、炖、煨、烧等。制汤时鸭与鸡同用，更使鲜香二味相得益彰。烹制时要注意除异味，增鲜味。

3. 鹅

鹅肉肉质较鸭肉粗，出肉率为 80%左右。鹅以每年冬至到次年 3 月左右宰杀的肉质最好。烹制方法与鸭基本相同，宜烧烤、烟熏、卤制。

4. 鸽

肉用菜鸽体型较大，肉质细嫩，鲜香味美，富于营养，是很好的滋补品，常用在宴席上。烹制时宜蒸、烧、卤、炸等。

5. 鹌鹑

近年来由于人工养殖鹌鹑业发达，肉质细嫩鲜香的鹌鹑常用于烹调。烹制时宜腌、卤、炸、蒸等。

6. 野禽类

野禽通常指野鸡（或称锦鸡）、野鸭、斑鸠等。这些野禽主要栖息于林间、山区、草丛、灌木、湖泊、沼泽等地，由于长期在野外生活，食物源非常丰富，因此其肉中含有丰富的蛋白质，脂肪含量较少，维生素 E 和维生素 A 含量较高，为营养丰富的食物佳品。肉味鲜美，质地细嫩，脂肪较少，富含营养。烹制时可根据它们的特点和食者的爱好，采用炒、烧、炸、腌、卤等。野鸭也可蒸食。野禽通常用在高档宴席或旅游地风味菜肴中。

（二）禽类原料的营养特点

禽肉的脂肪含量相对较少，鸡肉约为 1.3%，鸭肉约为 7.5%，其中所含人体必需脂肪酸较多，含有 20%的亚油酸，熔点低，易为人体消化吸收。禽肉蛋白质含量约为 20%，其氨基酸组成接近人体需要，含氮浸出物较多。禽肉富含维生素 A、维生素 B$_1$、维生素 B$_2$、维生素 E 等，是人体所需维生素的良好来源。禽类原料富含矿物质，尤其是磷、钙含量较多。鸡肉每克含磷约 190 mg，含钙 7～11 mg。

（三）禽类原料的初加工

禽类原料分为家禽类的鸡、鸭、鹅等和野禽类的野鸭、野鸡等两大类。由于各种禽类原料的骨肉结构都大致相同，所以它们的初加工方法也基本相同。下面介绍鸡的初加工方法。

鸡的初加工过程包括宰杀、褪毛、开膛取内脏、清洗等。

1. 宰杀

先准备一个碗，放少许食盐和适量冷水。然后用左手握住双翅，大拇指与食指捏紧脖子，右手扯去部分颈毛后，用刀割断血管和气管（俗称软喉、硬喉），让血液滴入碗中，放尽血。

体型较小，也可以采用窒息死亡的方法。

2. 褪毛

将水温调成 80～90℃（俗称三把水），先将鸡腿放入水中烫约 20 秒钟，再将鸡头和鸡翅放入水中烫约 30 秒钟，最后将整只鸡放入水中烫至鸡毛能轻轻拔出时将鸡取出褪毛。褪毛时，先褪去鸡腿的皮、趾甲，再褪鸡头的毛和鸡喙、翅膀的粗毛，最后褪腹部、背部以及大腿羽毛。

褪毛时应注意以下问题：

第一，必须在鸡完全死后进行。过早，因为尚在挣扎，肌肉痉挛、皮肤紧缩，毛不易褪尽；过晚，则肌体僵硬，也不易褪尽。

第二，水温恰当。水温过高，会把鸡皮烫熟，褪毛时皮易破；水温过低，毛不易褪掉。

3. 开膛

开膛应根据烹调方法和成菜要求选择相应的方法。常用的开膛方法有腹开、肋开、背开三种。

第一，腹开（膛开）。先在鸡颈后边靠近翅膀处开个小口，拉出食管和气管切断，再拉出嗉囊并切断。在肛门与腹部之间划约 6 cm 长的刀口，取出肠子、内脏。腹开法适用于烧、炒、拌等大多数烹调方法。

第二，肋开（腋开）。先从宰杀口处分开食管与气管，然后拉出食管，用手沿食管摸向嗉囊，分开筋膜与食管（但不切断食管）。再在翅下方开一个弯向背部的月牙形刀口，把手指伸进去，掏出内脏，拉出食管（包括嗉囊）、气管。肋开法适用于烧、烤等烹调方法，调料从翅下开口处塞入，烤制时不会漏油，颜色均匀美观。

第三，背开（脊开）。用刀从尾部脊骨处切入（不可切入太深，以免刺破腹内的肠、胆），去掉内脏，冲洗干净即可。背开法适用于清蒸、扒制等烹调方法，成菜上桌时看不见切口。

4. 内脏处理

鸡的内脏除了气管、食管、肺及胆囊外，一般可以用于烹饪。

第一，胗。割去食道和直肠（粗而较短的一段），用刀剖开，刮去污物，剥去黄色内金，洗净备用。胗质地韧脆，一般用于爆、炒、卤、炸、凉拌。

第二，肝脏。小心摘去苦胆，洗净备用。肝脏质地细嫩，常用于炒、拌、爆、卤。

第三，心脏。撕去表膜，切掉顶部血管，洗净备用。心脏稍带韧性，常用于炒、拌、爆、卤。

第四，肠。除去附在肠上的两条白色胰脏，剖开，冲去污物，再用盐或明矾揉搓，去尽黏液和异味，洗净后用沸水略烫备用。常用于炒、爆、拌、烫等。

（四）禽类原料的品质选择与保管

禽类原料多为成批宰杀的"水盆鸡鸭"，质量检验宜从以下几个方面入手：

眼部：眼球饱满，角膜有光泽。

皮肤：表面干燥或微湿，不粘手，呈淡黄色，有家禽特有的气味。

脂肪：色白稍带黄，有光泽，无异味。

肌肉：结实有弹性，用手指按压后能立即复原。鸡肉颜色为玫瑰色，胸肌为白色或淡玫瑰色；鸭肉为红色。

在采购时注意检查原料品质，特别要检查其含水量，方法多是用手挤压肌肉和筋膜，观察肌肉及筋膜处水分含量，防止注水。

禽肉原料最好是新鲜时食用，如需长期存放，应在-35～-18℃急冻。禽肉深部温度保持在-6℃以下，可保存 6 个月左右；深部温度在-14℃以下，可保存 1 年以上。若贮存时间不长，可在-4℃保藏 1 个星期左右。

三、水产品原料及初加工

（一）常见的水产品原料

水产品种类非常多，一般分为鱼类、两栖爬行类、软体动物、节肢动物等。

1. 淡水鱼类

淡水鱼滋味鲜美，是制作鱼类菜肴的常用原料。目前，市场上销售的主要是人工养殖的鱼类，其中以四大家鱼为多。

第一，青鱼，又称黑鲩、乌鲩、螺蛳青等，为我国四大淡水养殖鱼类之一，以9—10月份所产最佳。

第二，草鱼，又称草青、草棍子等，为我国四大淡水养殖鱼类之一，以 9—10 月份所产最佳。一般重 1～2.5 kg，最大可达 35 kg 以上。肉厚刺少、味美。宜烧、汆、熘、炸等。

第三，鳙鱼，又称胖头鱼、大头鱼等，为我国四大淡水养殖鱼类之一，冬季所产最佳。

第四，鲫鱼，又称鲫瓜子、刀子鱼等，是我国重要的食用鱼类，以2—4月份、8—12月份所产肉质最为肥美。品种很多，常分为银鲫、黑鲫两大品系。肉嫩味鲜，营养丰富，是家常川菜中主要食用鱼之一。烹制时蒸、煮、烧、炸、熏等均宜。

第六，鲤鱼，又称龙鱼、拐子、毛子等，是重要的养殖鱼类之一，四季均可捕捞，一般以 0.5～1kg 重的为好。肉质细嫩肥厚，味道鲜美。宜红烧、干烧、清蒸、熏、炸等。鲤鱼品种较多，有龙门鲤、淮河鲤、禾花鲤、荷包红鲤鱼、文芳鲤等。

第七，黄鳝，又称长鱼、稻田鳗等，我国除西北高原外均有分布，夏季肉质最佳。肉质细嫩，味鲜美，营养丰富，含铁及维生素 A，以及人体必需的多种氨基酸。宜炒、烧、焗、炖等，如干焗鳝丝、五香鳝段等。鳝鱼死后，体内组氨酸会很快转为有毒的组胺，故已死的鳝鱼不能食用。

2. 海水鱼类

海水鱼类的肉质特点与淡水鱼有一定的差异，大多肌间刺少，肌肉富有弹性，有的鱼类肌肉呈蒜瓣状，风味浓郁。烹饪中多采用烧、蒸、炸、煎。

第一，大黄鱼，又称大黄花、大鲜，曾为我国首要经济鱼类，但现渔获量较少。

第二，小黄鱼，又称黄花鱼、小鲜，为我国首要经济鱼类。体形类似于大黄鱼。

第三，带鱼，又称刀鱼、裙带鱼、鞭鱼等。我国主要海产四大经济鱼类之一。体侧扁，呈带形；尾细长，呈鞭状；体长可达 1m 余；口大；鳞片退化成为体表的银白色膜。肉细刺少，营养丰富，供鲜食或加工成冻带鱼及咸干制品。宜烧、炸、煎等，如香酥带鱼。

第四，鳕鱼，又称大头鳕、石肠鱼、大头鱼等，其渔获量居世界第二位。

第五，马面鲀，又称绿鳍马面鲀、剥皮鱼、象皮鱼、马面鱼等。由于马面鲀的皮厚而韧，食用前需剥去。

第六，真鲷，又称加吉鱼、红加吉、红立，是名贵的上等食用鱼类。

第七，鲂鱼，又称月亮鱼、月亮鲳。我国沿海均产，为常见的食用鱼类。体表银灰色，背部和背鳍上有小黑斑。

第八，石斑鱼，大中型海产鱼，名贵食用鱼。体表色彩变化多，并具条纹和斑点。种类颇多，常见的有赤点石斑鱼（俗称红斑）、青石斑、网纹石斑鱼、宝石石斑鱼等。

第九，沙丁鱼，世界重要海产经济鱼类之一，是制罐的优良原料。常见的有金色小沙丁鱼、大西洋沙丁鱼和远东拟沙丁鱼等。

3. 洄游鱼类

洄游指某些鱼类、海兽等水生动物由于环境影响、生理习性的要求等，形成的定期定向的规律性移动。

第一，河鲀，又称河豚、乖鱼等，一般体长 15～35 cm，体重 150～350g；体无鳞或被刺鳞；体表有艳丽花纹。种类很多，主要有暗纹东方鲀、星点东方鲀、条纹东方鲀等。我国的南北部海域及鸭绿江、辽河、长江等各大河流都有产出。肉质肥腴，味极鲜美，但其卵巢、肝脏、血液、皮肤等中均含剧毒的河豚毒素，须经严格去毒处理后方可食用。

我国有关部门规定，未经去毒处理的鲜河豚及其制品严禁在市场上出售；对于混杂在其他鱼货中的河豚，经销者一定要挑拣出来并作适当处理。去毒后的河豚可鲜食，也可加工制成盐干品和罐头食品。

第二，鲑鱼，又称鲑鳟，全世界年渔获量甚大，首要经济鱼类之一，秋季食用最佳。有些生活在淡水中，有些栖于海洋中，在生殖季节溯河产卵，作长距离洄游。在我国，主要种类有大马哈鱼、哲罗鱼和细鳞鱼等。

第三，银鱼，分布于我国、日本和朝鲜。体细长，透明。常见的有大银鱼、太湖新银鱼、间银鱼等。

4. 其他水产品

第一，墨鱼，学名乌贼。体呈袋形，背腹略扁平，头部发达，眼大，触角八对，其中一对与体同长。肉质嫩脆，味鲜美，营养价值较高，为我国海产四大经济鱼类之一。供鲜食或制成冻墨鱼、干墨鱼，常用于烧、焗、炒、炖等。

第二，鱿鱼，与墨鱼极为相似，多用于炒、爆、焗等。

第三，虾类，虾含有丰富的蛋白质、脂肪和各种矿物质，味道鲜美。常用的主要有基围虾、对虾、青虾、龙虾等。

基围虾是基围（堤坝）里养殖的天然麻虾。主产于广东、福建一带。基围虾体长而肉多，肉爽嫩结实，肥而鲜美，但略有腥味。

对虾产于沿海地区，体大肉肥，味极鲜美，近年来已成为宴席、便餐的重要原料，多用于蒸、煮、熘、炸等。以它为原料的名菜有油焖大虾、软炸虾糕等。

青虾产于河、湖、塘中，个头远比海虾小，多呈青绿色，带有棕色斑纹，所以称为青虾，烹熟后为红色。青虾肉脆嫩而鲜美，多用于炒、爆、炸、熘、煮或作配料。以青虾为主料的菜肴有油爆青虾、干烧虾仁等。

龙虾是虾类中最大的一族，体长 20～40 cm，一般重约 500 g，大者可达 3～5 kg。色鲜艳，常有美丽的斑纹。龙虾体大肉厚，味鲜美，是名贵的海产品。

牛头虾也俗称"龙虾"，是近年来引进鱼塘养殖的，色红黑，个大。剥取的虾仁宜蒸、烧、炒、爆。盐煮（可放入少量香料）牛头虾是群众十分喜爱的经济实惠而又味美的小吃。

第四，蟹类，分淡水蟹、海蟹两大类，含有丰富的蛋白质、脂肪和矿物质。雌蟹的腹部为圆形，称为"圆脐"；雄蟹的腹部为三角形，称为"尖脐"。海蟹盛产于4—10月份，淡水蟹盛产于9—10月份。繁殖季节，雌蟹的消化腺和发达的卵巢合称为蟹黄，雄蟹发达的生殖腺称为脂膏，二者均为名贵而美味的原料。蟹肉味鲜，蟹黄尤佳。蟹肉内常寄生一种肺吸虫，人食后会寄生于人的肺，影响人体健康，重者致命，所以未熟透的蟹不能吃。螃蟹死后有毒，不能吃死蟹。

中华绒螯蟹，又称河蟹、毛蟹、清水大闸蟹等，江苏常熟阳澄湖所产最著名。螯足强大，密生绒毛。

三疣梭子蟹，又称梭子蟹、海蟹等，是我国海产量最多的蟹类。

锯缘青蟹，又称膏蟹、青蟹，浙江以南沿海均有分布，是重要的海产蟹。

第五，鳖，俗称甲鱼、团鱼、足鱼。背部有骨质甲壳，鳖骨较软（不及龟壳坚硬），肉多细嫩，味鲜美。富含易为人体吸收的高质量蛋白质与胶质，有补血益气的功能。宜红烧、清蒸、清炖等，有红烧团鱼、霸王别姬等菜肴。

第六，龟，俗称乌龟，是玳瑁、金龟、水龟、象龟等的统称，是现存最古老的爬行动物之一。背部有硬甲，头、尾及四肢通常能缩回龟甲内。龟多群居，常栖息于川泽湖池中，全年均可捕捉，秋冬为多。龟肉质地较好，营养丰富，烹饪中常烧、蒸、炖，如清蒸龟肉。

第七，鲍鱼，分布于中国、日本、澳洲、新西兰、南非、墨西哥、美国、加拿大和中东等国家和地区。以日本、南非所产的鲍鱼为最佳。足部肥厚，是主要的食用部分。

按产地可分为澳洲鲍、日本网鲍等。

按商品分类有紫鲍、明鲍、灰鲍。紫鲍个大、色泽紫、质好；明鲍个大、色黄而透明、质好；灰鲍个小、色灰暗、不透明，表面有白霜，质差。

第八，田螺，分布于华北平原和黄河、长江流域等地。

（二）水产品原料的营养特点

水产品营养丰富，含有大量优质蛋白质、矿物质、维生素等，海产品还含有大量易被人体消化吸收的钙、碘等微量元素。水产品蛋白质含量丰富，其中鱼蛋白质含量为 15%～20%，对虾为 20.6%，海蟹为 14.0%，贝类为 10.8%。鱼肉是由肌纤维较细的单个肌群组成的，肌群间存在很多可溶性胶原蛋白，肉质非常柔软。水产品脂肪含量不高，鱼类脂肪含量为 1%～10%，其他水产品脂肪含量为 1%～3%，且脂肪组成多为不饱和脂肪酸，营养价值较高。糖类物质含量较少，为 1%～5%。矿物质含量较丰富，为 1%～2%。维生素 A 含量较多，有些鱼类、虾、贝、蟹含烟酸和维生素 B_2 较多。

（三）水产品原料的初加工

水产品的种类很多，初加工的方法各有不同，总的来说，主要是体表处理、去鳞、剖腹洗涤、出肉，在一些高档鱼类菜肴中还要求整料出骨。我们主要以鱼类为例介绍水产品的初加工。

1. 体表处理

第一，刮鳞去鳃。绝大多数种类的鱼都要刮鳞，鳞要倒刮。有些鱼背鳍和尾鳍非常尖硬，应先斩去或剪去。但有少数鱼如鲷鱼的鳍含有丰富的脂肪，味道鲜美，应保留。鲫鱼的肚下有一块硬鳞，初加工时必须割除，否则腥气较重。去鳃一般用剪刀剪或用刀挖出。

第二，去皮。有些鱼皮很粗糙，颜色发黑，影响菜肴美观，如比目鱼、马面鱼、塌板鱼等，一般先刮去颜色不黑的一面的鳞片，再从头部开一刀口，将皮剥掉。黄鱼也要剥去头盖皮。

第三，去黏液。鱼类原料体表有较发达的黏液腺，分泌的黏液有较浓的腥味，一般需要去掉。去黏液的方法有：浸烫法，一般将原料放入 60～90℃热水中浸烫，待黏液凝固后用清水冲洗干净即可。揉搓法，将原料放入盆中，加盐、醋等反复揉搓，待黏液起泡沫后再用清水冲洗干净即可。

2. 开膛去内脏

鱼类剖腹取内脏通常有下面三种方式：

第一，腹出法，用刀在肛门与胸鳍之间划开，取出内脏。此法多用于不需要太注意保形的菜肴，如干烧鱼、豆瓣鱼等。

第二，腮出法，为了保持鱼身的完整，如鲑鱼、鳗鱼等，可在肛门正中开一横刀，在此处先把鱼肠割断，再用两根竹条或竹筷从鱼嫌处插入腹内，卷出内脏。此法多用于叉烤鱼。

第三，背出法，用刀贴着脊背将鱼肉片开，取出内脏。此种方法多用于清蒸鱼。

淡水鱼类剖腹时注意不要弄破苦胆。如果不慎弄破苦胆，要立即用酒、小苏打或醋等涂抹在胆汁污染过的部位，再用清水冲洗。

部分种类的鱼腹内有一层黑膜，腥味很浓，初加工时应将其去尽。

3. 清洗

鱼体用清水冲洗干净，去尽血水和黑膜。软体水产品如墨鱼应先刺破眼睛，去除眼球，然后剥去外皮、背骨，洗净备用。

（四）水产品原料的品质选择与保管

1. 水产品原料的品质选择

第一，鱼类。鲜鱼的腮盖和嘴紧闭，眼珠透明突出，腮鲜红，鳞片有光泽，不易脱落，肛门紧缩，手捏腹部硬实有弹性，不离刺。不新鲜的鱼鲤盖张开，眼珠下陷、混浊，腮暗红，鳞片无光，腹部膨大松软。

第二，虾类。鲜虾壳色暗绿，保持原有弯曲度，头身相连且能活动。不新鲜的虾壳色发白发红，头和身容易脱落。

第三，蟹类。新鲜的螃蟹色青灰色，有亮光，脐部饱满，腹部雪白带光滑亮色；蟹脚坚硬结实，手提脚爪时不脱落，捏压蟹壳感觉结实有弹性。不新鲜的蟹壳色暗红，腹部青灰无光，脚易脱落，捏压蟹壳感觉塌软。

2. 水产品的保管

水产品含水量高，肌肉比较细嫩，稍有伤破，微生物很容易侵入，蛋白质在酶的作用下会迅速分解成氨基酸，为微生物的繁殖提供有利条件，引起腐烂，所以水产品较难保管。

第一，购进的活鱼、鲜虾蟹，常用水缸活养保鲜。为减少鱼的活动，延长成活时间，容器中水不宜过多，以鱼背能直立为度，且勤换清水，水中不能沾染酸、碱、油脂等。如有翻肚现象，可将鱼在加了少量精盐的水中养一会儿，再放回去。各种"生猛海鲜"则必须放进专门的水箱中活养，要注意水的盐度和温度，并随时用机器供氧。

第二，由市场或水产部门购进的冰鲜鱼，一般采用冷藏保管。在没有冰箱的情况下，应勤进快销，尽可能不储藏。

第三，活虾可放在水中保养。河蟹宜用篓筐盛装，并限制其活动，夏季要注意放在凉爽通风处；白露以后则要注意保持适当温度，不宜放在通风处。

第四节　干货原料及初加工工艺

干货原料是指经加工、脱水干制的动植物原料，一般经过风干、晒干、烘干、焖干或盐腌而成。干货原料便于运输和贮存，能增添特殊风味，丰富原料品种。和新鲜原料相比，干货原料具有干、老、硬、韧等特点，因此，绝大多数干货原料需经过涨发加工处理才能制作成菜。

一、干货原料的涨发目的

第一，让干货原料重新吸入水分，最大限度地恢复到鲜嫩、松软状态。

第二，除去原料的腥膻气味和杂质。

第三，便于进一步加工处理和烹制。

二、干货原料的涨发要求

干货原料的涨发是一项技术性较强的工作，有较复杂的操作程序。在对干货原料进行涨发时，应注意下面的要求：

第一，熟悉原料的产地、品质。根据原料的产地和性质，选择合适的涨发方法，达到最佳涨发效果。例如，海参品种很多，产地各不相同，品质差别较大，针对不同产地、不同品质的海参，可分别选用焖发、火燎发、盐发等方法进行涨发。

第二，熟悉干货原料涨发的方法。不同的涨发方法有各自的技术关键，只有掌握了这些技术关键，才能把握涨发效果。

第三，严格按操作程序进行。每一种涨发方法都有一套操作程序，操作程序的每一个环节都是相互影响、相互关联的，不注意操作程序，会影响涨发效果，甚至会使涨发失误。涨发过程中，必须按照操作程序进行。

三、干货原料的涨发原理

（一）水渗透原理

1. 毛细管的吸附作用

很多原料干制后，内部会留下较多的孔状毛细管，而毛细管具有吸附并保持水分的能力，水分会沿着毛细管道进入原料内部，使原料变软。

2. 渗透作用

干货原料经过脱水干制后，内部水分含量较少，细胞中的可溶性固形物浓度很大，渗透压非常高。当干货原料浸没于清水中时，外界渗透压较低，在原料内外形成渗透压差，水分会通过细胞膜向细胞内扩散，使原料吸水涨大。

3. 亲水性物质的吸附作用

干货原料所含的糖、蛋白质分子结构中含有大量亲水基团，它们能与水以氢键形式结合。

（二）热膨胀涨发原理

干货原料中的束缚水在一定高温条件下会脱离组织结构变成游离水，并急剧汽化膨胀，使干货原料组织形成蜂窝状微孔结构，为进一步吸水创造条件。

利用油来导热，使干货原料中所含的少量水分迅速受热蒸发，促使其分子颗粒膨胀，并在膨胀过程中排出原料本身所含的一部分油脂，从而达到松泡的目的。

（三）碱的腐蚀性涨发原理

碱液具有腐蚀性，可以与原料表面疏水性物质（脂质）的薄膜发生皂化反应，使其溶解，便于水分渗透进入原料内部，同时使原料的 pH 值升高，使蛋白质远离等电点，形成带负电荷的离子，从而增强蛋白质对水分的吸附能力。碱溶液有增强蛋白质吸水性能的作用，能缩短涨发的时间，使干货原料迅速涨发，但因为碱对原料有腐蚀和脱脂的作用，营养成分有一定损失，所以碱发方法要慎用，使用范围一般限于一些质地十分僵硬、用热水不易发透的原料，如墨鱼、鱿鱼等。

四、干货原料的涨发方法

干货原料的常用涨发方法有水发、油发、碱发、火发和盐发（沙发）等。

1. 水发

水发就是将干货原料放在水中浸泡，利用水的浸润能力，使其最大限度地吸收水分，涨发回软。水发是最常用的涨发方法，使用范围很广。水发又分冷水发和热水发两种。

第一，冷水发是把干货原料放在冷水中浸泡，使其自然吸收水分，尽量恢复到潮、软、松状态。冷水发操作简便易行，能基本保持干货原料的风味，常用于体小质嫩的干货原料，如香菇、竹荪、黄花、木耳等。冷水发还经常用于其他发料方法的辅助和准备，如鱼翅、鱿鱼等质地干老、肉厚皮硬或加沙带骨的原料，在涨发前多要先用冷水浸至回软。

第二，热水发是把干货原料放在热水中进行加热，促使原料加速吸收水分，达到松软润滑状态。根据干货原料的性质，可采用各种水温进行流发。热水发分为泡发、煮发、焖发和蒸发四种。

泡发是将干货原料放入容器中，掺入沸水浸泡，使其吸水胀大，多用于体小质嫩和略带一些异味的干货原料，如香菇、猴头菇等，直接用浸泡的方法即可涨发足透。

煮发是将干货原料先经冷水浸泡，再放入热水中煮沸，使之充分吸水达到回软。煮发适用于体大质硬、表皮有泥沙和带腥臊气味的干货原料，如鱼翅、海参、鱼皮等。

焖发是煮发后辅助涨发，指将原料煮沸后闭火，盖上锅盖，温度慢慢降低，使原料完全涨发。例如，海参一般要经过煮发，再采用焖发来涨发透。

蒸发是将干货原料放入蒸柜（笼）中隔水蒸，利用蒸气使原料吸水膨胀的方法。蒸发适用于需要保形或需要保持原料鲜味的干货原料的涨发，如干贝、鱼唇、鱼骨等的涨发。蒸发时，往往将原料装入容器中，掺入清水或鲜汤，加入适当的调味品放入蒸柜（笼）蒸至所需的熟软程度。

2. 油发

油发是把干货原料放入大量的油内逐步加热，使其膨胀疏松。这种方法适用于胶质和结缔组织较多的干货原料，如肉皮、鱼肚、蹄筋等。

采用油发，事先要细心检查原料是否干燥、变质，剔除变质或异味过重的干货原料；潮润的应烘干后再发制，方能充分发透。发制时油量应淹没原料，油温不可过高，最好控制在80℃左右，以免原料外层焦熟而内部尚未发透。火力不宜过旺，要徐徐加热，保持一定的油温；当干货原料开始涨发时，应减小火力，或将锅端离火口，同时不断翻动原料，使其受热均匀，里外发透。油发后的原料干脆、附油多，在烹制前要先用温水浸泡一下，沥干油分，再淹没在沸水中使其回软，最后浸泡在清水中备用。

3. 碱发

碱发是将干货原料先用清水浸泡，再放进碱溶液中浸泡，使其涨发回软。碱发根据碱液的种类又分为生碱水发和熟碱水发两种。

第一，生碱水发。一般先用清水把原料浸泡至柔软，其目的是减轻碱液对原料的直接渗透腐蚀。再放入浓度约为5%（即食用纯碱与水的比例为1∶20）的生碱水中浸泡。要根据原料的质地和水温高低掌握好碱水的浓度和泡发的时间。使用生碱水涨发干货原料方便，但泡过的原料有滑腻的感觉，适用于墨鱼、鱿鱼、鲍鱼等干货原料的涨发。涨发时都需要在80～90℃的恒温溶液中提质褪碱，使涨发后的原料具有柔软、质嫩、口感较好的特点，多用于烧、烩以及做汤。

第二，熟碱水发。熟碱水是将食用纯碱1 kg、沸水9 kg和生石灰0.4 kg搅匀，再加冷水9 kg拌和均匀，静置澄清后，取澄清液。其水清而不腻，泡过的原料不滑腻，适用于墨鱼、鱿鱼、鲍鱼等干货原料的涨发。涨发时不需要提质，发透后，捞出褪碱。熟碱水涨发的原料具有韧性及脆嫩等特点，多用于炒、爆。

4. 盐发（沙发）

盐发（沙发）是把干货原料放入食盐或砂锅中炒、炖，使原料膨胀松泡，再放入热水中浸泡回软。

五、常见的干货原料品种及初加工方法

干货原料根据生物学的分类，可分为动物性干货原料和植物性干货原料。

（一）动物性干货原料

1. 鱼翅

鱼翅是一种名贵海味，由大中型鲨鱼的背鳍、胸鳍和尾鳍等干制而成。根据加工的情况，可分为未加工去皮、骨、肉的生翅，已加工去皮、骨、肉的净翅，用净翅加工抽筋丝的翅针，以翅针压成饼状的翅饼等。鱼翅的主要食用部位是状若粉丝的翅筋，其中含有80%左右蛋白质及脂肪、碳水化合物、矿物质等。所含蛋白质属不完全蛋白质，不能完全被人体消化吸收。

主要采用水发，在水中反复浸泡、煮焖、浸漂。因为鱼翅品种较多，老嫩、厚薄、咸淡不一，故涨发加工也有差别。

净翅和翅饼用煮焖或蒸发方法涨发，粗长质老者涨发3~4小时，细短质嫩者涨发约2小时，然后用鲜汤浸泡入味即可。（其他鱼翅品种的涨发方法可通过查找资料学习掌握）

鱼翅适用于烧、烩、蒸及制作汤菜，如鸡丝鱼翅、干烧鱼翅。

2. 鱼皮、鱼唇

鱼皮是由鲨鱼等海鱼的皮加工制成的，以雄鱼皮为好，体块厚大，富含胶质和脂肪。鱼唇是由鲨鱼唇部周围软骨组织连皮切下干制而成，富含胶质。

鱼皮、鱼唇多采用水发：先用80℃的水浸泡30分钟，涨发回软后刮去泥沙和黑皮，修去黄肉，用清水浸泡约2小时，至能掐动时取出即可。

鱼皮、鱼唇多用于烧、烩等，如白汁鱼唇、家常鱼唇、红烧鱼皮。

3. 鱼肚

鱼肚是由大黄鱼、鲨鱼等的鱼皮干制而成。鱼肚质厚者水发、盐发、油发均可；质薄瘦小者宜油发，不宜水发。

水发：用温水将鱼肚洗净，放锅内加冷水烧开，炖两个小时后，用冷水清洗，用布将鱼肚擦干，再换水继续焖，待鱼肚完全发透无黏性时即可，再用清水漂洗干净。

油发：鱼肚用干净毛巾擦干净，放入110℃油中浸泡；鱼肚开始缩小时，用漏勺压住鱼肚，防止卷曲；待鱼肚表面均匀布满小泡时，捞出；升高油温，放入鱼肚炸至发泡，捞出。使用前用清水浸泡变软即可。炸制时间应根据鱼肚的厚薄而定，质厚者炸制时间稍长，质薄者炸制时间较短。不能大火高温炸制，以防皮焦肉不透。

鱼肚也可以盐发，但盐发鱼肚的质量、口味不如油发的好，故很少采用。

鱼肚多用于烧、炖、拌及作汤菜，如白汁鱼肚、清汤鱼肚卷。

4. 鱼脆

鱼脆又名明骨，由鲨鱼的头颈部和鳞裂间的软骨等原料加工干制而成。鱼脆含较多蛋白质、磷、钙和胶质等，质地脆嫩。一般采用蒸发，将鱼脆用温水洗净，浸泡 2 个小时，待其胀起发白时捞出，洗净杂质后装入容器中，加清水（或清汤）、料酒、姜、葱等上笼蒸约 30 分钟至颜色洁白、嫩脆、无硬质、形如凉粉，取出用清水浸泡即可。宜蒸、煮、制羹汤菜，如玲珑鱼脆、鱼脆果羹等。

5. 鱼信

鱼信是指鲨鱼脊骨髓的干制品，质较脆嫩，色白。一般采用蒸发，将原料用清水浸泡 1 小时后，装入容器中，加鲜汤、料酒、姜、葱等上笼蒸约 30 分钟变柔软即可，多用来制作烩、烧等菜肴。

6. 干海参

海参种类很多，主要是干制品，涨发时要根据原料的品种、质量、成菜要求选择恰当的涨发方法。刺参多采用水发，无刺参可采用水发、盐发、碱发、火燎发等方法进行涨发。

水发：将海参放入盆内，倒入热水浸泡 12 小时使之回软，然后用小刀把海参肚子划开，取出肠肚，洗净，换清水放在火上煮沸，小火焖煮约 1 小时，再换水焖煮，重复几次，待海参柔软、光滑、有韧性，放入清水中浸泡即可。此种涨发多用于小刺参、灰刺参等。

火燎发：将海参放于明火上烧至外皮焦枯，放进温水中浸泡回软，用小刀刮去焦皮露出褐色，剖腹去肠肚，然后反复熘煮将海参发透。火燎发多用于大乌参、乌参、岩参等的涨发。

无论采用哪种涨发方法，都应注意：

第一，涨发海参的过程中，不能沾油、盐、碱等。如水中有油，海参容易腐烂溶化；水中有盐、碱则不易发透。

第二，去肠肚时，不能把海参腹内的一层腹膜碰破，否则涨发时容易烂；烹制前，需用清水洗掉腹膜。

海参一般可烧、烩及制作汤菜等，如白汁辽参、家常海参。

7. 干鲍鱼

干鲍鱼即鲍鱼的干制品。可采用碱发、水发等方法涨发。

水发：将干鲍鱼用温水浸泡约 12 小时，放入锅中微火煮至体软发颤呈凉粉状，用刀能切成条或片时，原汤浸泡，不必换水，待其冷却，随用随取。

碱发：将干鲍鱼用冷水或温水浸泡 24 小时，使其回软，抠尽黑皮，洗去杂质，然后用刀切成大小均匀的薄片或条，放入约 5% 浓度的碱水中浸泡约 6 小时，加热至 70℃泡至鲍鱼呈凉粉状，取出，反复用清水浸泡去碱即可。宜烧、烩。

8. 干鱿鱼

鱿鱼含蛋白质较多，肉质柔嫩，滋味鲜美。多采用碱发，采用生碱水发的多用来烧、岭及制作汤菜，采用熟碱水发的多用来爆、焗、炒。餐厅一般采用生碱水涨发。

涨发方法：鱿鱼去须，放进清水中浸泡 3 小时回软后，放入约 5%浓度的碱水中泡透，使其完全回软，再连同碱水一起倒入锅内，在火上烧至约 80℃时，离火口炖制，保持恒温发至鱿鱼柔软透亮、用手捏着有弹性，捞出，反复换清水浸泡褪尽碱味，最后浸泡在清水中备用。

9. 干墨鱼和乌鱼蛋

墨鱼与鱿鱼外形和用途都相似，只是背部墨鱼有一块硬骨头。墨鱼腹中的卵腺和胶体干制后就成为乌鱼蛋。乌鱼蛋是名贵海味佳品，用于烹制高档的羹汤和烩菜。山东产制的乌鱼蛋最好。墨鱼涨发与干鱿鱼涨发方法相似。乌鱼蛋多采用水发方法：温水洗净，用小火炖煮约 2 小时，取出用冷水浸泡，洗去外皮，撕开，再放入锅中焖煮发透，使其吐出异味即可。

10. 干贝

干贝是指扇贝、江瑶柱、日月贝等的闭壳肌干制品，肉味鲜美，属名贵海味。多采用蒸发：将干贝用清水洗净，冷水浸泡 3～4 小时至回软，去掉干贝边上的一块筋（俗称芊子，煮不烂），洗净表面的泥沙，然后装入容器，加清水、葱、姜、料酒，上笼蒸约 2 小时，至干贝松散时捞出，原汤留下澄清。宜烧、烩、炖等。

11. 淡菜

淡菜是由贻贝类的贝肉经煮熟干制而成，肉味鲜美，营养丰富，是名贵海产品。多采用水发方法涨发。用于烧、炖及制作汤菜。

12. 海蜇

海蜇经加工后伞部称蜇皮，口腕部称蜇头，浙江、福建所产最好，质地脆嫩。多用水发：将海蜇用冷水浸泡 3～4 天，洗去泥沙，摘去血筋；将水烧沸，放入海蜇快速烫一下即捞出，冷水过凉，清水浸泡。多用于凉拌菜肴。

13. 裙边

裙边又称鱼裙，即海鳖裙边的干制品，富含蛋白质及胶质，质地柔软细嫩，滋味鲜美。多用水发：用清水洗净后，放入锅内煮沸，炖软后捞出，刮去泥沙、黑皮和底层粗皮；放入锅内用小火炖煮约 3 小时，捞出去骨、修掉多余的部分；用沸水浸泡，柔软后再用冷水浸泡即可。裙边宜红烧。

14. 金钩

金钩又称虾米、海米，是海虾的干制品。色泽金黄，滋味鲜美，富有营养。多采用水发，涨发时用凉水洗一下，再用温水或凉水泡透即可。烹调中多用来提鲜味，也用作菜肴辅料。

15. 燕窝

燕窝又称燕菜，是金丝燕属几种燕类的唾液混绒羽、纤细海藻、柔弱植物纤维凝结于崖洞等处所产的巢窝，印度、马来群岛一带以及我国海南、浙江、福建沿海均有出产。燕窝富含蛋白质及磷、钙、铁等。食用燕窝以带血丝的血燕为最佳；洁白、透明、囊厚、涨发性强的白窝亦佳；色带黄灰、囊薄、涨发性不强的毛燕质量最次。燕窝历来被视为滋补食品，涨发多采用水发和碱发等方法。

水发：将燕窝用冷水浸泡 2 小时，捞出放入白色盘中，用镊子夹去羽毛和杂质，焖泡约 30 分钟至软糯时捞出，冷水浸泡待用。因其在烹调过程中还有煨煮过程，故泡发时不可发足。

碱发：将燕窝用清水泡软，捞出放入白色盘中，用镊子夹去羽毛和杂质，再用清水漂洗 2～3 次，保持其形态完整；使用前将 50g 燕窝用 1.5g 碱拌和，至燕窝涨起，体积膨大到原来体积的 3 倍左右、柔软发涩、一掐便断时，用清水漂尽碱味即可。

燕窝多用于高级宴席，可以制作清汤燕菜、芙蓉燕菜及燕窝粥等。

16. 蹄筋

蹄筋通常是由猪蹄筋、牛蹄筋干制而成，后脚抽出的筋长而粗，质量较好。蹄筋主要是由胶原蛋白和弹性蛋白组成的，营养价值并不高，但富含胶质、质地柔软，有助于伤口愈合。多采用油发方法涨发，也可以采用水发、盐发等方法。

油发：将蹄筋用干净毛巾擦干净后放入温度不高于 110℃ 的冷油锅内浸泡，让蹄筋慢慢收缩；约 30 分钟后其表面均匀布满小泡并浮于油面上时，捞出；再升高油温至 180℃，放入蹄筋涨发至饱满松泡、呈稳定状态时捞出。使用前将其放入碱水中洗去油腻并使之回软，再换清水漂洗干净即可。

水发：先将蹄筋用沸水浸泡，撕去表面的筋皮，再多次换水并下锅小火焖煮，直到回软时捞出，用水泡上。

盐发：先将食盐炒干水分，然后下蹄筋快速翻炒，待蹄筋开始涨大时，再不断焖、炒，直到蹄筋能掐断时，取出用热水反复漂洗干净。

蹄筋宜烧、炖等，如酸辣蹄筋、臊子蹄筋。

17. 响皮

响皮是猪皮的干制品，以后腿皮、背皮为优，皮厚且涨发性好。响皮胶质含量多，多采用油发。将响皮放入 100℃ 的冷油中，小火慢慢加热，并不断翻动，响皮卷缩时用漏勺压住防止其卷曲；待表面泛出均匀小白泡时，离火，用温油浸泡 2 小时左右，捞出；待气泡瘪去，再将油温升至 160℃，放入响皮炸至膨胀，用锅铲一敲就碎且声音清脆时捞出，沥干油。使用前，用碱水泡软、去油，再换清水浸泡褪尽碱味即可。响皮多用于烧、烩及汤菜。

18. 蛤什蟆油

蛤什蟆又称中国林蛙，分布于我国东北、内蒙古及四川等地阴湿山林树丛中。

31

蛤什蟆油是雌蛙卵巢及输卵管外附着的脂肪状物质的干制品。多采用泡发。涨发时将蛤什蟆油用温水洗净泥沙并浸泡约 3 小时，待其完全膨胀发软呈棉花瓣状，取出晾凉即可。常用来制作甜羹。

（二）植物性干货原料

1. 海带

海带分淡干和咸干两种。淡干海带是直接晒干的，质量较好，多采用温水浸泡涨发。咸干海带需多浸漂，多换水，除去原料的咸涩味。海带常用于炖、烧、凉拌及制作汤菜。

2. 紫菜

紫菜是生长在浅海岩石上的一种红藻，藻体呈膜状，富含蛋白质和碘、磷、钙等。我国沿海已进行养殖，供药用和食用。干制紫菜不需要提前发制，一般都是做汤，用开水冲沏即可，味道鲜美。

3. 石花菜

石花菜是一种海产红藻，藻体呈羽状分枝，富有弹性，干燥后呈软骨状，富含碘、钙及胶质。石花菜不宜煮、炖，只需用水清洗后再用温水浸泡，沥干水分后作凉菜用。也可提取琼脂，应用于食品和医药工业。

4. 玉兰片

玉兰片又称兰片，是由楠竹（毛竹）刚出土或尚未出土的嫩茎芽经煮制烘干而成。楠竹（毛竹）的嫩茎芽，冬季在土中已肥大而采掘者称冬笋；春季芽向上生长，突出地面者称为春笋；夏秋间芽横向生长者称为新鞭，其先端的幼嫩部分称为鞭笋。由此，玉兰片可分为：冬尖，由冬笋尖端干制而成，质地细嫩，为最上品；冬片，冬至前后出土的冬笋对开干制而成，鲜嫩洁净，肉厚，亦为上品；桃片，春笋制成，肉厚，质紧且嫩，春分前产者质量较好；春片，春分至清明间采掘的笋干制而成，质较老，纤维多，肉薄而不坚实；挂笋，清明后采掘干制，肉质厚，根部有老茎，品质差。

多采用水发，涨发时将玉兰片放入温水中浸泡十几个小时，泡去黄色，柔软后换清水煮沸，熄火浸泡 5～10 小时即可使用。玉兰片多用作各种菜肴的配料，有时也可作菜肴主料。

5. 笋干

笋干由春秋两季采收的鲜笋加工干制而成。加工过程中，用柴火烘干的色黑，称黑笋；用炭火烘干的称明笋或白笋。笋干脆嫩清鲜，是大众化干菜食品。涨发方法与玉兰片相似，用于烧、炖、拌或作配料。

6. 黄花

黄花又名金针菜，花蕾开前采收，经蒸制后晒干即成。香味浓馥，肥壮油润而有光泽，根长而舒展。采用冷水发。多用作菜肴配料，也是制作素菜的重要原料。

7. 莲子

莲子又称莲米，是莲藕的种子，营养丰富，味甘而清香。莲子主要产于湖南、福建等省，一般在秋季采摘。多采用蒸发，涨发时先将莲米放入碱水中，煮沸后用木棒或刷子搅搓冲刷，待皮完全脱落、呈乳白色，捞出用清水洗净，削掉两端莲脐，用竹签捅出莲心，再洗净，装入容器中，掺入清水，上笼蒸 15~20 分钟，然后用清水浸泡。常用来制作甜菜。

8. 干百合

干百合是百合花的干制品，供食用和入药。采用蒸发。多用来制作甜菜。

9. 薏仁

薏仁是薏以去外壳后的乳白色果仁干制品。采用蒸发。一般用来制作甜菜，亦可炖食。

10. 干白果

干白果是银杏果仁的干制品，为我国特产。有微毒，不能生吃，做菜用量宜少，加热可破坏毒素。多采用水发，涨发时先将白果去掉外壳，放入沸水中煮约 10 分钟，清洗去皮膜，再将白果仁掺水上笼蒸 15 分钟，然后用细竹签取出白果仁的芽芯，倒入沸水浸泡。宜炖，如白果炖鸡。

11. 豆筋

将黄豆豆浆煮熟后，取其油皮层卷裹成棒，经晒干或烘干即制成豆筋。豆筋呈黄白色，营养丰富。多采用温水浸泡涨发。宜烧、烩、卤菜。

12. 粉条

粉条是用豌豆、玉米或红薯的淀粉为原料加工制成的，以用豌豆加工的质量为最好。多采用冷水涨发，用于烧、烩、拌及制作汤菜。

13. 木耳

木耳又称黑木耳、耳子，是寄生在朽木上的菌类，采集晾干而成。营养丰富，具有补血、润肺、益气强身的功效，被誉为"素中之荤"。木耳多采用水发，先将原料放入清水中浸泡（冬天用温水，夏天用凉水）2~3 小时，发透后，除去木屑等杂质、摘去耳根，再用清水反复漂洗，最后放入凉水中浸泡待用。涨发后质地柔软，清脆爽口，富含胶质，可炒、拌、做汤等，如锅巴肉片、鱼香碎滑肉、山椒木耳等。

14. 银耳

银耳寄生在枯木上，是珍贵的食用菌与药用菌，呈乳白色半透明鸡冠状，采摘晾干后呈米黄色。银耳质地柔软润滑，性味甘平，富含多种营养素和胶质，具有滋阴补肾、健脑强身之功效。多采用水发，具体方法与木耳相似。银耳多用于汤菜和甜菜，如蝴蝶牡丹、冰糖银耳、银耳果羹等。

15. 香菇

香菇亦称冬菇，以形状如伞，顶面有似菊花样的白色裂纹，朵小质嫩，肉厚柄短，色泽黄褐光润，有芳香气味称作芳菇的为上品。肉厚而朵稍大的称厚菇，质量稍次；朵大顶平肉薄的称薄菇，质量最差。香菇味鲜而香，有抗癌作用。多采用沸水泡发的涨发方法，涨发时用沸水泡 2～3 小时，发透后，剪去菇柄，用清水反复洗净泥沙等杂质，再用澄清的原汤浸泡。可用于烧、炖、炒等，如香菇炖鸡。

16. 口蘑

口蘑是产于长城各关口外的牧场草地，有独特鲜味的优良食用菌，为名贵原料，以张家口一带出产的最有名。朵小肉厚，体重质干，形如帽顶，柄短而整齐，色泽白黄、气味芳香者为上品。多采用泡发，涨发时先用温水洗净，再加少量温水、精盐反复揉搓，把粘在口蘑面上的细黑沙揉搓掉，然后加入沸水焖发 1～2 小时，发透后捞出，放入温水中，洗净蘑菇顶上细缝内的沙和蘑菇柄上带细沙的薄膜，去掉蘑菇腿根部的黑质，用温水反复洗净。可作各种荤、素菜的配料。

17. 竹茹

竹茹是一种隐花菌类植物，夏季野生于大山区竹林中。竹茹子实体呈笔状，钟形红色菌盖，盖下有白色网状物向下垂，柄白色，中空，基部较粗，向上渐细。竹茹采摘后须将菌盖上的臭头切去，经晒干后有香气，以茎长 12～16 cm、色白、身干（干燥，即不湿）、肉厚、松泡、无泥沙杂质为上品。竹茹质地松脆，味道清香鲜美，不仅含有丰富的蛋白质、矿物质等营养成分，还具有延长菜肴存放时间、保持鲜味不败不馊的功能。多采用水发，涨发时用热水浸泡 3～5 分钟，除去杂质，漂洗干净即可。多用于汤菜，如竹茹鸽蛋、竹茹肝膏汤等。

18. 虫草

虫草亦称冬虫夏草，是一种冬季寄生在昆虫幼体内的菌类。冬季菌丝侵入蛰居于土中的磷翅类幼虫的体内，翌年夏季，从虫体头部生长出有柄的棒形子座，露出土外，故称冬虫夏草。虫草顶端略膨大似圆柱状，外表灰褐色或深褐色，主要产于青海、西藏及四川阿坝等地。多采用水发。虫草具有抗生作用，常用于药膳滋补食品，与鸡鸭等一起蒸、炖食用。

19. 猴头菇

猴头菇又叫猴头菌，菌体圆形，菌头生棕黄色朝上的茸毛，形似猴头，东北、西南各省区及河南都出产，6—9 月份采集的最好。鲜菌体积较大，如要较长时间保存，必须用火烘干。猴头菌不分大小级别，以个大均匀、茸毛完整、色鲜质嫩、无虫蛀和杂质的为上品。涨发猴头菇时，先用温水浸泡 6～12 小时，再放进锅内，加入沸水，用小火煮透即可。常用作烧、烩，如姜汁猴头、干烧猴头。

六、干货原料的品质选择与保管

（一）检验干货原料制品的基本原则（标准）

干货原料制品是新鲜的动植物原料经脱水加工的干制品，其中很多都是稀少昂贵的珍品，在烹调中占有重要的地位，其品质优劣的选择，对于合理使用干货原料、烹制菜肴十分重要。

干货原料的品质，往往因产地、种类不同而有差异。如海参有光参和刺参之分，以刺参的品种为好；而刺参中，又有灰刺参、方刺参、梅花参之分，以山东、辽宁产的灰刺参为佳。干货原料还因加工脱水方法的不同，以及保管、贮存、运输过程中受外界因素的影响，品质也会发生变化，因而对干货原料品质的选择遵循以下三个基本原则：①干爽，不霉烂；②体块完整，整齐均匀；③无虫蛀，无杂质，保持其固有的色泽。

（二）干货原料制品的保管

干货原料经过干制加工排出大量水分后，含水量大大降低，一般都能保存较长时间。但是，干货原料中含有许多吸湿性成分（如盐、糖、蛋白质等），如果贮存条件不适宜，如室温和空气相对湿度不合适，或者包装差，都会使干货原料发生受潮、受热、霉变、虫蛀、变色等现象，影响其质量。所以，保管时应放在干燥、凉爽、通风条件较好的地方，用具有良好防潮性能的包装，并控制好贮藏室的温度与湿度。

如发现动物性干货原料发生霉变，可用清水迅速洗净，擦干烘干，不宜在日光下曝晒，以免碎损；有油坏、生虫现象的，应用 5%浓度的冷盐开水洗涤，放在阴凉处阴干后用玻璃器皿盛装。金钩、对虾等含有天然盐分，肌肉组织紧密，内部水分不易扩散，又含自溶酶较多，易受热发潮变质，更应随时检查，注意通风除湿。海参富含胶质，肌肉组织紧密，水分不易扩散，容易内变（俗称内油），应注意经常检查，发现温度过高、参体回软或有胶质物质黏手时，应立即将坏处切去，以免扩散。如发现吸湿时，要晒干或微火烘干。烘晒以后，达到参体坚硬，参刺刺手，敲打脆响时，待热气散尽后再存放。拿取海参时，还应注意尽量减少手与参体的接触，以免参体受汗水和细菌污染，引起变质。植物性干货原料如受潮生霉，则需翻晒，摊晾风干，不宜日光曝晒，以免失去原有的色泽。经过硫黄熏制的干货原料，存放时注意密封，防止硫黄散发，并忌生水、油脂、碱类物质的渗入。夏秋季节要勤加检查，如有回潮、湿润，要及时晒干，待冷却后再放入干净容器内保管。

对已经水发的干货如海参、鲍鱼、金钩、玉兰片、木耳、香菇、口蘑、燕窝等，要放进冰箱在 0℃左右保存，要注意温度不能再低，否则会因结冰影响风味。鱼肚、鱼翅类原料用水浸没，可以在-7～10℃较长时间保存。

第三章　原料分割加工工艺

第一节　刀工技术

一、概述

（一）刀工的定义和作用

1. 刀工的定义

刀工就是根据烹调和食用的要求，运用不同的刀法将原料或半成品加工成特定形状的工艺过程。

根据加工对象和目的，刀工可分为粗料加工和细料加工两方面。粗料加工是指对原料的初步加工，也叫初加工或粗加工；细料加工是指最后决定原料形态的加工，也叫精加工。一般来说，这两者是先后次序的关系。

种类繁多、性质各异的不同烹饪原料，绝大多数要先经过初加工，然后进行进一步的刀工处理才能直接烹制。有的虽经初步烹制还是半成品，在食用前还必须再进行加工处理成合适的形状才便于食用，这些都必须通过刀工技术来实现。

从整个烹调过程来说，刀工、火候、调味是三个重要环节，彼此互相配合，互相促进。如果刀工不符合规格，原料形态不一、厚薄不匀，就会在烹调中出现入味不均匀、生熟不一、色泽差异现象，从而使菜肴失去良好的色、香、味、形、口感。所以，只有完善的刀工，才能使菜肴达到完美的境地。

我国菜肴讲究色、香、味、形、营养，随着烹饪技艺的发展和大众消费水平的提高，对刀工技术的要求已不局限于改变原料的形状，而是进一步要求成品美观，赏心悦目。所以，刀工技术不仅要求很强的技术性，而且还要有很高的艺术性。

2. 刀工的作用

刀工技术不仅决定原料的最后形态，而且对菜肴制成后的色、香、味、形以及卫生等方面都起着重要的作用。主要表现在以下几点：

第一，便于烹调。烹饪的长期发展表明，原料通过刀工处理后的形状与加热的时间密切相关，与调味品的渗透紧密联系。任何烹饪原料，无论是大改小，还是粗改细、整切碎、原料削花等，都要运用刀工技术，将其切成丝、丁、片、块、条等各种形状或将原料制上不同的刀纹，以此扩大原料的受热面积，快速加热使原料致熟，并能使调味品的滋味迅速渗透到原料内部，从而保持菜肴的风味特色，使其质感、味道都获得最佳的效果。

第二，便于美化菜肴，增进食欲。同一原料，运用不同的刀法，加工成不同的形状，就会使菜肴形式多样。在不影响烹饪效果的前提下，应讲究原料的形态美观。自古以来，中国各菜系的菜形都丰富多彩，百形争艳。除了使用水、火、调味品等几种因素改变原料的形状外，常使用刀具将原料削成菊花形、麦穗形、鸡冠形、松果形、荔枝形等及各种平面几何形，而运用茸泥又可任意制成花、鸟、虫、草等造型以及各种图案，烹制出来的菜肴会更加美观，可增进食欲。使用不同的刀工技术，运用各种花刀和其他方法，再结合点缀镶嵌等手工工艺，则制成集艺术与技术为一体、多彩多姿、各式各样的工艺菜肴，给人们增添了美的享受，能促进食欲。所有这些都说明刀工与美化菜肴密切相关。

第三，丰富菜品内容。随着烹饪技术的不断发展，中国菜肴的数量及品种呈几何级数增长。实际操作中，运用不同的刀工方法，可以把各种不同质地、不同颜色的原料切割加工成不同的形状，并采用拼摆、镶、嵌、叠、卷、排、捆、包等手工技法，就可制成各式各样、造型优美、生动别致的菜肴。因此，正确运用不同的刀工方法，可大大增加菜肴的数量和品种。

第四，便于烹调获得理想的菜肴质感。烹饪原料有老、嫩、软、硬、脆、韧之分，有带骨、无骨、肉多骨少或肉少骨多之别，而使各种菜肴软嫩适口、易于咀嚼和消化吸收，是厨师和食者共同追求的目标。原料中的纤维有粗有细，结缔组织有多有少，含水量也各不相同，这些因素都要影响原料的质感。要想使原料成熟后达到理想的质感效果，除了要运用相应的烹调技法和采取挂糊、上浆等措施外，还必须运用刀工技术将原料作进一步处理，采用切、拍、斫、削、剁等方法改变原料的体积大小和形状，使其肌肉纤维组织断裂或解体，扩大原料的表面面积，从而使更多的蛋白质亲水基因暴露出来，增强原料的持水性，确保原料在烹调后达到理想的质感。

第五，体现文明饮食，帮助消化。自从人类发现了火以后，人们逐渐地把生食改成熟食，熟食变成了人们固定的饮食方式，从此人类脱离了茹毛饮血的原始生活方式。饮具、调味品的出现，使人类饮食产生了质的飞跃。尤其是筷子的出现，使中国饮食文明发展到了一个新的阶段。人类饮食已进入了一个讲究饮食卫生的文明时代，使用筷子夹食就要求所有的菜肴必须加工成一定的形状。因此，原始的食物形状已不能适应文明饮食的需要，要求对烹饪原料作进一步的刀工处理，于是产生了丝、丁、片、块、条、茸、末、粒等各种不同的规格形态。由此可见，刀工技术的发展与提高，反映了一个民族文明饮食发展的状况，也是一个民族文明饮食及饮食卫生的需要。同时，原料体积变小，利于胃肠对食物的消化，减轻了胃肠的负担。

（二）刀工操作规范

1. 刀工操作准备

刀工操作前，应将所需要的工具、设备等准备好，包括以下几项工作：

第一，刀具锋利。俗话说"工欲善其事，必先利其器"，刀工操作首先要求刀具锋利。刀具要锋利，需要经常磨刀。一般说来，磨刀时先在粗磨石上磨出锋口，后在细磨石上磨出锋刃。磨刀前，要擦净血污，否则会腻滑并影响刀的锋利和寿命。磨刀时采用"磨两头、梭中间"的方式，要先用水将磨石打湿，保持磨石上面有泥浆，然后平推平磨。刀的两面要磨得一致，磨时用力均匀。磨完后要将水擦干，防止生锈。

第二，菜墩平整。最好选用木质菜墩或新塑料菜墩。新木质墩子使用前应作一定的处理，具体处理方法有浓盐水浸泡、煮、涂抹油等。菜墩在使用时要注意随时调换位子，保持墩面平整，发现有凹凸不平时，可用铁刨或用刀如工使其平整。使用完菜墩板后要清洗干净、保持通风、竖立放置。

第三，案板稳当。调节案板高度，一般与腰齐平，同时要求稳定不摇晃。

第四，工具齐全。刀工操作需要的工具包括刀具、案板、菜墩、成品盛器、杂物盛器、洁净抹布等。陈放的位置应以方便、整齐、安全、轻松为原则。

第五，卫生安全。刀工操作前，要做好卫生安全的准备。首先要求洗手和清洗干净需要使用的工具，将操作场地清理干净，保持整个操作环境清洁卫生。其次要求操刀稳，防止割伤；其他用具和设备放置安装平稳，预防意外伤人。

2. 刀工操作姿势

第一，站立姿势。操作时，两脚自然地分立站稳，上身略向前倾，前胸稍挺，不要弯腰曲背，目光注视两手操作部位，身体与菜墩保持一定的距离。

第二，握刀姿势。一般都以右手握刀，握刀部位要适中。大多用右手大拇指与食指捏着刀身，右手其余部位用力紧紧握住刀柄。握刀时手腕要灵活而有力，刀工操作时主要运用腕力。

第三，操作姿势。根据原料性能，左手稳住原料时用力也有大小之分，不能一律对待。左手稳住原料移动的距离和移动的快慢必须配合右手落刀的快慢，两手应紧密、有节奏地配合。切原料时左手必须呈弯曲状，手掌后端要与原料略平行，利用中指第一关节抵住刀身，使刀有目标地切下；刀刃不能高于关节，否则容易切伤手指。右手下刀时要准，不要偏里或向外，保持刀身与菜墩垂直。另外，刀的放置要有固定的位置，要注意保持菜墩、工作台及其周围的清洁卫生。加工生料和熟料的刀具设备要分开放置，不能混用。

3. 刀工操作基本要求

要研究和掌握刀工技术，首先必须了解进行刀工操作时的一些基本要求。只有掌握了这些基本要求，才能进一步研究刀工操作的各项具体问题。通过对基本要求的研究，可以更进一步地了解为什么刀工技术的好坏会对整个菜肴的色、香、味、形、口感等各个方面产生重要的影响。刀工操作时应注意以下几点基本要求：

第一，整齐划一。整齐划一就是粗细均匀、厚薄一致、大小相等。经刀工切割的原料，不论其为丁、丝、片、条、块或其他形状，每一种形态的单位体积都需要粗细、厚薄、长短相宜，才能使烹制出的菜肴色、香、味、形、质感俱佳，而且符合饮食卫生的要求。反之，不仅形态不美观，而且在调味时，由于成品原料厚薄不均，形成的味感就会出现差异，会严重影响菜肴的口味。在加热时，细的、薄的已先熟，而粗的、厚的内部还未熟透，如果就在此时出锅上菜，造成生熟不均，不仅不好吃，而且影响卫生；但如果等到粗的、厚的完全成熟，薄的、细的早已过熟，形态会发生变化，香味、颜色和质感都会相应改变。

第二，清爽利落。在刀工操作时，需注意使原料清爽利落，不可互相粘连。不论是丝与丝之间，还是片与片之间、条与条之间或块与块之间，都必须完全分开，不可藕断丝连、似断未断，相互粘连在一起。如果前面断了而后面还连着，上面断了而下面还连着，肉断了而筋膜还连着，这不仅影响菜肴的形态美观，而且还影响烹调和食用。要想达到清爽利落的目的，要注意下面几点：①刀刃锋利，没有缺口；②菜墩平整，刀刃与菜墩应保持在同一水平线上，不可凹凸不平；③操作时用力均匀，不能先重后轻或先轻后重。

第三，密切配合烹调的要求进行刀工。由于菜肴有各种不同的烹调方法，也就有不同的调味与火候要求，因此刀工必须密切配合这些要求。例如，爆、炒等烹调方法所用的火力旺、加热时间短，因而原料在刀工处理上就必须切得薄一些、小一些，过分厚大不仅不易入味，而且也不易熟透。炖、焖等烹调方法所用的火力较小、时间较长，因此原料的刀工处理就必须切得厚一些、大一些，过分薄小则烹制后原料会收缩或碎烂。

第四，根据原料的特性灵活进行刀工。不同的原料具有不同的特性，在进行刀工处理时，应根据原料的不同性能选用不同的刀法。例如，韧性肉类原料，必须用拉切的刀法。猪肉较嫩，肉中结缔组织少，可斜着肌肉纤维纹路切，如果横着肌肉纹路切制，猪肉加热后容易断裂；采用斜切刀法，才能达到既不碎烂又不老的目的。牛肉较老，结缔组织多，必须横着肌肉纤维的纹路切断，成熟后就不会太老。鸡脯肉和鱼肉最嫩，要顺着肌肉纤维纹路来切，使切出的丝和片不易断裂。又如脆性的原料如冬瓜、笋等，可采用直刀刀法切制，而豆腐等易碎或薄小的原料则不宜直切，应该采用推切或推拉切的刀法。根据原料的特性进行适当的刀工处理，才能保证菜肴的质量。

第五，注意同一菜肴中几种原料形状的协调。菜肴包括主料、辅料和调料，在刀工处理时应注意彼此之间形态的协调，一般是辅料、调料要服从主料形态。如炒制时，辅料、调料多采取和主料相同的形态，而且辅料应比主料略为小一些，方能把主料衬托得更加突出。例如五彩肉丝，肉切成丝，其他的辅料、调料都应切成丝进行搭配，并且主料丝的规格略大于辅料丝。

第六，物尽其用。合理使用原料是整个烹制过程中的一项重要原则，在刀工处理时更应密切注意，必须掌握"量材使用、小材大用、物尽其用"的原则。同样的原料，如能精打细算，并且选用适当的刀法，不仅能使成品整齐美观，还能节约原料，降低成本。

第七，注意卫生，妥善保管。原料刀工成形后并不意味着刀工的结束，还必须注意成形后原料的保管与清洁卫生。如果不对原料进行妥善的保管处理，会导致原料受污染或质量变坏，前功尽弃。

需要指出的是，加工过程中运用的刀工方法并非一成不变的，必须在实践中不断总结经验，反复练习、刻苦钻研，然后熟能生巧，达到准、快、巧、美的要求。

（三）刀工设备和用具

烹调师所用的刀种类很多，一般按其用途分为片刀、切刀、砍刀及文武刀几种。

第一，片刀。又叫薄刀，刀身窄，轻而薄。专门用于片猪、牛、羊、鸡、鱼等动物性原料和根茎类植物性原料的片。

第二，切刀。用途最广，是最基本的刀，刀背比片刀的刀背要厚一些，有方头、圆头、齐头、大头之分。可切、剁各种丝、丁、片、块、末。

第三，砍刀。刀身厚重，与刀口的截面成三角形。专门用来砍带骨原料和大型原料。

第四，文武刀。又名切砍刀，刀的前半部分可以用来切，后半部分可用来砍鸡、鸭、鱼、兔等小动物不太粗大的骨头。

除此以外，还有剪刀、果刀、刨刀等刀具以及锯骨机、刨片机。

锯骨机是采用锯齿状刀刃在高速运转下对肉块或骨骼进行分割处理的切割机械。主要用来快速锯断大块骨头、肉块及冻结的肉类、家禽、鱼类等块状原料。

刨片机。用来切、刨冰冻肉片及块状的嫩脆植物原料，如刨羊肉片、土豆片、藕片等。

二、刀法

刀法就是使用不同的刀具将原料加工成一定形状时采用的各种不同的运刀技法。简单地说，刀法就是运刀的方法。刀法是随着人们对各种原料加工特性的认识不断深化和烹饪加工自身的需要发展起来的。由于烹饪原料的种类不同，烹调的方法不同，需要将原料加工成各种不同的形状，而多种形状不可能用一种运刀技法去完成，因此就形成了众多的刀法。

各地运刀的方法、名称和操作技术并不完全相同，但是基本可以分为普通刀法和特殊刀法两大类，其中普通刀法是指使用普通刀具进行的刀工加工的方法；特殊刀法是指使用特殊刀具进行的刀工加工的方法，如食品雕刻。

根据运刀时刀身与菜墩平面及原料的角度，又可分为直刀法、平刀法、斜刀法、剞刀法以及其他刀法等五大类。

（一）直刀法

直刀法就是在操作时刀刃向下、刀身向菜墩平面做垂直运动的一种运刀方法。直刀法操作灵活多变、简练快捷，适用范围广。由于原料性质的不同，形态要求的不同，直刀法又可分为切、剁、斩、砍等几种操作方法。

1. 切

切是左手按稳原料，右手持刀，近距离从原料上部向原料底部做垂直运动的一种直刀法。切时以腕力为主、小臂力为辅运刀。一般适用于加工植物性原料和无骨的动物性原料。切可分为直切、推切、拉切、推拉切、滚料切。

第一，直切，又称跳刀，是运刀方向为直上直下、着力点布满刀刃、前后力量一致的切法。适用于脆性植物原料，如笋、冬瓜、萝卜、土豆等。操作时右手持稳刀，手腕灵活，运用腕力，稍带动小臂；左手按稳所切原料。一般是左手自然弓指并用中指第一关节抵住刀身，与其余手指配合，根据所需原料的规格（长短、厚薄），呈蟹爬姿势不断向后移动；右手持稳刀，运用腕力，刀身紧贴着左手中指第一关节，并随着左手移动，以原料规格的标准间隔距离，一刀一刀跳动直切下去；两手必须密切配合，从右到左，在每刀距离相等的情况下，有节奏地匀速运动，不能忽宽忽窄或按住原料不移动。刀口不能偏内或向外，提刀时刀口不得高于左手中指第一关节，否则容易切伤手指。所切的原料不能堆叠太高或切得过长。如果原料体积过大，应放慢运刀速度。

第二，推切是刀的着力点在中后端，运刀方向为由刀身的后上方向前下方推进的切法。适用于具有细嫩纤维和略有韧性的原料，如猪肉、牛肉、肝、腰等。操作时持稳刀，靠小臂和手腕用力。从刀前部分推到刀后部分时，刀刃才与菜墩完全吻合，一刀到底断料。推切时，进刀轻柔但有力，下切刚劲，断刀干脆利落，刀前端开片，后端断料。对一些质嫩的原料，如肝、腰等，下刀宜轻；对一些韧性较强的原料，如猪肚、牛肉等，运刀要有力。准确估计下刀的角度，刀口下落时要与菜墩吻合好，保证推切断料的效果。随时观察效果，纠正偏差。

第三，拉切，又称拖刀切，是刀的着力点在前端，运刀方向为由前上方向后下方拖拉的切法。适用于体积薄小、质地细嫩并易碎裂的原料，如鸡脯肉、鱼肉等。

操作时进刀轻轻向前推切一下，再顺势向后下方一拉到底，即所谓的"虚推实拉"，便于原料断料成形，或先用前端微剁后再向后方拉切。

第四，推拉切，又称锯切，是运刀方向为前后来回推拉的切法，使原料形成多面立体块。适用于质地坚韧或松软易碎的原料，如大块牛肉、面包等。操作时下刀要垂直，不能偏里或向外。如果下刀不直，不仅切下来的原料形状厚薄、大小不一，而且还会影响以后下刀的部位。下刀宜缓，不能过快。下刀过快，会影响原料成形，还容易切伤手指。推拉切时，要把原料按稳，一刀未断时不能移动。因为推拉切时刀要前推后拉，如果原料移动，运刀就会失去依托，影响原料成形。注意事项：如若采用正确的推拉切方法仍不能使原料形状完整，而出现碎、裂、烂的现象时，则应增加厚度。原料的厚度以能避免碎裂烂、保证成形完整为宜。

第五，滚料切，是指所切原料滚动一次切一刀的连续切法。适用于质地脆嫩、体积较小的圆形或圆柱形植物原料以及个别圆柱形动物性合成原料，如萝卜、土豆、笋、茄子、香肠等。操作时左手控制原料，并按原料成形规格要求确定角度滚动，需大块则原料滚动的角度就大，反之则小；右手下刀的角度与运刀速度必须密切配合原料的滚动。下刀准确，刀身与原料成斜切面，与原料成一定的夹角；角度小则原料成形狭长，反之则短阔。

2. 剁

剁是指刀垂直向下，频率较快地斩碎或敲打原料的一种直刀法。

为了提高工作效率，剁时通常左右手分别持刀同时操作，这种剁法也称为排斩。剁适用于无骨韧性原料，可将原料制成茸或末状，如肉丸、鱼茸、虾胶等。操作时一般两手持刀，保持一定的距离，刀与原料垂直；运用腕力，提刀不宜过高，用力以刚好断开原料为准；有节奏地匀速运力，同时左右来回移动，并酌情翻动原料。

注意事项：原料在剁之前，最好先切成片、条、粒或小块，然后再剁，这样均匀、不粘连；为防止原料飞溅，剁时可不时将刀放入清水中浸湿再剁；剁时注意用力大小，以能断料为度，避免刀刃嵌入菜墩。

3. 斩

斩是指从原料上方垂直向下猛力运刀断开原料的直刀法。适用于带骨但骨质并不十分坚硬的原料，如鸡、鸭、鱼、排骨等。要求：①以小臂用力，刀提高至与前胸平齐，运刀时看准位置，落刀敏捷、利落，一刀两断；②斩有骨的原料时，肉多骨少的一面在上，骨多肉少的一面在下，使带骨部分与菜墩接触，容易断料，同时又避免将肉砸烂。

4. 砍

砍是用以断开粗大或坚硬的骨头的刀法，可分为直刀砍和跟刀砍两种。

第一，直刀砍，是将刀对准原料要砍的部位用力向下直砍的刀法。一般适用于体积较大的原料，如砍整只的猪头、火腿等。操作时，右手的大拇指与食指必须紧紧握稳刀柄，将刀对准原料要砍的部位直砍下去。用手腕之力持刀，高举到与头部平齐，用臂膀之力砍料。下刀准，速度快，力量大，以一刀砍断为好。如需复刀，必须砍在同一刀口处。左手按稳原料，应离开落刀点有一定距离，以防伤手。如砍时手不能按稳，则最好将手拿开，只用刀对准原料砍断即可。

第二，跟刀砍，是将刀刃先嵌入原料要砍的部位，刀与原料一齐提起落至菜墩的一种刀法。一般适用于

下刀不易掌握、一次不易砍断而体积又不是很大的物料，如猪肘、鸡头、鱼头等。

（二）平刀法

平刀法，又称片刀法，是指运刀时刀身与菜墩基本上呈平行状态的刀法。适用于无骨的韧性原料、软性原料或者是煮熟回软的脆性原料。按运刀的不同手法，可分为平刀片、推刀片、拉刀片、推拉刀片等几种。

1. 平刀片

平刀片，是指将原料平放在菜墩上，刀身与菜墩面平行，刀刃从原料的右端一刀平片至左端断料。适用于无骨软性细嫩的原料，如豆腐、凉粉等。操作时持平刀身，进刀后要控制好所需原料的厚薄，一刀平片到底；左手按料的力度要恰当，不能影响平片时刀身的运行；右手持刀要稳，平片速度以不使原料碎烂为准，刀身不能抖动，否则断面不平整。

2. 推刀片

推刀片，是指将原料平放在菜墩上，刀身与菜墩面平行，刀刃前端从原料的右下角平行进刀，然后由右向左将刀刃推入，向前推进运刀片断原料的刀法。适用于体小、脆嫩的植物性原料，如菱白、冬笋、榨菜、生姜等。操作时持刀稳，刀身始终与原料平行，推刀果断有力，一刀断料；左手手指平按在原料上，力度适当，既固定原料又不影响推片时刀的运行；推片时刀的后端略略提高，着力点在后，由后向前（由里向外）片出去。

3. 拉刀片

拉刀片，是将原料平放在菜墩上，刀身与菜墩平行，刀刃后端从原料的右上角平行进刀，然后由右向左将刀刃推入，运刀时向后拉动片断原料的刀法。适用于体小细嫩的动植物原料或脆性的植物原料，如猪腰、莴笋、蘑菇等。

拉刀片的操作要领：

第一，持刀稳，刀身始终与原料平行，出刀果断有力，一刀断料。

第二，拉片时着力点放在刀的前端，片进后由前向后（由外向内）片下来。

4. 推拉刀片

推拉刀片又称锯片，是推刀片与拉刀片合并使用的刀法。适用于面积较大、韧

性强、筋较多的原料，如牛肉、猪肉等。操作时由于推拉刀片要在原料上一推一拉反复几次，起刀时要平稳，刀始终与原料平行。

不管使用何种片法，结合原料的厚薄形态，起片时有两种方法：

第一，从上起片。以左手的食指和中指伸出原料外与刀刃相接触，掌握进刀的厚薄。此法技术要求较高，熟练后可以片成极薄的片。多用于植物原料，片薄片。

第二，从下起片。从原料底部起片时以菜墩的表面为依据，掌握厚薄。此法应用较多，容易片得平整，但原料的厚度不易掌握。适用于一般动物原料。

注意事项：

第一，左手按料的食指与中指应分开一些，以便观察原料的厚薄是否符合要求。

第二，掌握好每片的厚度，随着刀片的推进，左手的手指应稍翘起。

（三）斜刀法

斜刀法指刀身与菜墩平面成斜角的一类刀法，它能使体薄的原料成形时增大表面或美化形状。按运刀的不同手法，又分为正斜刀法和反斜刀法两种。

1. 正斜刀法

正斜刀法，又称左斜刀、内斜刀，是指刀背向右、刀口向左，刀身与菜墩面成锐角并保持角

度斜切断料的刀法。适用于质软、性韧、体薄的原料，切斜形、略厚的片或块，如鱼肉、猪腰、鸡肉等。操作时运用腕力，进刀轻推，出刀果断；把原料放在菜墩上，左手轻轻按住原料使其不致移动，配合右手运刀的节奏，一刀一刀片下去。

注意事项：对片的厚薄、大小及斜度的掌握，主要依靠眼睛注视两手的动作和落刀的部位，右手稳稳地控制刀的斜度和方向，随时纠正运刀中的误差。

2. 反斜刀法

反斜刀法，又称右斜刀法、外斜刀法，是指刀背向内、刀口向外，放平刀身略呈偏斜，刀片进原料后由里向外运刀的刀法。适用于脆性植物原料和体薄、易滑动的动物原料，如鱿鱼、青瓜、玉兰片等。操作时左手呈蟹爬形按稳原料，以中指抵住刀身，右手持刀，使刀身紧贴左手指背，刀口向外，刀背向内，逐刀向外下方推切。左手有规律地配合右手向后移动，每一次移动应掌握同等的距离，使切下的原料成形；手指随运刀的角度变化而抬高或放低。运刀角度的大小，应根据所片原料的厚度和对原料成形的要求而定。

注意事项：

第一，能一刀断料的，尽可能一刀片下。

第二，提刀时，刀口不能高过左手中指的第一关节，否则容易切伤手指。

（四）剞刀法

剞刀法，又称花刀法，指在加工后的坯料上，以斜刀法、直刀法等为基础，将某些原料制成特定平面图案或刀纹时所使用的综合运刀方法。

剞刀法主要用于美化原料，是技术性更强、要求更高的综合性刀法。在具体操作中，由于运刀方向和角度的不同，又可分为直刀剞、斜刀剞、平刀剞等。适用于质地脆嫩、柔韧、收缩性大、形大体厚的原料，如腰、肚、肾、鱿鱼、鱼肉等，以及将笋、姜、萝卜等脆性植物原料制成花、鸟、虫、鱼等各种平面图案。

剞刀法操作要领：

第一，持刀稳、下刀准，每刀用力均衡，运刀倾斜角度一致，刀距均匀、整齐。

第二，运刀深浅一般为原料厚度的 1/2 或 2/3，有的原料视需要而定，如松子鱼须剞到皮为止。要避免切断原料或未达到深度，影响菜肴质量。

第三，根据不同的成形要求，几种剞法应结合运用。

（五）其他刀法

剔：又叫剔肉、剔骨。

剖：剖口（背）。

起：起猪肉皮。

刮：刮鳞、肠子、肚子等。

戳：戳筋、鸡腿肉、肥膘、里脊肉等。

捶：将原料捶成各种泥。

排：猪肉、鱼肉、鸡肉捶松成片。

削：原料初加工，削青笋、菜头、冬笋等。

剜：将原料挖空，如番茄、梨子、苹果等。

旋：旋苹果、梨、广柑皮等，旋笋皮、丝瓜皮、黄瓜皮、茄子皮等。背刀法：去泥肉的筋，以及背蒜泥、豆豉泥等。

拍：拍姜、葱，拍肉等。

同学们可自查资料学习掌握以上刀法的具体操作方法和使用对象。

三、原料成形

原料经过不同的刀法处理后，形成不同的形状，便于烹调和食用。原料是多种多样的，成形形状有丝、丁、片、条、块、粒、末、泥以及花形。

第二节 原料分档工艺

一、概述

原料分档工艺又称为原料的部位取料，是按照烹饪要求，把已经宰杀和初加工的动物原料切割成不同质量标准的部位原料的操作过程。原料分档包括分割和出骨，是烹饪加工的一个重要环节。分档处理是否准确，直接影响菜品的质量。

原料的分割是指根据烹饪原料不同部位的质量等级，使用不同的刀具和刀法进行合理分割和分类处理，使分割后的部位原料符合烹饪要求的操作过程。

原料的出骨是指将动物性原料的肌肉组织、脂肪与骨骼进行分离，并按不同部位、不同质量、不同等级进行分类处理的操作过程。

1. 原料分档出骨的意义和作用

第一，保证菜品质量和特色。菜品质量和原料质量密不可分，同一种原料，部位不同，其特点也不同。每一种菜品都有它的成菜特点，要达到预期的成菜特点，就应该选择最适合的部位。如猪的五花肉表现为一层肥肉一层瘦肉相间排列，肥瘦比例较好，肉质较细嫩。通过蒸、烧等烹调方法制作出来的菜肴成菜要求是肥而不腻、细嫩化渣，这类菜肴选五花肉可以保证菜品质量和成菜特点。

第二，保证原料合理使用。合理使用原料是整个烹饪工艺过程中的一个重要原则，而分割出骨能将烹饪原料按质地老嫩、软硬、脆韧区分开来，有骨和无骨分离，针对不同部位的原料采用不同的烹调方法制作出美味佳肴，真正做到原料不浪费，综合利用，物尽其用。

第三，容易成熟、入味，便于食用。骨骼、筋膜等在烹调时会阻碍热的传导和调味品的渗透，在烹调前将这些骨骼和筋膜除去，原料容易成熟，可以缩短烹制时间，又可以使调味品较快渗透入味。同时去除了骨骼和筋膜，食用起来更加方便。

2. 原料分档出骨的基本要求

第一，下刀准确。对原料进行分档时，要从两块肌肉的筋络处或不同部位的分界处下刀。家禽、家畜的每块肌肉之间往往有一层筋络，从这里下刀，不会损伤原料，能保持原料的完整性。

第二，要重复刀口。在分档的过程中，如果一刀不能将原料分割开时，在前一刀切割后，第二刀下刀时要重复在前一刀的刀口处，防止切碎原料。

第三，下刀要按照原料筋络分布分清先后顺序。随意下刀会破坏肌肉的完整性，从而影响质量。

第四，出骨时尽量做到肌肉中不带骨骼，骨骼上不带多余的肌肉。

第五，在分档处理时要根据烹调的需要去皮、去表面污物，修去影响原料质量的淤血、带伤肉、淋巴结、黑色素肉等。

二、家禽原料分档出骨

家禽原料包括鸡、鸭、鹅、鸽子、鹌鹑等。由于家禽原料在肌肉、骨骼的结构上大同小异，故仅以鸡为例介绍禽类原料的分档出骨。

（一）鸡的部位名称、特点及用途

鸡的部位包括头、颈、翅、背、胸、腿、爪等七个部分。

（二）家禽原料的出骨

1. 分部位出骨

第一，出腿骨。

第一步：从鸡腿的内侧用刀跟划破鸡皮，紧贴股骨和胫骨剔开肌肉，露出股骨和胫骨。

第二步：从股骨和胫骨的关节处割断，然后去掉股骨。

第三步：从胫骨靠近，于蹠骨的关节处用刀背敲断，然后撕去胫骨。

第四步：割下胫骨与蹠骨的关节骨，鸡腿的去骨即完成。

第二，出胸骨。将初加工后的鸡放于案板上，左手抓住鸡翅向上用力，使鸡翅与鸡身相连处的关节突出来，将刀顺着骨缝划一刀割断鸡皮、肌肉以及韧带，使鸡翅与躯干分离，再用刀沿胸骨上划一刀至鸡翅与躯干连接处，在背部也划一刀至鸡翅与躯干连接处，然后用刀根按住翅膀与躯干连接的刀口处，左手顺势将鸡脯肉拉下，最后将鸡皮撕掉，切下翅膀即得到净鸡脯肉。用此法取下另一侧的鸡脯肉。

剔下鸡脯肉之后，紧贴锁骨突起处露出两条嫩肉（鸡柳，即鸡的里脊），可用刀将它与鸡颈根部相连的筋割断即可顺势取下。

第三，出爪骨。将鸡爪去尽黄皮，洗净，剁去趾甲，放入凉水锅煮熟，再放入冷水中漂凉；用小刀将鸡爪的趾骨分别一条条划开，将骨头取出即可。

2. 整料出骨

整料出骨就是既要将动物原料中的全部骨骼或主要骨骼剔除，又要保持原料完整形态的操作工艺。

第一，整料出骨的作用。

①易于成熟和入味。在烹调时，原料中的骨骼会对热的传导和味的渗透起一定的阻碍作用，所以将这些骨骼在烹调前除去，菜肴就容易成熟和入味。

②便于制作形态美观的菜肴。经过整料出骨的原料，由于去掉了主要骨骼，身体变得柔软，易于加工成美观的形状，如将整料出骨的鸭塑造成葫芦形状，成菜后

形似葫芦，形态美观。

第二，整鸡出骨的步骤。整鸡出骨是一项技术性较强的工艺，在操作时要小心，注意不要将鸡皮弄破。在操作过程中，要按照操作步骤进行。具体步骤如下。

第一步：划开颈皮，斩断颈骨。在杀鸡的切口处剁断颈椎骨，并在颈部根处靠近两肩中部顺鸡颈划一刀约 6 cm 长口子，将刀口处的皮肉掰开，拉出颈骨。

第二步：出前肢骨。让鸡的头向上类似于"坐"在案板上，从刀口处将皮向一边翻开，露出翅膀与身体连接的关节，用刀将连接的筋割断，使翅膀与鸡身脱离；再挑断鸡翅膀关节周围的筋，用小刀刮尽骨上的肉，抽出翅膀的臂骨，斩断。用同样方法去掉另一边翅膀骨。

第三步：出躯干骨。取出翅膀骨后，仍将鸡"坐"于案板上，双手将皮肉往下轻轻翻剥至鸡胸的胸骨突起处，用小刀将皮与骨小心割离后再剥。继续剥至大腿处时，双手用力将鸡腿向背后部掰开，露出大腿与身体连接的关节，用刀将关节周围的筋割断，使后肢骨与鸡身脱离。再继续用双手向下翻剥，直至肛门，割断尾椎骨，取出鸡身骨头，割断屎肠，洗净粪便污秽。

第四步：出大腿骨。在鸡大腿的内侧，用刀紧贴股骨和胫骨剔开肌肉，露出股骨和胫骨，在股骨和胫骨的关节处割断，用刀刮尽股骨上的肉，慢慢抽出股骨；再在胫骨与跖骨的关节 1cm 处用刀背敲断胫骨，用刀刮下胫骨上的肉，去掉胫骨。

第五步：清洗干净，翻转鸡皮，恢复原形。用清水将鸡清洗干净，把鸡皮顺着原刀口重新翻回，使鸡皮在外鸡肉在内，外形仍保持鸡的完整形状。

鸭的脱骨与鸡基本相同，但鸭皮嫩骨脆，翻剥时容易破裂，所以操作更要小心。

三、家畜原料分档取料

按照家畜原料的部位使用用途，可将其分为皮肉和肌肉两大部分。下面主要介绍猪、牛、羊的部位名称、特点及用途。

1. 猪的皮肉部位介绍

第一，猪头：包括上下牙颌、耳朵、上下嘴尖、眼眶、核桃肉等。猪头肉皮厚、质地老、胶质重。适宜卤、腌、熏、酱、腊及煮制后凉拌、泡等。

第二，凤头皮肉：此处肉皮薄，微带脆性，瘦中夹肥，肉质较嫩。适宜卤、蒸、烧和制汤，如制作稍次的回锅肉、叉烧肉等。

第三，槽头肉（又称颈肉）：肉质老、肥瘦不分，宜制作大包子馅、饺子馅，或红烧、粉蒸等。

第四，前腿肉：肉质较老，半肥半瘦。适宜煮、卤、烧、腌、酱、腊，如制作咸烧白等。

第五，前肘（又称前蹄膀）：皮厚、筋多、胶质重。适宜煮、烧、制汤、炖、卤、煨等。

第六，前足（又称前蹄、猪手）：主要含有皮、筋、骨骼等，胶质含量重。适宜烧、炖、卤、煨等。

第七，里脊皮肉：肉质嫩，肥瘦相连。适宜卤、煮、腌、酱、腊等。如去除里脊后制作甜烧白。

第八，宝肋肉：皮薄，有肥有瘦，肉质较好。适宜蒸、卤、烧、煨、腌，例如烹制甜烧白、粉蒸肉等。

2. 猪的肌肉部位介绍

第一，凤头肉：这个部位肉质细嫩、微带脆、瘦中夹肥。适宜做丁、片、碎肉末等。可用于炒、焖，或制作汤、叉烧肉等。

第二，里脊肉（又称里脊、扁担肉等）：肉质最细嫩，是整只猪部位最好的肉，用途较广，适宜切丁、片、丝，剁肉丸子等。可用于炒、熘、炸等。

第三，眉毛肉：这是猪胛骨上面一块重约 500 g 的瘦肉，肉质与里脊肉相似，只是颜色深一些，其用途跟里脊肉相同。

第四，夹心肉（又称夹缝肉、前夹肉）：肉质较老，色较红，筋多。适宜切丁、片、肉末等。可用于炒、炸、做汤、制作香肠等。

第五，门板肉（又称梭板肉、无皮坐臀肉）：肥瘦相连，肉质细嫩，颜色白，肌纤维长。其用途跟里脊肉相同。

第六，秤犯肉（又称鹅蛋肉、弹子肉、兔蛋肉）：肉质细嫩，筋少，肌纤维短。适宜切丝、丁、片、肉末等。可用于炒、焖、爆等。

第七，盖板肉：连接秤砣肉的一块瘦肉。肉质、用途跟秤碇肉基本相同。

第八，黄瓜条：与盖板肉紧密相连。肉质、用途跟秤碇肉基本相同。

第九，腰柳肉：是与秤砣肉连接的呈条状的肉条。肉质细嫩，水分较重，有明显的肌纤维。适宜切丁、条、肉末等。宜炒、炸、制汤等。

四、常见鱼类原料分档出骨

（一）常见鱼类部位名称、特点及用途

第一，鱼头：骨多肉少，皮层胶原蛋白丰富，适于蒸、烧、做汤。

第二，鱼脊背：有一根脊椎骨（龙骨），肉质较好，肉多且厚，可加工成丝、丁、片、条、块、泥（茸）等，适于炒、汆、炸等烹调方法。

第三，鱼肚裆：皮厚肉薄，脂肪含量较丰富，肉质肥美，刺少，适于烧、蒸等。

第四，鱼尾：又称划水，皮厚筋多，肉质肥美。尾鳍含丰富的胶原蛋白，适于烧。

（二）分档出骨（以草鱼为例）

1. 整鱼出骨

经初加工后的鲜鱼去鳞、去腮（不剖腹）后，将鱼头朝外放在菜板上，左手按住鱼身，右手用刀尖在脊背中间紧贴鱼脊骨横刀片进去，从鳞后一直用拉刀片到尾部，左手拉开刀缝，右手刀刃紧贴脊骨再横片进鱼身，由脊骨片至鱼刺，顺着鱼刺片到腹部；再将鱼掉头，使鱼头朝内，同样方法将刀刃片至鱼腹部位置，用剪刀剪去与头连接的脊骨和与尾连接的脊骨末端，使尾鳍和鱼头仍然连在鱼肉上，取出骨架和内脏，洗净，成为头尾完整的全鱼。

2. 取净鱼肉

将经过初加工的鲜鱼去鳞、去内脏后平放于菜板上，头向左，左手按住鱼身，右手用刀从鱼尾处入刀，平刀法片至鱼头处，再将鱼肉（带鱼刺）从鱼鳞下切下来。将鱼翻面，用同样方法取出另一边的鱼肉。

再采用斜刀法将鱼刺斜刀片下来，得到两片净鱼肉。

如需去鱼皮，可采用将鱼皮向下放于菜板上，直刀切至鱼皮，再平刀片去鱼皮即可。

第四章 火　候

火候，在烹饪加工中对菜肴的质感起着决定性的作用，因而从广义讲火候是指根据烹饪原料性质、形态、食用需求，采用一定烹调加工方式，在特定时间内使原料吸收热能，发生适度变化，使原料达到最佳质感的表述。狭义讲：火候是指原料在烹调过程中所使用火力的大小和加热时间的长短以及原料受热的成熟程度。在烹制菜肴的过程中，火候的掌握直接关系到成菜的质量。掌握火候的意义在于：

第一，防止原料过度脱水，保护菜肴口感、色泽和形状。

第二，准确把握原料的成熟程度，使原料成熟恰到好处。

第三，便于调味品渗透入味。

第四，减少烹饪原料营养成分的损失。

第一节　火力识别与调控

火力，是指火焰燃烧的强度。在烹调中，火力主要是指煤、柴、燃油、天然气、石油气等可燃性物质与空气中的氧通过化合作用（即燃烧）产生的热量。

一、热源

我们把能够直接产生大量热能且能有效地应用于食品加工的热能来源称为热源。烹调中常用的热源有两种：

第一，以物质燃烧为热源，如木柴、煤炭、燃油、石油气、天然气等。

第二，以电能为热源，如电炸炉、电磁炉、微波炉、电饭煲、电烤箱、电炒锅、电砂锅等。

二、火力及鉴别

在烹调中，以电能为热源的加热，在设备的设计时已经测定了基本数据，通过控制设备上的调温按钮就能得到所需的火力，使用非常方便和准确，也不需要操作者花过多精力去深入了解其火力大小。而以物质燃烧为热源的加热，火力的大小主要凭操作者的经验来判断和掌握。通常把火力分为旺火、中火、小火及微火四种。一般根据热力强弱、火焰高低、光线明暗程度来鉴别。

第一，旺火，又称大火、武火等，是烹调中最强的一种火力，火力强而集中，火焰高而稳定，热气逼人。一般用于短时间加热，以减少营养成分损失，保持原料香、酥、嫩、脆等，如炒、爆、烫、蒸等。

第二，中火，火力次于旺火，火苗较高且较稳定，光度较亮，热气较大。多用于煮、卤、烧、炒、煎等，能使原料熟软、细嫩、鲜香入味。

第三，小火，火力较弱，火焰细小而摇晃，呈青绿色，光度暗淡，热气不大。用于较长时间的烹制，使原料酥烂，如烧、炖、焖、煨等。

第四，微火，是最小的一种火力，有火无焰，红而无力，火力微弱。除用于特殊要求的菜肴，如炖、煨、熬汤外，一般仅用于汤汁或菜肴的保温。

三、常见加热设备

现代厨房中加热设备很多，根据其热源的不同，可分为燃煤加热设备、燃气加热设备、燃油加热设备、蒸汽加热设备、电加热设备等。

第一，燃煤加热设备，主要由炉膛、炉箅、灰膛三部分组成。根据功能的不同，又分为炒灶、蒸灶、炮台灶、马蹄灶等。

第二，燃气加热设备，结构与燃煤加热设备相似，以煤气、天然气、石油气为热源。根据使用的不同，有中餐炒菜灶、中餐大锅灶、煲仔灶、燃气烤箱、燃气油炸炉等。

第三，燃油加热设备，主要以柴油、煤油等为热源。为了使燃油充分燃烧，烹饪中多伴随鼓风，所以其火力相对来说较大。主要有煤油灶、柴油灶、油气两用灶等。

第四，蒸汽加热设备，指利用蒸汽蒸制食品的设备。主要有夹层蒸汽套锅、蒸汽蒸柜炉等。

第五，电加热设备，包括电扒炉、电炸锅、电烤箱、微波炉、电磁炉等。

第二节　热介质和热传递

热力学第二定律告诉我们，在自然条件下热能要从高温物体向低温物体转移，转移过程中，除直接接触外，需要有传热介质。热能传递有三种方式：热传导、热对流、热辐射。在加热烹饪原料时，热源将热能传给不同材质的中间介质（锅、水、油、气、盐等），中间介质又将热能传给烹饪原料，原料表面受热，再逐步深入内部，使原料成熟。

一、烹调中的热传递

热能传递的方式有传导、对流、辐射三种，在烹调中三种方式往往是同时存在的。一般来说，在对原料进行加热烹调过程中，传热途径（红外线、微波等除外）为热源—介质—原料，有原料外部传热和原料内部传热两种情况。

1. 原料外部传热

大部分的烹饪，原料都不直接接触热源，往往要通过传热介质将热能传递到原料表面。通常使用的介质有固态、液态、气态三种。介质不同，传热的效果也各不相同。在选择传热介质时，要考虑成菜的要求。例如，旺火快速烹制的菜肴，就应该选用传热速度快的金属作为传热介质；而小火长时间烹制的菜肴则选用传热速度较慢的砂锅作为传热介质；要使成菜外酥内嫩，应选用油为传热介质；利用水作为传热介质，可使成菜较细嫩。

2. 原料内部传热

热能通过传热介质到达原料表面，原料要达到成熟，在原料内部还有一个传热过程。原料的状态一般有固态和液态两种，液态原料的传热与前面讲的液体传热原理是相似的，但原料形态大多是固态，所以我们在这里只介绍固态原料的内部传热。固态原料是热能的不良导体，热能进入原料内部需要一定时间，才能使原料成熟；原料体积越大，传热的路程就越长，所需的时间也越长。因此，对体积较大的原料进行加热时，一般不能采用高温加热，否则容易出现表面已经成熟过度而原料内部还未达到成熟效果的现象。对于一些快速成菜的烹调方法，为了缩短成熟时间，应增加原料表面受热面积或减少原料体积，如将原料加工成丝、粒、片等，甚至对原料锲花形，这样可以缩短原料内部成熟时间。

对于不同原料来说，原料质地各不相同，传热的结果也不相同，因此，不同原料在加热过程中也相应选择不同火力。例如，人们常说的"急火豆腐慢火鱼"，在对豆腐和鱼两种块形原料加热时，所用的火力与加热的时间各不相同。烧制豆腐时应采用快速成菜，而烧制鱼时应采用中小火缓慢加热，使原料成熟入味。

原料内部传热是一个缓慢而又复杂的过程，在传热时还伴随很多化学变化影响着原料的质地。如在加热时原料会发生分散反应、氧化还原反应、蛋白质凝固反应、分解反应、酯化反应以及酶促反应、褐变反应等。在烹调加热时必须准确控制加热时间，使成菜达到所需成熟度。

二、烹饪中的传热介质

烹饪中传热的介质包括金属、水、油、蒸汽、空气、盐、沙等。对于同一种食物，如果所用的传热介质和方式不一样，效果也不一样。

1. 固体物

固体物包括金属以及盐、沙、石头等。

金属传热速度非常快，烹制菜肴时多采用金属工具加热原料，但是在实际操作过程中需要注意防止原料粘锅。

盐、沙、石头的传热速度较慢，传热能力不高，但能比较均匀地加热食物，如糖炒板栗、盐发干料、泥烤鸡等。由于盐、沙、石头不能对流，加热时要不断地翻动。

砂锅传热速度慢，主要用于长时间烹制，成菜后原料鲜香味美、质地柔软，是金属器皿不能比拟的。

2. 水

水的沸点是 100℃，继续加热水会变成蒸汽，在此过程中，不论外面的火力如何猛烈，水温始终保持在 100℃不会再升高，有恒温效果，用水传热适用于较长时间的加热。由于水的对流作用，能使原料营养成分浸出溶于水中，使汤汁鲜美，同时调料、配料能渗入主料，增加菜肴的色、香、味，还能使原料本身所含的腥膻等异味通过汆煮而得以去除。

3. 油

油是对流传热。食用植物油的沸点在 200℃以上，燃点 280℃左右，在烹调中油的温度选择范围较大，传热速度比水快得多。采用高油温加热食物，可使原料表面迅速获得高温，使原料表面水分迅速蒸发，而原料内部传热较慢，就形成外焦内嫩的效果；采用低油温加热食物，又可使原料达到细嫩鲜滑的效果。操作时应按不同食物和不同要求选择不同油温。

4. 蒸汽

蒸汽的温度是 100℃，火力越大、密封愈严、气压越大，蒸汽的温度可升高 1～5℃。蒸汽传热的温度较高，湿度较大，受热均匀，在加热过程中不移动原料，因此，蒸汽加热原料可使原料变得柔软、鲜嫩，还能保持原料形态完整，营养素损失较少。但调味料难以进入食物内部，易使原料成熟后缺少滋味，所以利用蒸汽传热制作的菜肴多要先腌制入味后再上笼蒸制。

5. 辐射

常见的辐射传热多采用空气传热。其方式有两种：一种是敞开式，以火的热气辐射直接熏烤食物，如烤羊肉串；另一种是封闭式，原料在烤炉中被对流空气和热辐射加热，水分蒸发快，成菜外皮酥脆干香，内部肉质鲜嫩，如烤鸭、烤鱼等。

随着科技的进步，很多厨房里配备了烤箱和微波炉等。烤箱主要是靠远红外线辐射传热，微波炉是利用微波辐射到食物内部使分子运动而发热。

第三节　火候识别与调控

一、火候的内涵

"火候"一词源自道家炼丹论著，主要是指调节火力文武的大小。后来烹饪类书籍将其定义为"烹制原料时所用的火力大小与加热时间的长短"。这只是对火候现象的表述，没有反映出火候的实质，且只涵盖了用明火加热原料。随着科技的发展，出现了红外线、微波、电磁波、光波等新型热源，传统加热手段被革新，热源由明火转向无明火，使原料加热更卫生、更容易控制。因此，现在对火候的定义应该为：在烹制原料过程中对热源的强弱和原料加热时间长短的控制，使原料获得所需的成熟度。火候从本质上讲，是菜肴成熟度的衡量标准。

二、掌握火候的原则

由于原料质地有硬、软、老、嫩之别，菜肴的要求也有酥、烂、脆、嫩等不同，此外，原料受热时要经历由生到熟的过程，因此，对于各式各样的菜品和原料，只能根据原料的性状、菜品要求、传热介质、投料数量等来掌握火候。

1. 根据菜品具体要求掌握火候

要求脆嫩的，用旺火短时间加热，原料断生即可；要求酥烂的，用小火甚至微火长时间加热，使原料充分成熟。

2. 根据原料性质和加工形状调节火候

原料质老或形大，用小火长时间加热，使其里外成熟一致；质嫩或形小，宜用旺火短时间加热，保持原料水分，突出原料嫩脆质感。

3. 根据投料多少掌握火候

投料多的用旺火、中火长时间加热；投料少的，用旺火、中火短时间加热。

4. 根据烹调方法掌握火候

炒的烹调方法宜用旺火短时间加热；烧的烹调方法宜用中火较长时间加热；煨的烹调方法宜用小火长时间加热。

5. 根据饮食习俗掌握火候

我国幅员辽阔、民族众多，人们的饮食习俗差异较大，对原料成熟度的要求各不相同，因此，在烹制时要根据不同地域的饮食习俗掌握原料成熟的程度。例如，西北人吃牛羊肉不要求完全熟软，广东人对蔬菜原料一般要求鲜脆。

三、火候识别与调控的方法

火候是菜肴成熟度的衡量标准，原料受热成熟度不同，在外观上有不同的表现，所以，对火候往往通过现象来进行判断和识别。例如，通过原料质地和颜色的变化来识别原料成熟度，通过识别油温的高低来控制原料受热时的温度。识别火候主要靠经验判断，只有积累了丰富的经验，才能较准确地识别火候。在实际工作中，应该从以下几个方面注意对火候的识别与调控：

1. 根据原料的物性进行判断和控制火候

原料的物性包括原料的大小、质地、形体、颜色等。

原料刀工后的形状与大小不同，火候的判断与控制也不同。体积较小、表面积较大的原料容易成熟，多采用高温短时间加热。

同一菜肴烹制时，不同质地的原料加热时间不同，这就决定了原料的投放时间不尽相同。质地老韧的原料，加热时间长，应先投料，质地细嫩的原料加热时间短，应较晚投放，这样能保证成菜后原料口感一致。

原料受热时，其形体与颜色要发生一定的变化，可根据这些变化来判断和控制火候。例如动物原料生的为软状，伸展时多为刚熟，而卷曲时多为加热过度，带骨原料一般达到离骨状态就表明原料已经熟软了。从颜色上掌握：猪瘦肉加热时由肉红色变为白色时原料刚熟，绿色蔬菜由墨绿色变为碧绿色时多为嫩脆，拔丝菜肴熬糖时颜色变为淡黄色时正是拔丝火候。

2. 根据菜肴的风味特色控制火候

菜肴的风味特色反映了不同的饮食习俗。菜肴的风味特色各不相同，要求使用的火候也各不相同。鲜嫩特色的菜肴，所用的火候应该采用旺火短时快速加热，使原料刚熟或刚断生，而以汁浓味重为特色的菜肴则应该采用微火长时间加热，使原料熟软。

3. 根据传热介质来控制火候

烹饪中常用的传热介质有水、油、蒸汽、沙等，不同的传热介质有不同的传热特点。应根据成菜要求，选择适当的传热介质，使菜肴达到所需的火候。

第五章　原料的初步熟处理

第一节　概　　述

一、原料初步熟处理的定义

根据菜肴的质量要求，将原料放在油、水或蒸汽等传热介质中进行初步加热，使之成为半熟或刚熟状态的半成品，为正式烹调做准备的一种工艺操作过程称为原料的初步熟处理。

二、原料初步熟处理的意义和作用

1. 除去原料中的污物和异味

对于动物性原料，通过初步熟处理，可以排除其中所含的血污，同时可以除去或降低腥、膻、臊等异味。有些植物原料含有过多的淀粉以及苦味、涩味、土腥味，也可以通过初步熟处理除去或降低，这样可以保证成菜的效果。

2. 便于贮存保管、加工切配

通过熟处理，原料内部细菌以及自身组织细胞活动被抑制，可以延长原料的贮存时间。例如，将绿色蔬菜原料先加热至刚熟或半熟，再迅速冷却，可以使原料保持鲜艳的颜色和质感，同时又延长贮存时间。

有些原料的生料直接进行初加工较困难，但经过熟处理后就较容易，如西红柿去皮、肉类原料刀工成形等。

3. 增加原料的色彩或给原料定型

原料在加热过程中，色泽会发生相应的变化。通过控制原料的加热程度以及选用适当的加热手段，可以保持或增加原料色彩。如制作咸烧白时，将带皮猪肉放入高温的油中炸制，会使原料表皮色泽金黄；绿色蔬菜采用氽水方法处理后，可以使其颜色碧绿。

熟处理可以使原料在正式处理前具有固定的形状，不易变形，有利于原料最终成型。例如烹制整鱼时，先将鱼初步熟处理，成菜后能较好地保持形整不烂。

4. 缩短正式烹调时间，调整原料的成熟程度

通过对原料的初步熟处理，使原料在正式烹调前已经基本达到菜肴所需的成熟程度，可以缩短正式烹调时间。对于不易成熟或熟软的原料、一锅成菜数量较多的大锅菜，以及必须在较短时间内加热成菜的菜肴，初步熟处理显得尤为必要。

对于不同性质的原料，加热成熟的时间不相同，在同一份菜肴中若同时加热，会使原料成熟度不一致，影响菜品口感。可以通过初步熟处理，调整原料的成熟程度，保证品质量，同时又使不同原料在正式烹调时成熟的时间基本一致。

三、常用的初步熟处理的方法

随着烹饪技术的发展，原料初步熟处理的方法也越来越多。由于热量传递往往要通过介质进行，因此，根据传热介质的不同，可以将原料初步熟处理的方法分为水加热、油加热、蒸汽加热、固体加热、辐射加热等。

但是按照行业习惯，常将初步熟处理的方法分为焯水、水煮、过油、走红、汽蒸以及其他方法。

第二节　焯　　水

焯水又称汆水、泡水，就是将原料放入水中加热至符合烹调要求的半熟或刚熟的半成品，为以后的加工切配和正式烹调做准备的熟处理方法。

一、焯水的作用

1. 除去异味和污物

通过焯水可以排出禽畜原料的部分血污，降低原料的腥、膻等异味，还能除去植物原料的涩、苦等味。

2. 便于去皮和加工切配

通过焯水使去皮和刀工切配变得容易，如小土豆、西红柿去皮，肉类原料刀工成形等。

3. 能缩短正式烹调的时间

焯水使原料变为刚熟或半熟，可缩短正式烹调的时间。

4. 便成菜保持原料的色鲜脆嫩

植物原料经过焯水后颜色碧绿鲜艳，部分动物原料经焯水后质感变脆嫩。

二、焯水的方法

根据原料下锅时水温的不同，焯水分为冷水锅法和沸水锅法。

（一）冷水锅焯水

1. 操作步骤

冷水锅焯水指经过初加工后的原料与冷水同时下锅，一起加热至所需程度后捞出晾凉备用。

工艺流程为：

原料选择→洗净→放入冷水锅中→起加热→翻动原料→控制加热程度→捞出→放凉备用。

2. 适用原料

冷水锅焯水适用于牛肉、羊肉以及内脏等异味较重、血污较多的动物性原料，也适用于笋类、土豆、荸荠、薯类、芋头等质地坚实和体积较大的根茎类蔬菜原料。

3. 操作要领

第一，冷水锅焯水时，水量要淹过原料。

第二，边加热边翻动，使原料受热均匀。

第三，及时捞出，防止加热过度。

（二）沸水锅焯水

1. 操作步骤

沸水锅焯水即先将水烧沸腾后，再将原料投入水中加热到所需程度，捞出晾凉备用。

2. 适用原料

沸水锅焯水适用于血污和异味较少的鸡、鸭、猪肉及蹄筋等肉制品，以及大部分叶类蔬菜和体积较小的根茎类植物原料。

3. 操作要领

第一，必须做到沸水下锅，做到水宽、火旺。

第二，有异味和容易脱色的原料应单独焯水，防止污染其他原料。

第三，焯水时间控制好，防止过度加热。

第四，动物原料焯水前要清洗干净。

三、焯水的原则

第一，根据原料性质掌握加热时间，选择适宜水温。

第二，注意防止原料串味与染色。

第三，注意营养风味变化，不过度加热。

四、焯水对原料的影响

焯水过程中原料会发生多种化学变化和物理变化，有些变化对人体是有的，而有些是不利的。

1. 有利的一面

焯水过程中有很多变化是有益的。通过焯水，可以除去异味、改变原料质感、保持原料鲜艳色泽、增加原料色彩、使原料定型等。

2. 不利的一面

在焯水过程中，也会伴随着一些降低原料品质的变化。焯水时，对原料加热会使原料中的蛋白质、脂肪等物质进行分解，形成容易溶解于水的物质，并渗透到水中，而这些恰好是形成鲜味的主要物质，焯水会使这些鲜味物质溶解于水中，使原料降低鲜味。所以这类汤汁最好留用。

焯水过程中，有些原料会发生颜色的变化，容易引起变色。在处理这类情况时，往往通过缩短加热时间以及快速降温来保持原料的颜色。

有些原料中含有维生素、无机盐等营养成分，它们不耐高温，又容易被氧化，还易溶解于水中，焯水很容易使这类营养物质损失。所以针对这类原料，应考虑是否焯水或选择最好的焯水方法，尽量减少营养的损失。

第三节 水 煮

水煮是将整只或大块的动物原料以及经过一定加工处理的植物原料在正式烹调前投入水中加热至所需的成熟程度，为正式烹调做准备的熟处理方法。

一、水煮的作用

1. 除去原料异味，增加原料风味

原料在进行水煮时，存在着汁水的渗透，原料中的异味物质可以通过渗透作用排出体外，起到除异味的效果。同时，在水煮时往往还会根据具体情况加入姜、葱、料酒、香料等除异增香的调味料，能更好地去除原料异味，又增加原料风味。

2. 便于贮存原料，延长原料的保质期

水煮的方法多采用较长时间加热，使细菌以及自身组织细胞活动被抑制，从而延长原料的保质期。例如在夏季，将动物原料水煮后室温存比新鲜原料存放时间要长。

3. 适应菜肴制作的需要，为正式烹调做准备

有些菜肴的制作要求在正式烹调时原料是熟料，这就必须事先将原料水煮至

熟。例如凉拌动物原料的菜肴以及制作回锅肉、姜汁热味鸡等菜时，都需要将原料水煮成熟。

4. 缩短正式烹调的时间

大块原料或整形原料往往成熟时间较长，通过水煮后，原料达到所需的成熟度，正式烹调时只需调好味即可，大大加快了成菜速度，缩短了正式烹调的时间。

二、水煮的方法

1. 操作步骤

原料清洗后先焯水，再将原料放入水或汤中煮至所需的程度。

2. 适用原料

水煮适用于以下原料：

第一，凉菜中拌制用的动物原料，如鸡、兔、猪肉等。

第二，热菜中要求烹调熟料的动植物原料。

3. 操作要领

第一，水煮之前应洗净，动物原料应先焯水。

第二，控制好水煮时的火力大小，保持沸而不腾。

第三，掌握好掺水量，水要一次掺足，中途忌加凉水或温水。

第四，控制好水煮原料的成熟度。根据菜肴要求，适时捞出原料，防止原料成熟不够或过熟。

第五，有些原料水煮后应用原汤浸泡，以保持皮面滋润光泽，颜色美观。

三、水煮的原则

第一，水煮原料要区分类别，防止发生串味。

第二，控制好原料的老嫩、成熟度，应一次性投料，不能水煮中途投料。

第三，要利用好原料水煮后的汤汁。

第四节 过 油

过油，就是将加工成形的原料在不同油温的油锅中浸炸成半成品。

一、过油的作用

第一，使菜肴口感多样化。不同的油温，能使原料具有酥脆、外焦内嫩或滑嫩等口感。

第二，增加原料风味。过油能使油脂渗透进原料，既能除去原料部分异味，又能增加原料的芳香气味。

第三，保持或增加原料颜色。高油温过油可以使原料颜色呈金黄，低油温滑油可以使原料颜色更润滑洁白。

第四，保持原料形整不烂，保证成菜形态美观。

二、过油的方法

过油主要有滑油和走油两种方法。

（一）滑油

滑油又称划油，是指在中油量、低温油锅中将原料滑散成半成品的熟处理方法。

1.操作步骤

将原料加工处理后，放入 80～110℃油锅中加热，断生后捞出沥干油待用。

2. 适用原料

滑油适用的原料范围较广，一般都是较小而薄的，大都要经过上浆处理，保持水分不外溢，呈鲜香、细嫩的质感。

一般用于烧、炸的丝、丁、片、块、条等规格较小的原料，如鲜熘鸡丝、鲜鱼烧肉丝等。

3. 操作要领

第一，锅要炙好，以防原料粘锅，影响成菜效果。

第二，原料下油锅时注意动作。上浆的原料要抖散下锅，以防粘连；原料下锅后搅动不要过快过猛，防止脱芡或形烂。

第三，油温恰当，油量适中。合适的油温为 80～110℃，过高容易使原料粘连、质老、色深等，过低容易使原料脱浆或失水过多，都会影响成菜效果。油量一般为原料的 4～5 倍，油要淹没原料，使原料受热均匀。

第四，油要干净、色浅，以免影响原料颜色。

（二）走油

走油又称跑油，是指在大油量、高温油锅中将原料炸制成半成品的熟处理方法。

1. 操作步骤

将原料初加工后，放入 190～220℃的油中炸制，达到所需的成熟度后捞出原料，沥干油分备用。

2. 适用原料

走油一般都是整形或大块的原料，适用于煨、炖、蒸、烧等，如制作脆皮鱼、狮子头、酥肉等。走油的原料是否挂糊，则视菜肴的要求而定。

3. 操作要领

第一，掌握好过油的火候。需要酥脆的原料过油多采用浸炸方式，需要外酥内嫩的原料多采用重油炸方式。

第二，油量要多。油量多，使原料下锅后油温降低幅度较小，可以保证过油的效果。

第三，原料要分散下锅，防止原料粘连。原料下锅前可以拌入少许冷油。

三、过油的原则

第一，准确掌握油温。油温的高低直接影响过油的效果。

第二，掌握好过油时原料的质地。过油是为下一步烹调做准备，过油时原料质地直接关系到成菜的品质。

第三，掌握油量、油温以及原料数量之间的关系。

第五节 走 红

走红，是对经过焯水、过油等加工的大块原料再进一步上色入味的熟处理加工方法。

一、走红的作用

1. 增加原料的色彩

走红的主要目的是使原料表面上色。通过走红，原料可以带上金黄、橙红、浅黄等颜色，最后使制作出来的菜肴颜色美观。

2. 除异增香

在走红过程中，原料与调味品或油脂发生作用，会除去或抑制原料的异味，同时又增加原料的鲜香味。

烹饪工艺

3. 使原料定型

走红时需要加热原料，在加热时既使原料上色，同时又使原料形状得到固定，为下一步刀工或烹调做准备。

二、走红的方法

根据走红的介质，可以将走红分为过油走红和卤汁走红两种。

（一）过油走红

1. 操作步骤

将经过焯水的原料，按照菜肴的需要，在其表层涂抹料酒或酱油、饴糖等，再放入油锅中炸上色。如咸烧白、香糟鸡、油淋鸭等的坯料，就是过油走红上色的。

2. 适用原料

过油走红一般适用于猪肉、鸡、鸭等原料，多用于制作蒸菜的上色。

3. 操作要领

第一，控制好油温。控制油温是使原料上色的关键，过高或过低都会使原料色彩达不到所需要求。

第二，选择好上色的原料。上色的原料含有糖分，高温时糖分会发生焦糖化反应从而使原料上色。不同原料含糖量各不相同，上色效果也不同，因此要根据菜肴成菜要求选择恰当的上色原料。

第三，原料要涂抹均匀，防止过油时出现色彩不均匀现象。

（二）卤汁走红

1. 操作步骤

将经过焯水或走油的原料浸没在按菜肴需要调制的有色卤汁中旺火烧沸，再改用小火加热至原料上色。

2. 适用原料

卤汁走红一般适用于猪肉、蹄肘、鸡、鸭等原料，多用于制作烧、蒸菜的上色，原料滋味较浓厚。

3. 操作要领

第一，掌握好卤汁颜色及口味。卤汁走红前先调整好卤汁的口味及颜色，使原料走红后符合成菜要求。

第二，控制好火力。一般采用先旺火烧开，再改为小火加热，既可使原料上色均匀，又可避免原料加热过度。

第三，控制好原料的成熟度。卤汁走红上色较慢，原料在加热过程中会达到一定成熟度，因此在进行卤汁走红时，要掌握好原料的成熟度，防止过熟而影响正式烹调。

三、走红的原则

第一，根据成菜要求控制走红的颜色。走红的主要目的是使菜肴颜色美观，因此，要控制好走红后原料的颜色，使其符合成菜的要求。

第二，控制好成熟度。走红过程中都会伴随原料成熟，因此，要通过适当的方法来控制好原料的成熟度，使原料既较好地上色，又能达到所需的成熟效果。

第六节　汽　蒸

汽蒸，就是把已加工整理的原料放入蒸柜（笼），采用不同火力，通过蒸汽将原料加热成半熟或全熟的半成品，为正式烹调做准备的熟处理方法。

一、汽蒸的作用

第一，保持原料的营养成分。汽蒸时原料温度不会过高，原料的营养成分受高温影响相对较小，同时加热时湿度又较饱和，原料汁水流失较少，营养成分损失很少。

第二，保持原料特有的滋味。原料汁液渗透较少，使原料自身特有的滋味不易散失，保持了原料自身呈味效果。

第三，保持原料原形。汽蒸是在相对封闭的状态下加热，在加热过程中不需要翻动原料即可使原料均匀受热，使原料始终保持原来的形状。

第四，缩短正式烹调的时间。

二、汽蒸的方法

根据原料质地和要求的不同，汽蒸可采用旺火沸水蒸制和中火沸水蒸制两种。

（一）旺火沸水蒸制

1. 操作步骤

将加工整理后的原料放入蒸柜（笼），一直用旺火较长时间加热至原料熟软或软糯。

2. 适用原料

旺火沸水蒸制适宜于体积较大、韧性较强、不易熟软的原料，如鱼翅、干贝、蹄筋等干货原料的涨发，以及体积较大的鸡、肘子等的初步熟处理多采用此种方法。

3. 操作要领

第一，蒸制时，要水宽、火旺、蒸汽足，一气呵成。

第二，蒸制时间的长和短，应根据原料的不同质地和半成品的要求而定。

（二）中火沸水蒸制

1. 操作步骤

将经加工整理后的原料放入蒸柜（笼），用中火将原料蒸熟，并使其保持鲜嫩。

2. 适用原料

中火沸水蒸制主要适用于新鲜度较高、细嫩易熟、不耐高温的原料，如制作菜肴绣球鱼翅中的绣球、竹茹肝膏的肝膏、鸡（肉、兔、鱼等）糕、嫩蛋等半成品的熟处理。

3. 操作要领

第一，控制好火力以及蒸汽量。火力要适当，水量要足，蒸柜中蒸汽量适中，保证蒸制后的半成品质地细嫩，不起蜂窝眼，形态美观。

第二，控制好汽蒸时间。原料刚熟即可，长时间蒸制会使原料颜色不正或质老。

三、汽蒸的原则

第一，掌握好火候。根据原料的质地、类别、特性、形状等选用不同火力与蒸制时间，保证成菜质量。

第二，与其他处理方法配合。部分原料汽蒸前需先焯水、过油、走红，部分原料需要提前码味、定型，个别原料需要先制成茸、泥等。

第七节　其　　他

一、微波加热

微波是一种电磁波，在加热过程中，微波穿透烹饪原料内外，使容易吸收微波的水分、油脂、糖、精盐等分子产生剧烈振动，相互摩擦碰撞，产生大量的热能，使烹饪原料表里都发热，温度迅速上升，从而使烹饪原料快速成熟。烹调中盛装烹饪原料的微波炉专用器具因不吸收微波不会变热，且炉体本身也是冷的，因此热能损失很小。

微波加热是烹饪原料内部直接加热，使烹饪原料内外加热均匀，避免传统加热方法出现的表面过热而内部升温缓慢且不均匀现象，保留了烹饪原料原有的色、香、味，同时也减少了营养的损失。

二、烤箱加热

烤箱加热是利用热空气通过热传导来加热使原料成熟。

烤箱加热是由外而内，并且烤箱温度往往较高，烹饪原料表面高温受热，容易形成皮酥的效果。烹饪原料内部传热主要是通过热传导方式，传热速度较慢，因此，烹饪原料内部能保持细嫩质感。通过烤箱加热，能使原料形成皮酥肉嫩、香鲜醇厚、色泽美观、形态大方的特点。

第六章　原料保护与优化加工工艺

在加热烹调前或烹调过程中，针对原料固有的风味、质地、形态、营养成分等对原料进行的保护和进一步改良的加工方法，叫保护与优化加工工艺。

保护与优化加工主要存在两种情况：一是原料经过初步加工处理后，在烹调前以包裹为主要方法进行的再加工处理，能优化原料品质。例如，炒、爆、鲜熘等方法烹调的肉类原料，通过上浆处理后加热，其鲜嫩度较好；制作菊花鱼时，对剞刀处理的鱼肉扑上干淀粉，高温炸制后，成形就会美如菊花状；制作肉排时，将腌制好的肉脯粘裹上吉列粉，炸制后的肉脯就会色泽金黄、外松脆内鲜嫩、香气四溢。二是在菜肴加热后期，通过对锅中的汤汁和调味料以增加稠度为主要目的进行的再加工，能使原料的食用价值和风味效果更佳，优化原料的品质。例如，炒、爆、鲜熘菜肴，为了使调味料粘裹在所有主辅料上，可以通过勾芡来增加味汁稠度，达到粘裹、上味、增加光泽亮度等效果；汤羹类菜肴通过淀粉、鸡蛋使汤汁增稠，使各种原料悬浮在汤羹中，食用起来方便，质地细滑，保温。这些保护与优化加工工艺可以提高菜肴的视觉、味觉品质，给人们增添进餐过程中的情趣，实现菜肴的美食效果。

第一节　保护与优化加工工艺及原理

保护与优化加工原料有淀粉、禽蛋，油脂、食品添加剂、面包糠、米粉、芝麻、各种果仁等。

一、淀粉

淀粉是食物的重要组成部分，是植物体中贮存的重要养分，存在于种子和块茎中。烹饪所使用的淀粉是从植物体中加工提取制成的干制品，包括直链淀粉和支链淀粉两类。直链淀粉占天然淀粉总量的 15%～25%，能溶于热水（70～80℃），黏性小；支链淀粉占天然淀粉总量的 75%～85%，不易溶于热水，能在热水中膨胀，在高温下才溶解于水中，黏性大。植物原料黏性越大，其支链淀粉含量越多，糯米淀粉几乎含 100%支链淀粉。

（一）淀粉在烹饪中的变化及作用

淀粉是烹饪过程中使用较多的重要辅料，它在加热过程中的变化对菜肴的品质起着十分重要的作用。

1. 淀粉的糊化作用

糊化作用是指淀粉在一定温度条件下在水中膨胀、分裂，形成均匀糊状溶胶的现象。淀粉粒不溶于冷水，在常温条件下基本没有变化，吸水率和膨胀性很低。水温在 30℃时，淀粉只能吸收 30%左右的水分，淀粉粒不膨胀，仍保持硬粒状。当水温达到 50℃时，淀粉开始明显膨胀，吸水量增大。当水温达到 60℃时，淀粉开始糊化，形成黏性淀粉溶胶，这时淀粉的吸水率大大增加。

淀粉糊化过程可分为三个阶段：

第一，可逆吸水阶段。水分进入淀粉粒的非晶质部分，体积略有膨胀，此时冷却干燥，颗粒可以复原，双折射现象不变。

第二，不可逆吸水阶段。随着温度升高，水分进入淀粉微晶间隙，淀粉粒不可逆地大量吸水，双折射现象逐渐模糊以至消失，亦称结晶溶解，淀粉粒膨胀至原始体积的 50～100 倍。

第三，淀粉粒解体阶段。淀粉分子全部进入溶液，淀粉糊化程度越大，吸水越多，黏性也越大。淀粉糊化作用的本质是淀粉中有规则状（晶体）和无规则状（非晶体）淀粉分子间的氢键断裂，分散在水中成为胶体溶液。

不同淀粉的糊化温度不同，一般为 60～80℃。一般来说，小麦、玉米中的淀粉较马铃薯、甘薯中的淀粉容易糊化。

淀粉糊化在保护与优化加工工艺中是最重要、使用最频繁的。

2. 淀粉的水解现象

淀粉在酸、酶和高温作用下可发生水解，水解产物主要有糊精、麦芽糖。淀粉经水解，黏度迅速降低，水溶性不断增强。

烹饪过程中淀粉发生水解现象往往是淀粉糊化后过度加热或过度放置所致，导致稠度降低，影响保护与优化作用，从而影响菜肴质量。

3. 淀粉的老化现象

淀粉溶胶或淀粉凝胶在冷却放置一定时间后会变成不透明状甚至产生沉淀，淀粉制品表现为口感变差、干硬、易掉渣，这种现象称为淀粉老化。淀粉老化的实质是：糊化后的淀粉分子自动从无序状态排列成有序状态，相邻分子间的氢键又逐步恢复，失去与水的结合，从而形成致密且高度晶化的淀粉分子束。老化过程可以看作糊化的逆过程，但老化不可能使淀粉彻底复原到原始的结构状态。老化的淀粉黏度降低，糊化能力降低，增稠作用逐步失去。淀粉的老化受淀粉的种类、组成、含水量、温度、共存物质等因素影响。不同种类的淀粉，老化难易程度不同：一般直链淀粉比支链淀粉容易老化；随温度的降低，老化速度变快，淀粉老化最适宜的温度为 20～40℃，高于 60℃ 或低于 20℃ 也都不易发生老化；糊化不充分的淀粉容易发生老化；弱酸性条件会促进淀粉老化；加入大量蔗糖可减弱淀粉老化；添加乳化剂可抗老化。

在菜肴预制过程中，烹饪原料加热后长时间放置容易出现淀粉的老化现象，灵活掌握存放时间，可以避免老化现象出现。

（二）淀粉的种类

1. 豌豆淀粉

豌豆淀粉又称豌豆粉，是从豌豆粒中提炼出的淀粉，具有色白黏性足、吸水性小、有光泽、糊化后不易老化的特征，是传统菜肴制作中最常用的淀粉之一。但是因豌豆淀粉呈颗粒不规则状，直接使用不方便，所以在菜肴保护与优化加工时很少使用。

2. 绿豆淀粉

绿豆淀粉又称绿豆粉，是从绿豆粒中提炼出的淀粉，含直链淀粉较多，占 60%以上，淀粉颗粒细小而均匀，色白，热黏度高，黏性足，细腻有光泽，稳定性和透明度好，最宜勾芡。但因价格相对偏高，在保护与优化加工过程中使用得较少。

3. 玉米淀粉

玉米淀粉又称玉米粉、粟米淀粉、粟粉，是从玉米粒中提炼出的淀粉。玉米淀粉为不规则的多角形，颗粒小而不均匀，色白，含直链淀粉 25%左右，糊化温度较高（64～72℃），糊化过程较慢，糊化热黏度上升缓慢，透明度较差，黏性一般，吸水性中等，质地细腻有光泽，价格便宜，使用方便，是目前最常使用的淀粉。

4. 土豆淀粉

土豆淀粉又称马铃薯淀粉、土豆粉，是从土豆中提炼出的淀粉，粉粒为卵圆形，颗粒较大，颜色较白，直链淀粉含量约为 25%，糊化温度较低，糊化速度快，糊化后很快达到最高黏度，黏性一般，质地较粗，透明度好，但糊化后容易老化，宜作浆糊使用，是较好的淀粉品种。

5. 番薯淀粉

番薯淀粉又称地瓜淀粉、红苕淀粉，是从鲜薯中提炼出的淀粉。番薯淀粉的颗粒呈椭圆形，颗粒大，色较深，糊化温度高达 70～76℃，含直链淀粉约为 19%，吸水能力和糊化能力都较强，热黏度高，较透明，但光泽度差，色泽偏灰。一般红苕淀粉呈颗粒状，色较深，在保护与优化加工过程中使用不便，只在个别乡土菜中有使用，可用于制作红苕粉。

6. 木薯淀粉

木薯淀粉又称木薯粉、菱粉、生粉，是从木薯中提炼出的淀粉，黏性一般，吸水性中等，质地细腻，糊化能力强，透光度好，不易老化，是目前中高档餐饮企业使用较多的淀粉。荷兰进口和广东地区出产的质地较好。

7. 小麦淀粉

小麦淀粉又称澄粉，是从面粉中提炼而成，呈圆球形，含有25%的直链淀粉，糊化温度为65～68℃，质地细腻，热黏度低，透明度和凝胶能力都较差，黏性一般，吸水性一般，在菜肴制作中使用较少，主要用于制作象形点心。

8. 糯米淀粉

糯米淀粉几乎不含直链淀粉，不易老化，易吸水膨胀，也较易糊化，有较强的黏性，质地细腻，可用于特殊挂糊和勾芡。

此外，国内还生产菱角淀粉、莲藕淀粉、马蹄淀粉等品种，其用途与玉米淀粉、生粉较相似。

二、禽蛋

禽蛋也是菜肴制作中的重要辅料，在改善菜肴制品的色、香、味、形和提高菜肴营养价值及制作工艺等方面都有一定作用。烹饪中最常使用的禽蛋原料主要是鸡蛋。

（一）鸡蛋的结构

鸡蛋是烹饪原料中的一种典型壳类原料，由蛋壳、蛋清和蛋黄三个主要部分组成。

1. 蛋壳

蛋壳在鸡蛋的最外层，呈石灰质硬壳椭圆状，一头较大，一头较小。壳外还有一层胶质性的黏液——外蛋壳膜，属可溶性蛋白物质，短期内能防止微生物的污染。

2. 蛋清

蛋清呈白色半透明状，有黏性，是半流体胶状物质。体积占全蛋的57%～59%，蛋清中约含蛋白质12%，主要是卵白蛋白。蛋清的最外层有两层薄膜包围，称为蛋白膜和内蛋壳膜。蛋清的两端各有一条带状物连着蛋黄，称为系带。在蛋大头一端，蛋壳和蛋清之间形成一个大小不等的空隙，称为气室。蛋清有浓厚蛋清和稀薄蛋清之分，靠近蛋黄的部分蛋清浓度较高，靠近蛋壳的部分蛋清浓度较稀。蛋清中浓蛋清黏稠，富有弹性，但随着贮存时间的延长，会慢慢变稀失去弹性，转变为稀薄蛋清。

3. 蛋黄

蛋黄多居于蛋清的中央，由系带悬于两极呈不透明的半流体乳状黏稠物，外包着一层薄膜（称为蛋黄膜）。随着贮存时间的延长，蛋黄膜会失去弹性而破裂，变成散黄蛋。蛋黄体积占全蛋的30%～32%，主要组成物质为卵黄磷蛋白，脂肪含量为28.2%。蛋黄内有胚珠。

（二）鲜鸡蛋在烹饪中的变化及作用

1. 蛋清的起泡性

蛋清中的主要组成部分卵白蛋白，具有结晶性，蛋清的其他部分有较强的黏性。蛋清经高速搅打，其中细小的晶体会裹吸空气，形成泡沫状球形。蛋白胶体具有的黏度使蛋清泡沫层变得浓厚而更加稳定，因此，蛋清具有良好的起泡性。蛋清的起泡性可以使鸡蛋调制的糊具有松泡性，使制成品体积膨胀，外形饱满。

2. 蛋黄的乳化性

蛋黄中含有许多磷脂和脂肪，磷脂具有亲油和亲水双重性，是一种天然的乳化剂。经搅拌，它能使油、水和其他原料均匀地融合在一起。蛋黄的起泡性可以使鸡蛋调制的浆糊质地均匀细滑，制品细腻，有一定松脆性。

3. 蛋液的黏结性

蛋液是一种亲水性胶体，具有一定黏结力，一方面能增强蛋液调制的糊浆的黏附性，同时也能增强原料表体对干、松、碎小原料的粘裹效果，并可以使原材料之间的粘贴更加平整坚实，常用于包、卷、贴等菜肴的造型处理。

4. 蛋白质的热凝固性

蛋液中的蛋白质对热较敏感，温度在58%时就开始凝固变性。蛋液变性的过程中，变性蛋白质的黏度增大，使菜肴外观滑嫩光亮，可以增加汤羹的稠度和强化视觉效果。蛋液的热凝固物经高温脱水后具有松脆性，在煎炸制菜肴中可以增加色泽，改良品质，并使菜肴具有特殊的蛋香味。

三、油脂

植物油和动物脂统称为油脂。油脂分布十分广泛，各种植物的种子、动物的组织器官中都存在一定数量的油脂，特别是油料作物的种子和动物皮下的脂肪组织，油脂含量丰富。保护与优化加工使用的全部是常温下呈液体的植物油。

（一）植物油的种类

1. 大豆油

大豆油是从大豆中提取的一种植物油，全国均有生产，东北地区生产较多。大豆油状态稳定，亚油酸含量高，不含胆固醇，是一种良好的食用油。普通的大豆油具有较强的豆腥味，使用前应用高温加热炼制，去除豆腥味。

2. 花生油

花生油是从花生中提取的一种植物油，是我国华北、华东、南方等地的主要食用油。花生油有浓郁的香味，随温度降低，所含硬脂酸析出，油脂变浑浊，因此在

71

温度较低的冬天和冷藏条件下，会适度变稠。

3. 菜籽油

菜籽油是从油菜籽中提取的油，除东北地区外，全国均有生产，其中长江流域和珠江流域各省较多。菜籽油中芥酸和油酸含量高，饱和脂肪酸含量较低。普通菜籽油为深黄色，精制后为浅黄色，带有菜籽的特殊气味和滋味，经高温加热炼制可除去芥酸等。

4. 芝麻油

芝麻油又称香油，是从芝麻仁中提取的一种油，具有特殊的浓郁香气，全国各地区均有出产。由于加工方法不同，分为小磨香油和大槽香油。小磨香油呈褐色，香味醇厚，生熟可食。在加工过程中，芝麻中的芝麻酚素在高温下水解为芝麻酚。芝麻酚不仅具有特殊的香气，还有很强的抗氧化能力，因而芝麻油较其他植物油不易酸败。

（二）植物油的作用

1. 可以改良浆糊的物理性质

在调制浆糊时加入油，经调制后植物油分布在蛋白质、淀粉颗粒周围形成油膜，限制浆糊中的蛋白质吸水，使浆糊中的微粒相互隔离，从而使形成的微粒不易黏结，降低浆糊的弹性、黏度、韧性，便于挂糊操作，使菜肴成形美观、质地松脆。

2. 油脂的起麻性

在浆糊调制过程中加入油脂，经调制能使浆糊中的微粒表面覆盖一层油脂微粒，能更大程度地限制蛋白质形成大分子结构，使制品口感酥松，入口易化。在脆浆中加入油脂，对脆浆的质地影响最具代表性。影响油的起酥性有以下几个因素：

第一，油的用量越多，起酥性越好，但过多，制品成形过分松散，影响成形的完整性。

第二，加热温度影响油的起酥性，过高或过低，都会降低油脂的起酥效果。

第三，鸡蛋、乳化剂、炼乳等原料对起酥性有辅助作用。

第四，油脂和浆糊的混合过程就是一个乳化过程，搅拌的方法及程度都会影响起酥效果。

3. 油脂的充气性

油脂的充气性是指油脂在空气中经搅拌，空气中的细小气泡被油脂吸入的性质。在浆糊调制的过程中，油脂结合了较多的空气，当浆糊加热时，油脂受热流散，气体膨胀并向两相的界面流动，此时浆糊中的空气、发酵产生的气体、水蒸气也向油脂流散的界面聚集，使制品碎裂成为片状或椭圆形的多孔结构，从而产品体积膨大、酥松。

4.油脂的润滑阻隔性

油脂润滑细腻，与空气、水分基本互不相容，能阻隔空气、水分对原料的影响。在上浆时用少量油脂，可以使加工后的原料下锅滑油时不易黏结，同时也起到一定保水作用，增加原料嫩度。如果上浆后的原料需要存放，油脂可以使原料表面的水分不蒸发，含水量均匀一致。

四、食品添加剂

食品添加剂是指为改善食品品质和色、香、味、形、营养价值，以及为贮存和加工工艺的需要而加入食品中的化学合成或天然物质。食品添加剂在烹饪中的应用并不是一个时髦的概念，特别是全国各地餐饮业高速发展，各地餐饮业规模化程度和企业化程度提高，连锁经营广泛实施，使得传统烹饪工艺中的各加工工艺流程逐步向标准化操作过渡，使得传统手工烹饪向广义的大批量规模化生产发展。同时，随着消费者美食鉴赏水平的提高，传统烹饪制作的食物风味很难满足消费者的口味需求，所以食品添加剂正以一种新的应用形式被餐饮业和烹调师广泛应用。

食品添加剂包括营养添加剂、食品加工辅助剂等。食品添加剂可以是一种物质或多种物质的混合物，它们中大多数并不是基本食品原料本身所固有的物质，而是在生产、贮存、包装、使用等过程中为达到某一目的有意添加的物质。食品添加剂一般都不能单独作为食品来食用，它的添加量有严格的控制，通常添加量也很少。食品添加剂作为厨艺的特殊秘密武器，正逐步应用于烹饪工艺。

（一）食品添加剂的主要功能

食品添加剂主要有以下功能：

第一，提高食品质量。

第二，增加食品的品种，增强方便性，并可开发食品新资源。

第三，有利于食品加工，使加工工艺变得容易可行。

第四，有利于满足不同人群的特殊需求，并增强食品的个性特征。

第五，有利于原材料的综合应用。

（二）食品添加剂的种类

目前，国际上对食品添加剂的分类还没有统一的标准，各国、各地区的使用情况、特点和传统习惯也不尽相同，而许多食品添加剂的作用是多方面的，各国、各地区大都根据本国的具体情况来分类。我国在食品添加剂分类和代码中，除香料外，将其分成 21 种：酸度调节剂、抗结剂、消泡剂、抗氧剂、漂白剂、膨松剂、胶姆糖基础剂、着色剂、护色剂、乳化剂、酶制剂、增味剂、面粉处理剂、被膜剂、水分保持剂、营养强化剂、防腐剂、稳定和凝固剂、甜味剂、增稠剂和其他。下面介绍几种在保护与优化加工过程中常用的添加剂。

1. 鲜味剂

能增强食品风味的食品添加剂叫增味剂，也叫鲜味剂，味精就是最传统的代表物。增味剂主要呈现鲜味。鲜味是一种复杂的美味感。自然界中具有鲜味的物质很多，但有的鲜味不足，有的制取困难，应用于食品的主要是有机酸类型增味剂。代表商品有鲜味蛋白、味特鲜、琥珀酸钠、酵母抽提物等。这些添加剂能赋予菜品宽广的风味，突出鲜味，使菜品味感浓郁，可增进食欲，对人体机能有调节作用，能调和动、植物原料的风味，掩盖植物性原料的味道，改善蛋白质和脂肪的亲和性，使菜品在风味、质地上更易为消费者所接受。鲜味剂主要使菜肴增味提鲜，带有汤汁或汁液较多的菜肴更宜使用。

2. 肉味香精

所谓肉味香精，就是具有肉类风味或某些菜肴风味的物质。随着科学技术的发展，现在人们已经可以用各种手段分离存在于各种烹调中的香味成分，并检测出存在于各种动物组织中、能在烹调时产生香气的成分，分析出以上香味成分的关键物质，进行人工合成或从天然物质中提取，将关键物质与其他物质以适当的比例配制成香精。目前已成功地生产了许多与天然肉类风味及某些菜肴风味相似的肉味香精，食用效果都很好。代表商品有赤鸡粉、纯牛粉、纯鸡油、海味素、烧腊香味素、海鲜香精、牛肉香精、牛肉粉精、猪肉香精、鸡肉香精、虾粉香精、烤肉粉精、肉味粉精、鲍鱼素、鱼翅精、鲜鸡汁等。这些肉味香精有膏状、粉末状、液态几种，可运用于对应肉类原料烹制的菜肴，使用时多在加热前的腌制和加热后期勾芡时放入。

3. 香味剂

香料是具有挥发性的含香物质。按来源或制法可以分为天然香料和人造香料两大类。每种天然香料都含有复杂成分，并非单一化合物。天然香料因制取方法的不同，可得到不同形态的产品，如精油、浸膏等。人造香料可分为天然等同香料及人造香料两类，包括单离香料及合成香料。香料在食品中通常是几种乃至上十种香料调和起来，共同使用，才能满足应用上的需要。这种由香料配制而成的产品称为香精，所以，香料也是香精的原料。从天然物中提取天然的食用香味剂，制取手段复杂，生产成本很高，因而在天然香味剂中往往加入一些其他香料以降低成本，增加风味。代表商品有蒜粉精、姜粉精、葱粉精、百草粉精、茴香粉精、丁香粉精、川椒粉精、辣味剂、辣味酱香剂、鲜茴油、鲜桂油、鲜洋葱油、鲜姜油、鲜蒜油、薄荷油、留兰香油、芥末油。这类香味添加剂多用于制作各种调味汁，在菜肴制作后期放入，特别在很多外来的时尚创新菜肴中运用更多。

4. 品质改良剂

品质改良剂是改善或稳定食品各组成成分的物理性质或改善食品组织状态的添加剂，它们对食品的形和质以及食品加工工艺性能起着重要作用。代表商品有：

第一，腌渍品改良剂，可增加蔬菜及其腌渍品甜、爽、脆的风味效果，并使制成品不变色，应用于制作四川泡菜效果极佳，也用于时下流行的蔬菜生吃，可增加脆嫩爽口之效果。

第二，特效增稠剂，改善增稠效果，比日常用淀粉勾芡更加细腻匀滑，光亮悦目，放置较长时间不会老化变稀，常用于浓汤菜品和高档菜品的收汁使用。

第三，肉制品增脆剂，可增强肉制品吸水性，抑制肉质硬化，使制成品成熟后质地爽脆有弹性，特别适宜追求脆嫩质地效果的毛肚、鸭鹅肠、脆肚、脆牛肉以及爽口肉丸的加工。常用的商品有弹力素。

第四，肉制品改良剂，增强肉制品吸水性和保持水分的能力，对提高产量及品质有显著功效。常用的有松肉粉、小苏打、苏打。

第五，乳化剂，添加少量即可显著降低油水两相界面的张力，产生乳化效果。食物是含有水、蛋白质、脂肪、糖类等组分的多相体系，其中许多成分是互不相溶的，各组成成分混合不匀，乳化剂正是能使食品的多相体系各组成成分相互融合，形成稳定均匀的形态，改善内部结构，简化和控制加工过程，提高食品质量的一类添加剂。在烹饪加工中常使用它来达到乳化、分散、起酥、稳定、发泡等目的。

5. 色泽改良剂

菜品色调的选择依据是心理或习惯上对菜品颜色的要求，以及色与原料、色与菜肴风味的关系。目前可以用着色剂、护色剂、漂白剂调制出相应的颜色，以达到菜肴的最佳色泽效果。常用的有着色剂、各种色素、焦糖色剂，可根据具体的使用情况灵活调配，以满足成菜色泽的需要。特别值得推荐的是焦糖，它完全可以替代传统厨艺中的糖色，用于炸收、卤制、酱制、红烧等烹调方法制作的菜肴，不但色泽鲜艳光亮，而且色调不因人为因素而发生品质的波动。

第二节　上浆与挂糊

一、上浆与挂糊的概念

上浆与挂糊，行业上习称糊浆处理，因各地差异又称为着衣、穿袍、穿衣、粉浆，作为中国烹饪技术中最常用的原料预处理方法，是指在经过刀工处理的原料表面粘裹一层以淀粉为主要原料调制成的黏性浆糊状物质。上浆与挂糊并不完全相同，但工艺原理和烹饪作用近似。上浆广泛用于常见的炒、爆、熘、汆、烧、烩、炖的烹调过程，还可以用于原料熟处理方法焯水、滑油前的原料预处理，适用于质地细嫩的鸡、鸭、鹅、猪、牛、羊、鱼、虾、蟹等各类烹饪原料。原料需加工成丝、条、丁、片，所需的黏性浆糊状物质较稀薄，用量较少，原料上浆后最好放置一定时间，使水溶淀粉饱和后再加热。而挂糊适用于大多数动植物原料，原料成形较大，可以是花形原料、块、条，可以带骨，甚至整形原料，所需的黏性浆糊状物质较浓稠，用量较多，原料挂糊后最好立即加热，主要应用于炸、煎、烤等烹调方法。

二、上浆与挂糊的作用

上浆与挂糊作为预处理技术，具有重要的作用，具体如下：

1. 保持原料水分和固有质地

原料通过上浆或挂糊处理，在加热过程中，表面的浆糊会缓冲高温对原料组织的直接作用，避免原料组织骤然受热而失水；同时浆糊受热形成胶状致密的外衣，阻止了原料内部水分的外溢，从而保持了原料本身特有的细嫩质地。

2. 改善原料的质感

上浆或挂糊处理过的原料，在加热过程中，表面的浆糊由于淀粉糊化，短时间内会形成细腻光亮、细嫩软滑的外表效果，形成独有的嫩滑质感。如果加热时间长、加热温度高，往往会使浆糊骤然受热，使水分大量快速流失，形成色泽金黄、香味浓郁、质地松脆的外表效果，大大丰富了菜肴质感，并形成独特的内外质感的对比效果。

3. 保护原料形态，增强定型效果

烹饪原料加工成丝、条、丁、片等形状，在加热中容易萎缩变形，甚至碎散不成形。原料通过上浆或挂糊处理，在加热过程中，浆糊会保护原料的形态，使原料形态完整饱满，特别是经过高温和较长加热时间的处理，对于原料形体需要固定的菜肴，具有良好的固定作用和定型效果，能帮助体现烹饪的艺术性。

4. 提高营养价值，增强调味料的粘裹效果

在烹饪加热过程中，原料的营养成分易被破坏，尤其是维生素的损失与蛋白质的变化。上浆或挂糊处理则对原料有显著的保护作用，避免营养物质的大量流失，避免营养物质受高温的破坏，同时表面的淀粉物质又对加入的调味料和汤汁有好的裹覆性，从而促进整个菜肴的调味效果。

三、上浆与挂糊机理

上浆与挂糊并不完全相同，但工艺原理和烹饪作用近似。浆糊主要适用于动物原料，包括动物横纹肌、水产的鱼肉、虾肉、贝类的闭壳肌等。动物横纹肌，如常见的猪、牛、鸡肉组织，可以看到一条条肌纤维组成的肌束，各个肌纤维由结缔组织连接，在肌纤维内充满着肌原纤维，这种结构使肌肉加工后不易破碎，但易于失水萎缩而老化。鱼肉是由肌纤维较细的单个肌群组成，肌群间存在很多可溶性胶原蛋白类物质，肉质显得非常柔软，比较松散，成熟后易破碎。虾肉肌纤维膜较厚，由伸、屈肌构成肌肉块，含水量大，易流失而使肉质老木。闭壳肌以鲜贝为代表，由肌纤维组成整形肌肉块，含水量大，成熟后易流失，而使外形收缩，肉质变老。

这些原料中所含蛋白质和水分、加入的基础调味料、各种淀粉制品是上浆挂糊制作工艺的关键。上浆挂糊的机理是在基础调味料物理搅拌的作用下，原料中以各种形式存在的水被原料中的蛋白质吸附，再被原料表面的淀粉、鸡蛋组织包裹，通过加热，利用蛋白质、淀粉、鸡蛋等烹饪原料的物理、生物、化学变化，特别是上浆挂糊后经加热淀粉糊化形成黏性很大的胶体，紧紧包裹在原料表面，使原料内的水分、风味物质不易流失，显得饱满鲜嫩，并使原料在加热中不易散碎，从而起到保嫩、保鲜、保持形态、增强定型效果、改善原料质感、提高营养价值、增强调味料的粘裹效果、提高风味与营养的综合优化作用。

　　动物原料上浆挂糊，适宜选择肌肉僵持后期。此时为最佳时机，这时肉体开始软化，肌原纤维逐渐破碎，肌肉逐渐伸长，持水性逐渐提高，在组织蛋白酶的作用下，蛋白质部分水解成肽和氨基酸游离出来，大大改善了原料的风味。上浆挂糊所需的黏性浆糊状物质用量较少，浓度较稀薄。原料上浆挂糊后最好放置一定时间再加热，主要应用于炒、爆、氽、炸的烹调处理，还可以用于原料熟处理方法焯水、滑油前的原料预处理。挂糊还可用于部分植物性原料。

四、烹调中常备的浆糊

（一）配制浆糊的常备原料

1. 基础调味料

　　基础调味料包括精盐、白糖、味精等，以精盐为主要代表。基础调味料是上浆挂糊的关键用料，除了基本调味作用之外，精盐可以在原料的表面形成浓度较高的电解质溶液，将肌肉破损处的肌球蛋白提取出来，形成一种黏性较大的蛋白质溶液，从而增加蛋白质水化层的厚度，提高蛋白质的亲水能力，同时可以增加蛋白质表面的电荷，提高蛋白质的持水能力，使肌肉更加饱满细嫩，有利于上浆挂糊。这一作用表现得很明显，在加精盐之前，原料表面松散没黏性，而加盐拌匀后，原料表面就会有一层透明的黏液，在上浆中起着溶剂的作用，它可以溶解盐、蛋白质等物质，便于盐溶性蛋白的溶出；可以分散不溶性的淀粉颗粒，使其均匀地黏附于原料表面，使原料大量吸水，增加嫩度。

2. 淀粉

　　淀粉是调制浆糊的主要原料，其吸水性能对浆糊十分重要。在对同样原料进行浆糊处理时，吸水性强的淀粉用量应少于吸水性弱的淀粉。不论浆糊调制的辅助原料差异，不论浆糊的稠度如何，总体上要求淀粉与原材料在拌和中厚薄均匀，用量合适，受热糊化后能形成均匀的胶体，才能紧紧包裹原料，使其水分及营养素不易流失，显得饱满、鲜嫩。淀粉用量应根据原料的不同性质和具体形状区别掌握，若用量多，则黏度大、易起团、不易散开、不光滑；用量少，则黏性小、易脱落、不饱满、不鲜嫩。

3. 鸡蛋

不论是使用全蛋、蛋清还是蛋黄，受热后鸡蛋的蛋白质变性凝固，能形成一层保护层，阻止原料中的水分流出，使原料保持良好的嫩度，在滑油处理时效果最好，不会变色，并取得刚刚成熟的最佳效果；在走油处理时，会因焦糖化反应和梅拉德反应而发生变色，特别是鸡蛋或蛋黄用量大时，因含脂肪多，油润阻水，更容易变色酥脆。

通常来说，使用时需将蛋液搅打均匀（一般不能搅打成泡沫，引起蛋白质物理变性，使黏度下降而影响质量），再与淀粉搅拌均匀，制成各种浆糊。具体浆糊的用量及干湿稠度，应根据菜肴要求和原料性质而随机掌握，太多会泻浆或黏度过大而不利于划油分散，易起团、不光滑；用量少，则黏性小、易脱落、不饱满、不光滑。

4. 水

上浆挂糊过程中的水分，不论是来源于原料，还是浆糊调制过程中添加的清水，以及鸡蛋中的水分，在浆糊中都起着溶剂的作用。它可以使各种浆糊真实可用；可以溶解精盐等基础调味料、蛋白质等物质，便于可溶性蛋白的溶出；可以分散不溶性淀粉颗粒，使淀粉均匀地黏附于原料表面，水还可以被原料大量吸附，增加原料持水量，增加嫩度。

5. 品质改良剂

加入品质改良剂，主要是肉制品增脆剂和肉制品改良剂，可使肌原纤维中蛋白质吸水膨胀，破坏肌肉蛋白中的一些化学键，软化腐蚀纤维膜，从而使肌肉组织疏松，含水量增大，可增强肉制品的吸水性和保持水分的能力，抑制肉质硬化，对提高产量及品质有显著功效，达到改良肉类原料质地的目的。品质改良剂往往与精盐同时放入搅拌，使用量一定要参考使用说明书（一般为原料的 0.3%左右），上浆挂糊后需冷藏（不能结冰）静置一小时左右。

6. 姜、葱、料酒类原料

加入姜、葱、料酒等调味料，是为了除去异味，增加香味。特别是羊肉、牛肉、水产、野味等原料本身带有一些异味，加入姜、葱、料酒等调味料，能减轻或消除原料自身的不良味道，并增加调味料带来的浓郁香味。

（二）浆的类型、特征与配制

1. 水淀粉

水淀粉又称水粉浆、湿粉。用清水将干淀粉浸泡，淀粉吸水膨胀后再调匀即成水淀粉。使用时，先将切成丝、片、丁的动物原料调味，再加入水粉浆拌匀，薄而均匀地粘裹在原料外表。适用于爆、炒、汆等烹调方法。水淀粉是目前使用最为广泛的浆。

2. 蛋清淀粉浆

蛋清淀粉浆又称蛋清粉浆、蛋白湿粉。将鸡蛋清搅打均匀，加入干细淀粉或湿淀粉调匀成稀浆状。使用时，先将切成丝、片、丁的动物原料调味，再加入蛋清淀粉拌匀，薄而均匀地粘裹在原料外表。适用于爆、鲜熘、滑炒等烹调方法，特别适用于质地细嫩、本色菜肴原料的上浆，如清炒虾仁、鲜熘鱼片。

3. 全蛋淀粉浆

全蛋淀粉浆又称全蛋粉浆、全蛋浆。将全蛋液搅打均匀，加入干细淀粉或湿淀粉调匀成稀浆状。使用时，先将切成丝、片、丁的动物原料调味，再加入全蛋粉浆拌匀，薄而均匀地粘裹在原料外表。对于质地较粗的原料，可以加适量泡打粉或苏打，使原料经滑油后松软而嫩。适用于需经滑油上浆的原料。全蛋浆色泽淡黄，适用于对有色菜肴上浆。

4. 苏打浆

将鸡蛋清搅打均匀，加入湿淀粉、适量苏打调匀成稀浆状即成苏打浆。使用时，先将刀工处理后的原料调味，加入苏打浆拌匀，薄而均匀地粘裹在原料外表。此浆具有致嫩膨松的作用，多用于对牛羊肉的上浆。

（三）糊的类型、特征与配制

1. 水粉糊

水粉糊又称干浆糊。先用清水将干淀粉润湿，揉搓至无硬粒，再加清水调成干粥状，以能挂上主料为宜。一般投料标准为：干淀粉 500 g 加清水 350 g 调匀，需反复多次搅拌淀粉，使之产生黏性，与水融和充分，才能挂糊。多用于煎、炸类菜肴。使用时，先将成形原料调味，再加入水粉糊拌匀，使其均匀地粘裹在原料外表。过油加热后成品口感较脆，色泽金黄，定型效果好。

2. 干湿淀粉糊

干湿淀粉糊又称硬糊。多用于煎、炸等。使用时，先将原料调味，加入水粉糊拌匀，再在原料表面黏附一层干淀粉。经过油加热后成品外表质地酥脆，定型效果好。

3. 蛋粉糊

蛋粉糊指用鸡蛋同淀粉、面粉一起调制而成的糊。根据使用鸡蛋部位的不同，蛋粉糊分为全蛋糊、蛋黄糊、蛋清糊。

第一，全蛋淀粉糊，又称全蛋糊、蛋粉糊、金衣糊、皮糊、窝贴浆。用全蛋液、淀粉调制而成，一般鸡蛋与淀粉的比例为 1:3，可以加少量清水、面粉。多用于煎、塌、炸熘、软炸、拔丝等菜肴。使用时，先将原料调味，加入全蛋、豆粉拌匀，经过油加热后成品色泽金黄、外酥香内软嫩。

第二，蛋清淀粉糊，又称蛋白糊、银酥糊、白汁糊、清稀糊、蛋清糊、蛋白稀浆糊，是一种软质糊，由于蛋白中胶体不易致脆，成熟时原料外部糊层触觉较软。用鸡蛋清、淀粉按 1:1 比例调制而成，可以加少许清水、面粉。多用于炸熘、烩等烹调方法的菜肴和软炸类菜肴。经过油加热后成品色泽洁白、成形饱满、质地软嫩。

第三，蛋黄糊，用鸡蛋黄与面粉、淀粉、水、液态猪油一起调制而成。多用于炸的烹调方法。经过油后成品色泽金黄、成形饱满、质地松酥。

4. 蛋泡糊

蛋泡糊又称抽糊、雪衣糊、高丽糊、芙蓉糊、起糊、蛋泡豆粉、雪花糊。将鸡蛋清用搅蛋器或筷子不断向同一方向搅打成雪白的泡沫状，加入干淀粉、干面粉（或不加）轻轻拌匀即成。一般淀粉与面粉的比例为 2∶1，100 g 蛋泡可加 33～50 g 淀粉、面粉调制，主要应用于炸制方法的菜肴，经过油加热后成品色白如雪、饱满松软。调制蛋泡糊应现调现用，放置则会空气流失变稀。

5. 脆浆糊

脆浆糊是现代常用的一种功能性极强的浆糊。脆浆的个性特征是可使食品变得外表圆滑、体积胀大、色泽金黄、外脆酥化内软嫩。多应用于炸制方法的菜肴，经过油加热后成品涨发膨大、色泽金黄、外脆里嫩、甘香松酥。脆浆糊主要分为酵粉脆浆和发粉脆浆两大类。

第一，酵粉脆浆。以老面、面粉、淀粉、清水调成匀浆，静置发酵膨胀，当浆糊中有大量气体时，加植物油、碱水调匀，静置后即可使用。一般投料比例是：面粉 375 g、老面 75g、淀粉 150 g、水 550 g、花生油 160 g、碱水适量。

第二，发粉脆浆。用面粉、淀粉、植物油、泡打粉、清水调成匀浆，静置一会儿即可使用。一般投料比例是：面粉 500 g、淀粉 150 g、发酵粉 20 g、花生油 150 g、水 600g。

6. 鸡糊

鸡脯肉砸成泥，加蛋清、淀粉搅上劲，再加葱姜水及精盐搅打成糊状，最后加入适量熟猪油搅匀即成。可用作挂糊料。同样可以用鱼肉、虾肉制作鱼糊、虾糊。

7. 发粉糊

发粉糊又称酥炸糊、回酥糊、松糊。主要用面粉（可以用少许糯米粉）、泡打粉、清水、熟猪油调制而成，炸制后质地酥松、入口即化。

8. 扑粉

扑粉又称上粉、拍粉，指在刀工处理和腌制后的半成品原料外表轻轻黏附一层干细淀粉，再用于炸或煎的原料处理方法。经过油加热后成品成型美观、质地酥脆、外酥内嫩。

9. 半煎炸粉

半煎炸粉又称拍粉拖蛋糊，指在刀工处理和腌制后的半成品原料外表均匀地粘裹一层鸡蛋液，再在蛋液外表黏附一层干细淀粉的方法。适用于先煎再炸的烹调方法。经过油加热后成品定型效果好、外酥内嫩、裹汁效果佳。

10. 拖香糊

拖香糊指在刀工处理和腌制后的半成品原料外表均匀粘裹一层鸡蛋液或全蛋

粉，再黏附一层芝麻仁或花生仁、松子仁、甜杏仁等果仁，以及这些果仁的碎粒、薄片。适用于炸制的菜肴，经过油加热后成品色泽金黄、外酥脆内松嫩、香味浓郁。在黏附果仁后用手按一下，以免油炸时脱落。注意控制炸制油温，140～170℃定油温最佳。

11. 吉列粉

吉列粉又称拖蛋糊滚面包粉、面包渣糊、面包粉。咸味面包去皮后烘干，擀压成碎粒制成面包粉，或称面包糠。吉列粉指在刀工处理和腌制后的半成品原料外表均匀粘裹一层鸡蛋液或全蛋粉，再黏附一层面包粉的方法。适用于炸制的菜肴，经过油加热后成品色泽金黄、外松酥内鲜嫩。

作为浆糊的种类，从全国各地方菜系来讲，还有很多，像苏打糊、发粉糊、松糊、发面糊等等都是。

五、上浆、挂糊的技法与要求

（一）上浆、挂糊的基本程序和操作技法

1. 调味料腌制

基础调味料指精盐、葱姜类、料酒类等基础类调味料，其中以精盐为主要代表。基础调味料是上浆的关键用料，除了基本调味作用之外，精盐可以在原料的表面形成浓度较高的电解质溶液，使肌球蛋白溶解出来，形成一种黏性较大的蛋白质溶液，提高蛋白质的亲水能力，同时可以增加蛋白质表面的电荷，提高蛋白质的持水能力，引起分子体积增大，黏液增多，使肌肉更加饱满细嫩，有利于上浆挂糊，使制成品品质更优。有些原料在腌制前，还需进行清水浸漂退色处理，或需进行质地改良处理。

2. 调制糊浆

根据上浆挂糊的具体需要，将浆糊所需的各种用料混合搅拌成稠度合理、质地均匀、细腻无颗粒的浆糊。一般来说，调制浆糊的用料没有绝对固定的标准配方，要根据具体菜肴的制作要求和原料的个性特征随机掌握。在实际应用中需注意如下问题：①无论什么样的浆糊，均需搅打均匀，细腻无颗粒，质地匀滑。②浆糊的用量应适当，太多会泻浆；黏度过大不利于加热时分散；太少会不完全包裹原料，或包裹厚度不够，加热时原料水分流失，原料表面光泽暗淡。③浆糊的稠度应根据原料情况灵活调整，对一些结构粗老而含水量少的原料，如牛肉、鸡脯，应将浆糊调得稀薄一些，可以增加原料的嫩度和风味。

3. 上浆、挂糊操作

根据具体原料特性进行上浆、挂糊操作，一般是将腌制好的原料置于调成的浆糊中，有些轻轻拌和均匀，有些要充分搅拌，有些还需再粘上其他辅助原料，使浆糊充分均匀地黏附在原料之上。在拌和过程中，应对不同原料性质区别采用不同的

力量和搅拌时间。一般来说，挂糊、上浆的原料可以直接加热，制作成菜。但为保证上浆后的原料成菜品质，可以增加以下两个操作程序：

第一，冷藏放置。通过冷藏放置，能使腌制上浆后的原料通过蛋白质分子进一步水化，同时原料表面发生凝结，阻止了水分子的扩散运动，使原料持水能力达到最高值。上浆后的原料一般需在 50℃温度中静置 1 小时左右；再行加热，制作成菜。

第二，加入油脂。在冷藏放置过程中，要加入适量油脂在上浆后的原料表面。目的是起密封作用，使原料在放置过程中不暴露在空气中，阻止原料失去水分，同时利于原料在加热时迅速分散，受热均匀，并对原料成熟时的光泽度和润滑性有一定的增强作用。

（二）上浆、挂糊的操作要求

第一，调制浆糊的淀粉最好是各种干细淀粉。若是颗粒状淀粉，在使用前应用水浸泡湿润，调制好的浆糊最好放置一会儿，使淀粉粒充分吸水膨胀，以获得较高的黏度，从而增强在烹饪原料上的黏附性。

第二，浆糊的浓稠度要根据原料特性灵活掌握。质地较老的原料，本身所含的水分较少，可容纳糊中较多的水分向内渗透，所以浓度应低一些；质地较嫩的原料，本身所含水分就较多，糊中的水分要向内渗透就比较困难，所以浓度就应高一些。特别是一些果蔬原料，因水分较多，受热后容易变形软烂，如果糊过稀，成品变软就不容易成型，所以果蔬原料使用的糊应浓稠一些。

第三，对于表面水分较多、光滑的原料进行上浆挂糊时，可以用干毛巾吸去水分，或在原料的表面先拍上一层干粉，或将浆糊调制得浓稠一些，以免降低浆糊的黏度，影响浆糊的黏附能力，造成烹饪过程中的脱浆脱糊现象。

第四，上浆、挂糊操作时，浆糊要均匀包裹原料，不能出现没有浆糊的地方，否则原料的水分会溢出。

第三节　勾芡与芡汁

一、勾芡与芡汁的概念

勾芡，是指根据烹调要求，在菜肴加热后期即将成熟起锅时，加入以淀粉为主要原料调制的粉汁，使锅中汁液变得浓稠，黏附或部分黏附于菜肴之上的操作方法。勾芡也称为打芡、埋芡、拢芡、上芡、挂芡、着腻、走芡、发芡、抓汁、勾糊、打献，是烹饪过程中应用的一种增稠工艺，主要利用加入的淀粉受热糊化而达到增稠目的。

芡汁又称芡液、芡头、献汁。在菜肴制作工艺中有两层意思，一是指勾芡后锅中形成的稠粘状的胶态汁液，二是指勾芡前以湿淀粉加入调味品、汤汁调制而成的混合物。

二、勾芡的作用

在中国菜肴制作工艺中，勾芡是非常重要的基础技术，对菜肴品质影响极大，芡汁的好坏是评定菜肴质量的重要依据。勾芡主要有以下作用：

1. 增加菜肴汁液的黏稠度

在菜肴制作过程中，要加入适量汤水及调味品，同时，加热会使原料的组织液外流，锅中自然就会有汁液。汁液绝大部分较为稀薄，流动性强，不易附着在原料表体，特别是装盘成菜后，盘中汤汁较多，会使菜肴味淡味寡。勾芡后，淀粉的糊化作用增加和增强了菜肴汁液的浓度和黏稠性，使之能较多地附着在菜肴之上；食用时，芡汁更容易分散在舌表面刺激味蕾，增加接触面积和时间，提高人们对菜肴滋味的感受。

2. 增加菜肴滋味

炒、爆、鲜熘的菜肴基本要求不带汤水，味美脆嫩。但在烹调中，这一类菜品事先不能加入调味汤汁，只能把芡汁在烹调后期加入，芡汁很快变浓变黏，只要略加颠翻，就基本上可以紧紧包裹在原料外表形成味汁外衣，俗称收汁，从而达到浓味的烹调要求。

3. 保持原料炸制的特色

对炸熘菜肴勾芡，可增加调味汁的黏稠度，既达到上味效果，同时又有效地防止味汁内渗，从而保持菜肴原料炸制后外脆里嫩的风味特色。

4. 促使汤汁和菜肴融合

由于烧、烩、炖等烹调方法加热时间较长，原料风味物质、调味料基本溶于汤汁中，但汤汁不易变浓，往往是汤汁与原料分家，达不到交融一起的要求。勾芡后，汤汁的浓度和黏性得到增大或增强，味汁浓稠，汤汁与菜肴融合在一起，更能突出滋味。

5. 突出主料

羹汤菜中有大量汤水，主料往往下沉，只见汤，不见料。勾芡后，汤水变稠，主料就会漂浮起来，均匀分布在羹汤中，从而主料突出，汤汁匀滑，滋润可口。

6. 使菜肴更加柔嫩光滑

勾芡后，糊化的芡汁紧包原料，可防止原料的水分外溢，从而保持了菜肴细嫩的口感，并使菜肴形体饱满光滑，将菜肴原料的自然色彩更加鲜明地反映出来，具有良好的光影效果，显得光滑透亮。成菜后，由于汤汁较浓，菜肴可以在较长时间内保持润滑饱满的外观效果，不会干瘪。

7. 保持菜肴的温度

由于芡汁淀粉糊化，浓度增加，能减慢菜肴热量的散发，保持菜肴的温度，利于人们食用菜肴。

三、烹调中常见芡汁类型和特征

根据浓稠度，可以将勾汁分为包芡、糊芡、二流芡、清芡等。

1. 包芡

包芡又称油包芡、抱汁芡、浓芡、抱芡、立芡、包心芡、厚芡，是芡汁中浓度最高的一种，用于汁液较少的炒、爆、鲜熘类菜肴。这一类菜品在烹调中，前期不加入调味汤汁，在菜品成熟的烹调后期再把勾汁加入，芡汁中淀粉很快糊化变稠变黏，只要略加颠翻，就基本上可以紧紧包裹在原料外表形成味汁外衣，俗称收汁，达到猛火速成的烹调要求，即所谓有芡而不见芡流，所有的芡汁应包裹在原料上，吃完后盘底不留汁液。

2. 糊芡

糊芡是比包芡稍稀薄的芡汁。芡汁成熟后成糊状，芡汁较宽，可使菜肴原材料与汤汁交融，口感浓厚而润滑，多用于糊状类菜肴。

3. 二流芡

二流芡又称泻脚芡、流芡、杨柳芡，要求芡汁一部分裹挂在原料上，另一部分则流泻在餐具中。这种芡汁多适用于烧、爆、扒、炸熘等烹调方法的菜肴，具有光泽度好、上味效果好等特征。

4. 清芡

清芡又称米汤芡、清二流芡、玻璃芡、薄芡，淀粉用量较少，用于烧、烩等烹调方法的菜肴和汤羹类菜肴。芡汁成熟后比较稀薄，芡汁稀如米汤，透明，原料、调味品、汤水彼此交融，柔软匀滑。

四、芡汁的调制与使用

在调制芡汁过程中，依据是否加入调味品，将芡汁分为调味芡汁、单纯芡汁两种。

1. 调味芡汁

先将调味品、湿淀粉、汤汁放入同一盛器内和匀调成芡汁，在烹制过程后期淋入锅中加热至淀粉糊化，起收汁浓味的作用，这种调味方式形成的芡汁称为调味芡汁，有些地方也称为碗芡、兑汁芡。此类芡汁适用于旺火速成的炒、爆、鲜熘等烹调方法。这类烹调方法要求火旺、时间短、动作速度快，因此，如果调味品逐一下锅，既影响速度，又使口味不易调准调匀，故需使用碗芡的方法勾芡。目前"碗芡"

都不用碗，一般是在炒勺内兑制完成。

2. 单纯芡汁

单纯芡汁就是将湿淀粉直接加入锅内进行勾芡的方式，也称单纯芡汁、锅上芡。单纯芡汁适用于加热时间较长的烹调方法。这类烹调方法要求加热时间长，因此加入调味品的时间充足，原料的滋味物质也易融入汤汁之中，入味很好，但汤汁不浓，加入湿淀粉勾芡，就变稠了。

五、勾芡的方法与要求

（一）勾芡的方法

勾芡因烹调方法不同、菜式不同，有烹入法、淋入法、粘裹法三种方法。

1. 烹入法

烹入法指在应用炒、爆、鲜熘等烹调方法制作菜肴的过程中，事先不加入调味汤汁，在菜肴即将成熟时，将调味芡汁倒入锅内，翻炒均匀，淀粉糊化收汁，紧紧包裹在原料外表形成包芡。这种方法使用面广，芡汁成熟迅速，裹料均匀，适宜旺火速成的菜肴勾芡。

2. 淋入法

在应用烧、烩、焖等烹调方法制作菜肴的过程中，由于加热时间较长，原料风味物质、调味料基本溶于较多的汤汁中。为了使菜肴成菜时汁稠味浓，在菜肴即将成熟时，将单纯芡汁淋入锅中，同时晃动锅中原料，或用炒勺推动原料，待淀粉糊化后即可收到汁稠味浓的效果。通过这种方式进行的勾芡叫淋入法。这种方法平稳、糊化均匀，可使汤汁与菜肴交融结合，滑润柔嫩，汁稠味浓。常用于中、小火力长时间加热的菜肴勾芡或有较多汤汁菜肴的勾芡，成芡一般为二流芡或清二流芡。

3. 粘裹法

粘裹法就是将调味品、汤汁、湿淀粉汁一起下锅加热至芡汁浓稠时，将已炸制好的原料放入锅内迅速翻炒和颠锅，使芡汁均匀地粘裹在原料上。此法一般适用于炸、煎、烤等菜肴。

（二）勾芡的要求

1. 勾芡的时机要恰当

勾芡都是在菜肴即将或已经成熟快起锅时进行，过早或过迟勾芡都会影响菜肴质量。勾芡后见芡汁糊化立即出锅，菜肴在锅中不能停留时间过长，特别是不能再加热，否则，芡汁易黏结锅底，使得芡汁干枯，质地变老，光亮度差，甚至会变色、焦煳。

2. 芡汁浓稠适度

根据不同烹调方法的要求、火力的大小、菜肴分量的多少，灵活掌握芡汁的浓度。当芡汁已经糊化后才发现芡汁稠了再加水或稀了再加湿淀粉，都会影响菜肴的口味、质地、美观，所以芡汁中淀粉必须用量恰当。

3. 先调味，后勾芡

不论什么样的勾汁，都必须调准菜肴风味后再行勾芡，这样芡汁和调味品能很好地融合，粘包住原料，风味才均匀。如果勾芡后再加调味品，后加的调味品不易渗透入味，风味不均匀。

4. 勾芡均匀

无论采用什么样的勾芡方法，都要求芡汁入锅分布均匀，糊化后才能与原料粘裹均匀。勾芡时需要配合翻炒、晃动、推搅、徐徐下芡等操作手法。

5. 勾芡得当

尽管勾芡有很多好处，但并不是所有的菜肴都需要勾芡，若使用不当，反而降低菜肴品质。菜肴是否需要勾芡以及勾芡的稠度，应区别使用。如甜面酱、黄酱等调味品烹制的菜肴，因酱料本身有一些稠度，可以少勾芡或不勾芡。含胶质丰富的原料经长时间加热后，由于胶原蛋白水解，溶于水起了黏性，有自来芡的说法，也可以不勾芡或少勾芡。

第七章　食品风味

"味"是物质所具有的、能使人得到某种味觉的特征，如苦、辣、酸、甜、咸等，它体现的是人体的味觉器官对食品成分在人口腔内的刺激所产生的感觉和反应。

人们在品尝食物时，除了通过味蕾与食品接触得到的味感以外，还能感觉到食物的香气、色泽等其他特征。也就是说，食物所表现出来的苦、辣、酸、甜、咸等基本味只是食物风味的部分特征。

一种比较狭义的观点认为："风味"决定人们对食物的选择、接受和吸收，它是食物刺激味觉或嗅觉受体而产生的综合生理感应。按照这个定义，风味是一种感觉现象，包括味觉、嗅觉、视觉、触觉等感官反应而引起的化学、物理和心理感觉的综合效应。

Hall 将食品的风味（flavour）一词的含义解释为：摄入口腔的食品，刺激人的各种感觉受体，使人产生短时的、综合的生理感觉。这类感觉主要包括味觉、嗅觉、触觉、视觉等。由于食品风味是一种主观感觉，对风味的理解和评价往往会带有强烈的个人、地区或民族的特殊倾向性和习惯性。

另一种广义的说法认为："风味"意味着食物在摄入前后，刺激人的所有感官而产生的各种感觉的综合。

在保持食物风味的同时，调味者应根据所处的地域、气候、季节、不同人群的健康状况因人因需进行风味设计，以满足不同人群的营养需要。

第一节　食品的味觉

一、味觉生理

所谓味觉，是某些溶解于水或唾液的化学物质作用于舌面和口腔黏膜上的味蕾所引起的感觉。烹饪原料大多有味，其中用于调味的称为调味原料，其味更浓。这是因为调味原料之中含有较多的能引起味觉的化学成分，即呈味物质。

味觉生理包括味觉接收器、味觉神经、味觉中枢神经三个部分。人的舌表面是不光滑的，乳头被覆盖在极细的突起部位上。位于乳头上的小细胞群叫作味蕾，味蕾由 40～60 个椭圆形的味细胞组成，并紧连着味神经，由味神经连成的小束直通大脑。味蕾是分布在口腔黏膜中极微小的结构，它们以短管（味孔口）与口腔相连。由于味蕾的存在，才使人感觉出各种物质的味道。一般成年人约有 2000 多个味蕾，大部分味蕾分布在舌表面的乳头中。

舌头各部位对不同味感的感受能力不同。一般认为舌尖对甜味敏感，而舌根对苦味、舌边缘对酸味、舌尖与舌缘对咸味感受性最强。舌对辣味的感觉亦最强。呈味物质的呈味阈值随舌头的部位不同而不同。味觉的感受性，需要风味物质在舌面溶解之后才能产生，故其所需时间亦有差异。

食品的各种味都是由于食品中可溶性成分溶于唾液，或食品的溶液刺激舌头表面上的味蕾，在舌的搅拌作用下，刺激味蕾中的味觉细胞，通过神经冲动到达大脑的味觉中枢，经过大脑的识别分类并形成综合判断，最终使人产生味觉。一种物质要对人产生味觉，其先决条件就是该物质必须溶于水。

味觉效应的引起与唾液也有极大的关系，因为只有溶于水的物质才能刺激味蕾。而唾液是食物的天然溶剂，由唾液腺体分泌。唾液不仅可润湿和溶解食物，而且可以洗涤口腔，保护味蕾的敏感性，并帮助消化。

二、味觉的基本特性

味觉一般都具有灵敏性、适应性、可融性、变异性、关联性等基本性质。它们是控制调味标准的依据，是形成调味规律的基础。

1. 味觉的灵敏性

味觉的灵敏性是指味觉的敏感程度，由感味速度、阈值和味分辨力 3 个方面综合反映。

第一，感味速度呈味物质一进入口腔，很快就会产生味觉，一般从刺激到感觉仅需 $(1.5～4)×10^{-3}$ 秒，比视觉反应快一个数量级，接近神经传导的极限速度。

第二，阈值是可以引起味觉的最小刺激值。通常用浓度表示，可以反映味觉的强度。阈值越低，其敏感度越高。呈味物质阈值一般较小，并且随种类的不同而有一定差异。

第三，味分辨力人对味具有很强的分辨力，可以察觉各种味感之间非常细微的差异。据实验证明，通常人的味觉能分辨出 5000 余种不同的味觉信息。味觉的灵敏性非常高，这是我国烹调形成"百菜百味"特色的重要基础。

2. 味觉的适应性

味觉的适应性是指由于持续某一种味的作用而产生的对该味的适应，如常吃辣而不觉辣，常吃酸而不觉酸等。口味会受到多种因素的影响，也能反映一个时期、一个地域、一个消费群体的嗜好趋向。如中国人的口味歌：安徽甜、河北咸，福建、浙江咸又甜；宁夏、河南、陕、甘、青，又辣又甜外加咸；山西醋、山东盐，东北三省咸带酸；黔赣两湖辣子蒜，又麻又辣数四川；广东鲜、江苏淡。味觉的适应有短暂和永久两种形式。

第一，味觉的短暂适应在较短时间内多次受某一种味刺激，所产生的味觉间的瞬时对比现象，是味觉的短暂适应。它只会在一定时间内存在，稍过便会消失，交替品尝不同的味可防止其发生。对此，在配制成套菜肴时要特别注意，尽可能地安排不同味型的菜肴或根据味型错开上菜顺序。

第二，味觉的永久适应是长期经受某一种过浓滋味的刺激所引起的。它在相当长的一段时间内都难以消失。在特定水土环境中长期生活的人，由于经常接受某一种过重滋味的刺激，便会逐渐养成特定的口味习惯，产生味觉的永久适应。如四川人喜吃超常的麻辣，山西人爱用酸味较重的醋等就是如此。宗教信仰的影响或者个人的饮食习惯（包括嗜好、偏爱等）也会引起味觉的永久适应。

3. 味觉的可融性

味觉的可融性是指数种不同的味可以相互融合而形成一种新的味觉，经融合而成的味觉绝非几种其他味觉的简单叠加，而是有机的融合，自成一体。味觉在融合中会出现味觉的对比、相抵等现象。味觉与溶解度也有关系。呈味物质只有在溶解之后才能被我们的味蕾所感知。因此，其溶解度大小及溶解速度快慢也会使味感产生的时间有快有慢，维持时间有长有短。通常，溶解快的味感消失得也快。例如，糖精比蔗糖难溶，其甜感产生得就慢，但持续的时间较长。

味觉具有的可融性是菜肴各种复合滋味形成的基础。进行调味时，需要注意味觉可融性的恰当运用。

4. 味觉的变异性

味觉的变异性是指在某种因素的影响下，味觉感度发生变化的性质。所谓味觉感度，指的是人们对味的敏感程度。味觉感度的变异有多种形式，分别由生理条件、温度、浓度、季节所引起。

引起人们味觉感度改变的生理条件主要有年龄、性别及其某些特殊生理状况等。一般而言，年龄越小，味感越灵敏，随着年龄的增长，味感会逐渐衰退。性别不同，对味的分辨力也有一定差异，一般女子分辨味的能力除"咸"味之外都胜过男子。此外，过分饥饿时，对百味都敏感；饱食后，则对百味皆迟钝。重体力劳动者，味感较重，轻体力劳动者则相反。生病时味感略有减退，妇女怀孕期间味感也会发生改变。

食品的味感因温度而异。在 17～42℃内，食盐的阈值（是指能感受到该物质的最低浓度）随温度升高而增大，苦味在 40℃时显示最高，甜味在 30～40℃味感最高。食品的美味要以味觉感度为基础，而味觉感度与食品的温度密切相关。在一个适合的温度下，食物才会展现出最佳美味，也就是说，食物不同，理想的品尝温度也就不同。一般来说，热菜的品尝温度最好在 60～65℃，冷菜最好在 10℃左右，冷食在-4℃时食用效果最好。这就是为什么冰激凌融化后再吃，就会有太甜的感觉。

食品的风味，不仅是由味觉，而且是由嗅觉、视觉、听觉、触觉等一起决定的。除调味以外，大多由嗜好来决定。

呈味物质只有在适当浓度时才会使人产生愉快的感觉，而且，浓度对不同味感的影响差别很大。一般来说，甜味在任何能被感觉到的浓度下都会给人带来愉快的感受；而苦味差不多总是令人不快的，酸味和咸味在低浓度时使人有愉快感，在高浓度时则会使人感到难以接受。

季节的不同也会造成人们味觉感度的差异，进而改变其口味要求。故需结合季节的变化，因时调味。人们的口味常常随着季节的变化、气候的冷暖而有不同的要求。一般热天喜欢吃清淡、鲜美的菜肴；冬天则喜欢食刺激感强、浓香、味重、肥美的菜肴；中医认为，季节性调味规律是：春酸，夏苦，秋辛，冬咸，使身体适应季节的变化。甚至在一天早、午、晚三餐中调味都应有差别。早晨，调味应以咸味为主，杂以其他味，因为人体经过一个夜晚的休息，体内大量缺水，在这种情况下，人的味觉变得反应迟钝，需要在咸味的刺激下，振奋食欲。中午，调味宜杂，以调节人的口味差异，满足人进食多种口味食物的需要。晚上，调味宜清淡，以抑制人的口味，减少进食量，达到科学饮食。这些变化，可以通过适当调整调味品的数量和比例来实现。因此，需结合季节、气候的变化，因时制宜地合理调味。

此外，味觉感度还随心情、食物种类、人体健康状况、饮食习惯及环境等因素的变化而改变。

5. 味觉的关联性

味觉的关联性是指味觉与其他感觉相互作用的特性。人们的各种感觉都必须在大脑中反映，当多种感觉一起产生时，就必然发生关联。与味觉关联的其他感觉主要有嗅觉、触觉等。

第一，味觉与嗅觉的关联在所有的其他感觉中，嗅觉与味觉的关系最密切。通常我们感到的各种滋味，都是味觉和嗅觉协同作用的结果。患感冒时，鼻子不通气，便会降低对菜肴的味觉感度。在我国，一般将香和味混称为香味。香是香气，通过嗅觉来辨别；味是通过口腔的味蕾来辨别，二者有着本质的区别，不可混为一谈。

第二，味觉和触觉的关联触觉是一种肤觉（口腔皮肤的感觉），如软硬、粗细、黏爽、老嫩、脆韧等。它对味觉的影响是显而易见的，一般通过与嗅觉的关联，而与味觉发生关系，如焦香则味浓，鲜嫩则味淡等。它也可直接与味觉相关联，往往是通过物态影响味的浓淡。

此外，视觉（即对菜肴色泽和形状的感觉）也与味觉有一定关联。其媒介是一种心理作用下产生联觉。这些感觉与味觉关系密切，并直接参加构成菜肴风味。在味觉的广义概念中把它们包括了进去。从这个意义上讲，人在品尝菜肴时实际上是滋味、香味、触感等的综合感受。

三、食品风味的特点

食品的风味大都是由食品中的某些呈味物质体现出来的，这些呈味物质常常是混合在一起，共同作用。食品中的呈味物质一般都具有以下特点。

①种类繁多，相互影响。咖啡的呈味物质中已鉴定出的组分就达 450 种以上，焙烤过的土豆中已鉴定出的组分也超过了 200 种。各种呈味物质之间还会产生拮抗或协同作用。

②含量微少，效果明显。呈味物质在整个食品中所占的比例较低，但产生的效果十分明显。

③稳定性差，易被破坏。许多呈味物质，特别是嗅感物质，在空气中极易挥发、分解，在热和有氧的环境中稳定性极差。

④呈味物质的分子结构缺乏规律性。一般来说，呈味物质的分子结构对食品的风味形成具有很高的特异性，但某些能形成相同或相似风味的化合物，其分子结构缺乏明显的规律性。

⑤食品风味受呈味物质的浓度、食用环境的影响较大。例如，2-戊基呋喃在较高浓度时表现为甘草味，而稀释后表现为豆腥味。

⑥呈味物质大多为非营养性物质，它们一般不参与人体的代谢。

四、食物风味的实质

食物的风味包括了味、嗅、触、视、听等感官反应而引起的化学、物理和心理感觉的综合效应。

食品风味的好坏取决于三个关键环节。第一是食品原料的生产阶段，对动植物而言，合理的生理、生态条件，合理的熟度是产生良好风味的基础。第二是原料和产品的贮藏阶段，由于酶和微生物的作用，会使部分风味物质损失，甚至会导致腐败，使食品不能食用。第三是食品的加工阶段，合理的加工工艺能使食品形成良好的风味。其中前两条对食品风味的影响主要是酶催化的反应，第三条主要是非酶的反应。

五、各种味觉的互相影响

菜肴的滋味通常是许多呈味成分混合所产生的复杂味觉。在味觉感受过程中，常出现味觉的对比、增强、消杀、转化、变味与疲劳等现象。

1. 对比现象

把两种以上的呈味物质以适当的浓度调在一起，使其中一种呈味物质的味道更为突出的现象，叫作对比现象。如有人做过这样的实验，在10%的蔗糖水溶液中加入1.5%的食盐，使蔗糖的甜味更甜爽；味精中加入少量的食盐，使鲜味更饱满。中国有一句话"要保甜，加点盐"，所以，在制豆沙馅心或制作糖醋汁时，加入适量的精盐，味道会更好。

2. 增强现象

把同一味觉的两种或两种以上的不同呈味物质互相混合，其呈味效果大大超过单独使用任何一种时的现象，叫作味觉的增强现象或相乘现象，也称协同作用。利用呈味增强效果，是调味品使用的原则之一。

3. 消杀现象

把两种或两种以上的呈味物质以一定的比例混合后，使每一种味觉都有减弱的现象叫作消杀现象，也称相抵现象或拮抗现象。例如：砂糖、柠檬酸、食盐和奎宁之间，若将任何两种物质以适当比例混合时，都会使其中一种味感比单独存在时减弱，如在1%～2%的食盐水溶液中添加7%～10%的蔗糖溶液，则咸味的强度会减弱，甚至消失。制作菜肴时，口味过咸或过酸，适当加些糖，可使咸味或酸味有所减轻；饮咖啡时加入方糖，咖啡的苦味和糖的甜味都同时降低，都是消杀现象。

4. 转化现象

把两种或两种以上的呈味物质以适量的比例调在一起，就会生成另一种味道，这叫作转化现象。如把300克糖、500克醋、24克精盐调成汁就形成一种酸甜味。此外，糖醋味、荔枝味、鱼香味等都是运用调料的转化现象制成的复合味。所谓"五味调和百味香"就是这个道理。在调味时用料比例要恰当，投放调料要有先后顺序才能调出合适的口味。

5. 变味与疲劳现象

先摄取的食物的味对后摄取的食物的味会产生质的影响，使后者改变原有的味觉，这就是变味现象，也称转换现象。例如喝了浓盐水之后喝普通水会感到甜，吃过螃蟹后再吃清蒸鱼，就会觉得鱼味不够鲜美。如刚吃过中药，接着喝白开水，感到水有些甜味。先吃甜食，接着饮酒，感到酒似乎有点苦味，所以，宴席在安排菜肴的顺序上，总是先清淡，再味道稍重，最后安排甜食。这样可使人能充分感受美味佳肴的味道。显然，这是味感受器本身的味感变化。

第二节　基本味与调味方法

　　滋味的种类多达 5000 余种，概括起来有两大类，单一味和复合味。从味觉生理的角度看，公认的只有咸、甜、酸、苦 4 种"原味"。我国习惯上从烹调的角度看，一般有咸、甜、鲜、酸、辣、麻、苦等 7 种基本味。舌头各部位对不同味感的感受能力不同。一般舌尖对甜味敏感，舌根对苦、鲜味敏感，舌两侧前缘对咸味敏感，舌后两侧对酸味敏感。

一、基本味

　　基本味是由一种呈味物质构成的。菜肴的口味虽然千变万化，但风味特色各具一格，都是由几种基本味复合而成的，所以，有些地方又将基本味称为"母味"。根据基本味在菜肴调味中的运用与味觉、嗅觉器官的感觉，基本味可分为咸、甜、酸、辣、麻、鲜、苦等几种。

　　1. 咸味

　　咸味是基本味的主味，是各种复合味的基础，是我国北方广大地区喜食的基本味。咸味主要由食盐产生。食盐对维持人体健康有着重要意义，是人体新陈代谢不可缺少的重要物质。食盐味咸、性寒，入胃、肾经，具有清热解毒、凉血润燥、滋肾通便、杀虫消炎、催吐止泻的功能。盐能协助人体消化食物，盐的咸味能刺激人的味觉，增加口腔唾液分泌，从而增进食欲和提高食物消化能力。适当吃咸食能软化体内酸性肿块，防止体内微量元素的缺乏。

　　中医认为"咸入肾"，能调节人体细胞和血液渗透，保持正常代谢，如盐、海带、紫菜等。虽然咸味是"百味之主"，食盐是人类饮食中必不可少的一种调味品，但实验证明，过量摄入食盐等咸味食物，会引起高血压、心脑血管疾病、肾病和水肿等。

　　咸味主要指食盐的味。俗话说："珍馐百味离不开盐"，"无盐不是味"，这正是指咸味在调味中的重要作用。食盐在烹调中的作用：赋予咸味，具有提鲜、增甜、去腥解腻、防腐，使蛋白质凝固的作用。常见用量：清汤 0.5%，浓汤 1.0%，煮炖食品 1.5%～2.0%，炒蔬菜 1.2%，一般菜肴 0.8%～1.2%。咸的调味品主要有盐、酱油、虾酱、鱼露、豆豉、甜酱等。

　　咸味在烹调上，是能独立调味的基本味，运用中应因人、因气候、因菜肴多少、作用的具体情况，按照"咸而不减"的原则，使每种菜肴在任何情况下，咸味都恰如其分，无所不宜。

2. 甜味

甜味是人类最爱好的基本味，常用于改进食品的可口性和某些食用性。按实际用途来讲，仅次于咸味，尤其在我国南方，甜味的使用较为广泛。食物的甜味主要由食物内的糖类产生，甜食有美口适腹、益气补血之效，并能消除疲劳，解毒生津。但吃甜食过多亦对脾胃无益，且易引起肥胖及诱发心血管疾病。世界卫生组织曾指出，嗜糖比嗜烟更加危险。长期嗜高糖食物的人，其平均寿命比正常饮食的人缩短10~20年。

甜味在烹调中的作用：提供甜味，增强菜肴的鲜味，调和诸味，增香，去腥解腻，着色。常见用量：①单纯表现甜味，用量10%~15%，如拔丝、蜜汁菜肴，要甜度适宜，做到"甘而不浓"；②与其他味配合，如鱼香味、糖醋味类菜肴的调味，要按照复合味的要求，有机地、恰如其分地表现出甜味的程度；③调和诸味，增浓复合味感。用量为1%~2%，如咸鲜味、家常味类菜肴的调味，要以"放糖不觉甜"的原则应用。

甜味是除咸味外，唯一能独立调味的基本味。其主要调味品有糖、蜂蜜、饴糖、各种果酱等。在烹调上，如用量过多，反而会压味或抵消其他味道，破坏菜肴本身所具有的鲜味，甚至抑制食欲。

3. 酸味

酸味是人类进化最早的化学味感，酸味也是基本味感，在食品调味中常占主导地位。酸味是调味中不可缺少的基本味，在我国陕西、山西使用较多。中医讲"酸生肝"。酸味食物有增强消化功能和保护肝脏的作用，不仅可助消化，杀灭胃肠道内的病菌，还能防感冒，降血压，软化血管。如乌梅、石榴、番茄、山楂、橙子等。食物的酸味是由有机酸产生的，《本草备要》中说："酸温散淤解毒，下气消食，开胃气，散水气。治心腹血气疼，产后血晕，症结痰癖，黄疸痛肿，口舌生疮，损伤积血，谷鱼肉菜蕈诸虫毒。"也就是说，经常吃酸味食物可增强肝脏功能，并能抑制胃酸，增进食欲，促进食物的消化；还能解毒、抗菌、抗病毒、抗原虫等。

酸味在烹调中的作用：增加香味和鲜味，增添酸味，有和味解腻的作用，又有抑制杀灭细菌、去腥除异味的功用，能降低辣味，增加食欲，利于消化，防止蔬菜褐变，减少维生素的损失，促进矿物质的溶解。常见用法：①为了去腥除异味，杀灭细菌，增加食欲，促进矿物质的溶解，在烹调前加醋，如凉拌菜；②保持蔬菜脆嫩质感的，在放盐前加几滴；③表现酸味感的，在咸味基础上加入。

在烹调中酸与碱会起中和反应，生成盐和水，在高温下易挥发失去酸味，同时，无论是调制咸酸味或甜酸味、酸辣味等，都一定要在咸味的基础上，才能正确发挥酸味在味方面的作用。所谓"盐咸醋才酸"就是这个道理。"酸而不醋"，对酸味在烹调上有积极的指导意义。过度的酸味是令人难以接受的。主要调味品是食醋及番茄酱等。

酸味的品质和强度除决定于酸味物质的组成、pH 值外，还与酸的缓冲作用和共存物的浓度、性质有关，甜味物质、味精对酸味有影响。

4. 辣味

辣味是刺激口腔黏膜、鼻腔黏膜、皮肤、三叉神经而引起的一种痛觉。人对于辣味的感觉，不仅由味蕾引起，也是同嗅觉、肤觉、痛觉相联系，是整个味分析器官统一活动的结果。

我国四川、湖南、云南、贵州、西藏、江西、陕西、东北等地区喜食辣椒，江苏、广州、上海等地区喜食咖喱。适当的辣味可促进胃液、唾液的分泌，增加淀粉酶活性，帮助胃肠蠕动，消除体内气滞，增进食欲，故有开胃、消食、温中气、散寒除湿、开郁祛痰、杀虫解毒的功效；还能消除体内的血滞，使皮肤毛细血管扩张，促进血液循环。但食辣味过多，也会伤肝损目，导致肺气过盛，刺激胃黏膜引起腹痛；且味过辣还易伤筋，致使指甲枯萎。中医认为，辣入肺，有发汗、理气之功效，如姜、辣椒、胡椒等。

辣味是刺激性最强的一种基本味，可分为香辣和辛辣两种。香辣味的调味品主要是辣椒（含辣椒素）、胡椒（含胡椒碱）、咖喱等。香辣味的调味品，特别是辣椒，可以直接刺激唾液分泌的增加，能促进食欲，加强胃的蠕动，强烈刺激感觉神经末梢，引起温暖感。辛辣味的调味品主要是姜（姜醇、姜酚、姜酮）、葱（二烯丙基二硫化物、丙基烯丙基二硫化物）、蒜（蒜素）、芥末粉（异硫氰酸酯类化合物）等。它是具有冲鼻刺激感的辣味，即除作用于口腔黏膜外，还有一定的挥发性，刺激嗅觉器官。这类辛辣味的调味品，实际上具有味感和嗅感双重作用的成分，在生食时尤其表现充分，加热后辛辣味受到抑制或破坏，而带甜味，并会挥发浓郁的香味。这是因为葱、蒜类在加热后本身所含的二硫化物被还原生成有甜味挥发香味的硫醇类物质的缘故。所以，严格地讲，辛辣味的调味品在加热后属于香味的范畴。

辣味在烹调中有增香、解腻、压异味、使复合味浓厚的作用，最宜与麻味相配合。运用中，辣味用量过大会压抑鲜香味，与清香、本味类的复合味尤其不相容。应用时注意咸味、鲜味的辅助配合，切忌空辣、干辣的现象。要掌握好辣味的程度，调剂好辣味的层次，遵循"辛而不烈"的原则，以达到辣味的刺激效果为准。

5. 麻味

麻味是川菜中独具的特殊用味，其主要调味品是花椒（花椒素），具有芳香的辛麻味道，食用时具有醇香、辛麻而舒适的感觉，能增强胃的蠕动和食欲。麻味在烹调中刺激性强并具有挥发性的香味，有除异味、解腥去腻、增香提鲜、使复合味浓厚的作用，最宜与香辣味相配合。运用中，要掌握好麻味的程度，以达到麻味刺激效果为准。可与咸甜味等配合构成复合的"怪味"，具有浓郁的地方特色。

6. 鲜味

鲜味是呈味物质（如味精）产生的能使食品风味更为柔和、协调的特殊味感，鲜味物质与其他味感物质相配合时，有强化其他风味的作用，所以，各国都把鲜味列为风味增强剂或增效剂。常用的鲜味物质主要有氨基酸和核苷酸类。鲜味是食品的一种复杂而醇美的味感，能补充和强化菜肴的风味，可使鲜味微弱或基本无鲜味的原料经烹调后增加菜肴的鲜美滋味。鲜味的呈味成分有核苷酸、氨基酸、酰胺、三甲基胺肽、有机酸等物质，其调味品主要有味精、鱼露等。鲜味必须要在咸味的基础上，才有最佳的呈味效果。

鲜味在烹调上有增鲜、和味与增浓复合味感的作用。运用中，注意加热时间和温度，不宜在高温下长时间加热，不要在碱性环境下使用，也不宜在过酸条件下加入，最宜在咸味、浓味的复合味中应用。

动物的肌肉中含有丰富的核苷酸，植物中含量少。5′-肌苷酸广泛存在于肉类中，使肉具有良好的鲜味，肉中 5′-肌苷酸来自于动物屠宰后 ATP 的降解。动物屠宰后需要放置一段时间，味道方能变得更加鲜美，这是因为 ATP 转变成 5′-肌苷酸需要时间。

7. 苦味

苦味是唯一不单独作为调味品的基本味，一般不为人所喜好，但苦味是分布广泛的味感，如在烹调某些菜肴时略加一些含苦味的调味品，会使菜肴有一种特殊的味道，刺激人们的食欲。苦味主要由食物内的有机碱产生，也是维持人体生命活动所不可缺少的。当消化道活动发生障碍时，味觉的感受能力会减退，需要对味觉受体进行强烈刺激，用苦味能起到提高和恢复味觉正常功能的作用，可见苦味物质对人的消化和味觉的正常活动是重要的。俗话讲"良药苦口"，说明苦味物质在治疗疾病方面有着重要作用。苦味食物具有除燥祛湿、清凉解暑、利尿活血、解除劳乏、消炎退热、清心明目、促进食欲等作用。

中医认为，苦味食物均属寒凉，具有清热泻火、燥湿通便等作用，属于清泻类食物，故体质比较虚弱者不宜食用。一般说来，老人和小孩的脾胃多虚弱，故不适宜过多食用苦味食物。脾胃虚寒、脘腹冷痛、大便溏泄的患者也不宜食用苦寒食物，否则会加重病情。中医认为"苦生心""苦味入心"，能泄、燥，能坚阴，泄有通泄、降泄、清泄之意，如苦杏仁、苦瓜、百合等。食物中的天然苦味物质来源有两大类，即植物的生物碱及一些糖苷，动物的来源主要是胆汁。部分带有苦味的烹饪原料，如陈皮等，常作为香辛味加入菜肴烹制调味，仅是为增加其特殊的芳香气味，绝不为突出苦味，即使是烹饪原料中自身的苦味，如苦瓜、莴笋等，也要通过烹制努力减弱，力求形成清香微苦的特殊风味。

二、调味方法和阶段

调味方法和调味阶段，二者之间既有区别又有联系。调味方法，是指在烹调工艺中使原料上味（包括入味和附味）的具体方法；而调味阶段，则是烹调过程中对原料调味的先后次序阶段。不同的阶段需要使用不同的调味方法。

（一）调味的方法

根据烹调加工中原料上味的方式不同，调味方法可分腌渍、分散、热渗、裹浇、黏撒、跟碟等几种方法。这些方法有的是单独使用，有的是几种方法在某一菜肴中混合使用。

1. 腌渍调味法

将调料与菜肴主配料拌和均匀，或者将菜肴主配料浸泡在溶有调料的水中，经过一定时间使其入味的调味方法叫作腌渍调味法。在加热之前进行称为，初码味（也称基本调味）。腌渍法包括腌制和渍腌两种。前者是指食盐、酱油等咸味调料的腌渍，后者是指用蔗糖、蜂蜜或食醋等的腌渍。根据腌渍时用水与否，可分为干腌渍和湿腌渍两种形式。干腌渍是用干抹、拌揉的方法，使调料溶解并附着在原料表面，使其进味的方法，常用于码味和某些冷菜的调味。湿腌渍，是将原料浸置于溶有调料的水中腌渍入味的方法，常用于易碎原料的码味，以及一些冷菜的调味和某些热菜的入味。

2. 分散调味法

将调料溶解分散于汤汁状原料中的调味方法叫作分散调味法，广泛用于水烹菜肴的制作过程，是烩菜、汤菜的主要调味手段，也是其他水烹类菜肴的辅助调味手段。水烹菜肴时，需要利用水的对流来分散调料，常以搅拌和提高水温的方法作辅助。此法用于泥蓉原料的调味，泥蓉原料一般不含大量的自由流动水，仅靠水的对流难以分散调料，而必须采用搅拌的方法将调料和匀。有时，还要把固态调料事先溶解成溶液，再均匀拌和到泥蓉状原料之中。

3. 热渗调味法

在热力作用，使调料中的呈味物质渗入到原料内部去的调味方法，叫作热渗调味法。常与分散调味法和腌渍调味法配合使用。以水为传热介质进行烹调过程中的调味，调料必须先分散在汤汁中，通过原料与汤汁的物质交换，使原料入味。在汽蒸或辐射传热烹制的过程中，一般无法进行调味，所以常需要先将原料腌渍入味，在烹制中借助热力，使调料成分进一步渗入到原料中心去。热渗调味需要一定的加热时间，一般加热时间越长，原料入味就越充分。烹调工艺中为使原料充分入味，常采用较低温度、较长时间的制作方法。

4. 裹浇调味法

将液体状态的调料黏附于原料表面，使其带味的调味方法叫作裹浇调味法。按调料黏附方法的不同可分为裹制法和浇制法两种。裹制法是将调料均匀裹于原料表面的调味法，在菜肴制作中使用较为广泛，可以在原料加热前、加热中或加热后使用。从调味的角度看，上浆、挂糊、勾芡、收汁、拔丝、挂霜等均是裹制法的使用。浇制法是将调料浇散于原料表面的调味法，多用于热菜加热后的调味，如脆腌菜、及一些冷菜的浇汁。浇制法调味不如裹制法均匀。

5. 黏撒调味法

将固体状态的调料黏附于原料表面的调味方法叫黏撒调味法。其调料黏附于原料表面的方式和裹浇调味法相似。但是，它用于调味的调料呈固体状态，所以操作方法有一定的区别，黏撒调味通常是将加热成熟后的原料置于颗粒或粉末状调料中，使其黏裹均匀，也可以是将颗粒或粉末状调料投入锅中，翻动原料裹匀，还可以是将原料装盘后，再撒上颗粒或粉末状调料，适用于热菜的调味。

6. 跟碟调味法

将调料盛入小碟或小碗中，随菜一起上席，由用餐者蘸食的调味方法。此法多用于烤、炸、蒸、涮等调味，跟碟上席可以一菜多味（上数种不同滋味的味碟），由食用者各自需要自选蘸食。可以满足多数人的口味要求。

上述各种调味方法，在菜肴的调味中，可以单独使用，更多是根据菜肴的特点将数种方法混同合用。

（二）调味的阶段

根据菜肴的制作过程，调味的实施可划分为加热前调味、加热中调味和加热后调味三个阶段，各阶段的调味在菜肴制作过程中往往结合运用，而非孤立使用。

1. 原料加热前的调味

原料在加热前的调味又称基本调味，经常采用的是腌制方式，使风味渗入到原料中，并去除原料中的腥膻味。

第一，获得基本味即原料烹制前就具有基本的滋味（即底味），同时改善原料的气味、色泽、硬度及持水性，适用于加热中不宜调味或不能很好入味的烹调方法，如用蒸、炸、烤等烹调方法烹制的菜肴，一般菜肴均需对原料进行基本调味。

第二，部分烹调方法的要求菜肴（如蒸）的调味，此阶段可一次完成。调味方法主要有腌渍法、裹浇法等。腌渍有两种形式：一种是长时间腌渍，原料形状大或要求味透入里，腌渍短则数小时，长则数天，使原料透味，可产生特殊的腌渍风味；另一种是短时间腌渍，主要是形状较小或含水量多的原料，只要原料入味即可，时间在 1 小时内。此阶段的调味主要指上浆和挂糊。此外，加工成蓉泥状原料在搅制成蓉胶时，还要用到分散调味法。

2. 原料加热中的调味

原料加热中的调味又称定型调味，在食物的调味过程中起到决定性的作用，达到协调、赋味、增色的作用。其特征为调味在加热过程中进行，使所用的各种主料、配料及调味品的味道融合在一起，并且配合协调统一，从而确定菜肴的滋味。此阶段是菜肴的决定性调味阶段，主要适用于水烹法加热过程中的调味。常用的调味方法有热渗法、分散法、裹浇法、黏撒法等。其中以热渗法最为常用，所用调料可以一次投入，也可以依一定顺序分次投入。分散法多用于汤菜的调味，在其他烹制调味中常与热渗法合用。裹浇法主要用于勾芡、收汁以及挂霜、拔丝等，一般在原料即将受热成熟或即将成菜时进行。黏撒法，常用于即将成菜之前在锅中的调味。

3. 原料加热后的调味

原料在加热后的调味又称辅助调味，有些食物经加工前和加工中调味后仍然达不到口味要求，必须在加工后再适时、适量地投入一些调味料，才能完成食物的调味，使菜肴滋味更加完美。很多冷菜及不适宜加热中调味的菜肴，一般都需要进行辅助调味。此阶段常用的调味方法是裹浇法、黏撒法和跟碟法，有时也用到湿腌渍法，不过只是用于某些卤、煮类菜肴的进一步入味。

值得注意的是，并不是各种菜肴的调味都一定要全部经历上述 3 个阶段，有些菜肴的调味只需要在某一阶段完成，常称之为一次性调味。而有些菜肴的调味则需要经历上述 3 个阶段或者其中的某两个阶段，一般称其为多次性调味。

第三节 调味工艺原理

滋味的调和，关键在于使数种调料之间，以及调料与主配料之间相互作用、协调结合。调味工艺的基本原理主要表现在扩散、渗透、吸附、分解或合成等几方面，而且在同一调味工艺中，这些方面是密不可分的。

一、调味原理

（一）扩散渗透作用

从物质传递的观点来看，调味的过程实质上就是扩散与渗透的过程，人们巧妙地根据扩散与渗透的原理，使菜肴的口味更加鲜美。

1. 扩散作用

物质的分子或微粒从高浓度区向低浓度区的传递过程就称为扩散。物质的扩散方向受物质浓度梯度影响。即某物质的浓度若不同时，则物质会由高浓度的地方扩散到低浓度的地方，两边浓度相差越大，则物质的扩散速率越快。这种扩散的方向总是从浓度高的区域朝着浓度低的区域进行，而且扩散可以进行到整个体系的浓度相同为止。

在调味工艺中，码味、浸泡、腌渍及长时间的烹饪加热中都涉及扩散作用。调味原料扩散量的大小与其所处环境的浓度差、扩散面积、扩散时间和扩散系数密切相关。

第一，浓度差浓度差是扩散的动力。在调味工艺中，菜肴滋味的形成与呈味物质的扩散有密切的关系。由于扩散量与浓度梯度成正比，对于要求入味透彻、味重的烹饪原料，要增加调味料的用量，以增大烹饪原料浓度梯度，加大其扩散量。同时，要根据成品风味的要求，注意调味料的选择并控制其用量。反之，如果要保持原料本身的淡味，则要减少调味料的用量。

第二，扩散面积物质的扩散量与其在扩散方向上的面积成正比，在调味工艺中，为了保持菜肴口味的均匀接触或混合，烹调中的翻动或搅拌，一方面是为了控制热量，防止原料的某一部分过热，保证热量的均匀传递；另一方面是为了保证调味能够均匀地向烹饪原料全面扩散，避免个别部位的味道过浓，出现不均匀的现象。

第三，扩散时间调味原料的扩散是需要时间的。温度高时，由于分子运动速度较快，完成一定扩散量所需的时间较短；温度低时，分子运动速度很慢，所需的时间则长。原料在加热过程中调味、入味的时间较短，而在加热前或加热后调味、入味的时间则较长。另外，原料越大、越厚，其比表面积（单位质量物质所具有的表面积）就越小，通过扩散要使制品入味所需的时间就越长。

第四，扩散系数调味原料的扩散量与扩散系数成正比，扩散系数大者，在相同的时间内，扩散量就多；反之，扩散量就少。一般来说，调味料中呈味物质分子越大，扩散系数就越小。几种最常见的水溶性调味料中，盐、醋的扩散系数就远大于糖和味精。扩散系数还与温度有关，温度每增加 1℃，各种物质在溶液中的扩散系数平均增加 2.6%，温度增加时，分子运动加快，而水的黏度降低，以至于食盐、蔗糖、醋酸、味精等易从细胞间隙水中通过，扩散速度也随之增大。所以在烹调过程中，在原料添加了调味料后，加热使得原料很快入味。

2. 渗透作用

渗透作用是溶剂分子从低浓度经半透膜向高浓度溶液扩散的过程。溶液渗透压的高低与溶液中溶质分子物质的量多少有关，溶液中溶质分子物质的量越多，渗透压越高，反之则越低。在渗透压的影响下，一些调味原料的呈味物质也能渗透，如食盐、酒、糖、醋、酱油等。原料入味实际上是呈味物质向原料内部的渗透扩散过程。腌制的鱼、肉等不易变质，是由于高浓度的盐溶液使细胞等微生物失水死亡之故。

渗透作用的动力是渗透压，调味液的渗透压越高，调味料向原料的扩散力就越大，原料就越容易附上调味料的滋味。据研究，溶液渗透压的大小与其浓度及温度成正比，而渗透过程是需时间的，所以在调味工艺中，要适当地掌握调料的用量（即调味液的浓度）、调味时的温度和时间，才能达到调味的目的。

（二）吸附作用

吸附作用是指各种气体、蒸气以及溶液里的溶质被吸着在固体或液体物质表面上的作用。具有吸附性的物质叫作吸附剂，被吸附的物质叫作吸附质。吸附作用可分为物理吸附和化学吸附。吸附是调味工艺中的普遍现象，勾芡、浇汁、调拌、黏裹等均是原料吸附呈味物质的具体方式。当然，在调味工艺中，吸附与扩散、渗透及火候掌握是密不可分的。

1. 吸附的两种类型

根据产生吸附的作用力不同，吸附作用可分为物理吸附和化学吸附两种类型。

物理吸附是以分子间作用力相吸引的，由于调味原料和菜肴半成品之间普遍存在着分子间引力，所以半成品可以吸附调味料而使菜品有味，如在半成品上撒胡椒粉、花椒面、芝麻、葱花等固体调味料，或在制作冷菜的最后拌入香油或淋入调味汁等液体调味料等，都属于物理吸附。

化学吸附则以类似于化学键的力相互吸引，其吸附热较大。化学吸附是固体表面的某些基团与吸附质（被吸附的物质）分子形成化学键。比如，淀粉在高温溶液中，直链淀粉分子伸展使极性基团暴露出来，若加入含有极性基团的丙醇、丁醇、戊醇或己醇，直链淀粉分子就能与这些有机化合物通过氢键缔合，失去水溶性而结晶析出。勾芡时淀粉糊化，在吸收水分的同时把调味料的呈味物质牢牢黏附在主、辅料表面的过程，即为化学吸附作用。

2. 影响吸附量的因素

吸附量是指单位质量或单位表面积的主、辅料或半成品所吸附的调味料的数量。在调味工艺中，影响吸附量的因素主要有调味料的浓度、烹饪原料或成品的表面状态、环境温度等。

第一，调味料的浓度调味料的浓度越大，扩散到主、辅料或半成品表面的呈味物质就越多，呈味物质就有可能被吸附得更多。

第二，烹饪原料或半成品的表面状态当调味的浓度和其他条件一定时，单位面积的吸附量是一定的。如果烹饪原料切得越薄，单位质量所具有的表面积就越大，所吸附的呈味物质也就越多。另外，当其表面比较潮湿且表面的黏性又较大时，调味料的吸附作用就较强；当其表面干燥、黏性小时，吸附作用相对就比较弱。

（三）分解或合成作用

在调味工艺中，有些调味方式是利用了分解或合成作用。

1. 分解作用

物质（包括呈味物质）在一定条件下可发生水解，生成具有味感（或味觉质量不同）的新物质。调味中常依此原理来增加和改善菜肴滋味。例如，动物性原料中的蛋白质，在加热条件下有一部分可发生水解，生成氨基酸，能突显出菜肴的鲜美本味。含淀粉丰富的原料，在加热条件下有一部分会水解，生成麦芽糖等低聚糖，可产生甜味。利用生物的作用，可使原料中某些成分（主要为糖类）分解，生成乳酸，产生一种令人愉快、刺激食欲的酸味，如泡制、腌渍蔬菜等。

2. 合成作用

在调味工艺中，合成作用的目的是形成新的、符合人体需要的食品风味。在烹制鱼时加入南酒，南酒中的氮基化合物与鱼体的胺类发生合成反应，生成氮代葡萄糖基胺，从而消除异味，达到调味的目的。同样，在烹鱼时加入醋，与鱼体中呈碱性的胺发生中和反应，也可消除异味。

二、调味工艺的基本规律和要求

调味工艺作为一种烹调技术，也有一定的基本规律和要求，作为一名烹调师必须要很好地把握。

（一）调味工艺的基本规律

1. 突出本味

"本味"指原料的自然之味，即原料本身带有的鲜美滋味。突出原料的本味，主要表现为两个方面：其一，是在处理调料与菜肴主、配料的关系时以原料鲜美本味为中心，无味者使其有味，有味者使其更美；淡者使其浓厚，味浓者使其淡薄；味美者使其突出，味异者使其消除。其二，是在处理菜肴中各种主、配料之间的关系时，突出、衬托或补充各自鲜美的滋味。

2. 注意时序

注意时序是指调和菜肴滋味要合乎时序、注意时令，根据原料的时令合理施调。各种原料都有一个盛产期，是原料食用的最佳时期，其他时期滋味稍差。因此，需要通过不同的滋味调和来弥补。由于科学技术的发展，近年来反季节蔬菜已是很常见的了，对某些传统的说法，必须重新认识。至于原料的性味，如狗肉热性，也须合乎科学，才有意义。

人们的口味常常随着季节的变化、气候的冷暖而有不同的要求。一般热天喜欢吃清淡、鲜美的菜肴；冬天则喜欢食刺激感强、浓香、味重、肥美的菜肴。这些变化，可以适当调整调味品的数量和比例来实现。因而在调味时，需结合季节、气候的变化，因时制宜地合理调味。

3. 强调适口

人的口味受诸多因素的影响，如地理环境、饮食习惯、嗜好偏爱、宗教信仰、性别差异、年龄大小、生理状态、劳动强度等，可谓千差万别。因此，菜肴的调味虽然要因人施调，以满足各种人不同的口味要求，但对于某一类人来说，在很多方面是相同的。所以，在调味时采取求大同、存小异的办法，完全可以满足众口所需。我国菜肴的各种地方风味就是在"适口"的基础上形成的。外国菜的引入、各地风味菜肴的交流，也都需要以"适口"为基础来变通。

4. 调味有度

烹饪就是要调和五味，烹制色、香、味、形、质俱佳的菜肴，不仅是为了视觉、嗅觉、味觉的享受，更是为了健身和养生，是为了祛病延年。按照养生长寿的宗旨，我国经过长期的历史沉淀，形成了"养助益充"的食物结构（五谷为养，五果为助，五畜为益，五菜为充）。明代大医学家李时珍根据阴阳理论总结归纳的五欲、五宜、五禁、五份、五过、五走，至今也极有现实意义。以"辛、甘、淡者，地之阳；酸、苦、咸者，地之阴""辛散，酸收，甘缓，苦坚，咸软"七来言味的利弊，对于调味都有很好的参考价值。

在注重阴阳论基本常识的同时，我们也要重视人们长期遵循的饮食禁忌、饮食制度、饮食须知，如进餐的规律性和定时定量，过饥过饱、时冷时热、暴饮暴食对身体的危害，偏食的弊端，烹调的卫生等。

调味要讲究有"度"。中医有以下认识。

味过于酸：酸味补肝，味过于酸，反能伤肝，引起肝气偏胜，就会克伐脾胃（土克水），导致脾胃消化功能障碍。

味过于咸：咸味补肾，味过于咸，反能伤肾，损坏骨头，还会导致肾气偏胜，就会抑遏心气（水克火），引起气短。

味过于甘：甘味补脾，味过于甘，反能伤脾，引起胃胀不适，还会克伐肾水（土克水），出现面黑。

味过于苦：苦味补心，味过于苦，反能伤心，导致心肺功能障碍（火克金）。

味过于辛：辛味补肺，味过于辛，反能伤肺，出现筋道弛缓不利（金克木），又因为肺主气，伤气可引起神伤而发生精神衰弱。

总之，五脏病各有所忌：心病禁咸，肝病禁辛，脾病禁酸，肺病禁苦，肾病禁甘。

酸伤筋，辛胜酸。苦伤气，咸胜苦。甘伤肉，酸胜甘。辛伤皮毛，苦胜辛。咸伤血，甘胜咸。

人口腔的不同味觉也会给人以不同的健康提示。

口甜：提示脾热。口咸：提示肾虚，因肾虚肾液上泛之故。口酸：是肝气上溢的征兆，多提示肝虚。口腥：肺热先兆。突然失味：老年人突然丧失味觉，是脑梗死的先兆。

（二）调味工艺的基本要求

菜肴的调味工艺，除了应注意遵循调味的规律，根据原料性状、菜肴特点和烹制方法，合理安排调味的程序和调味方法之外，还必须注意以下几点基本要求。

1. 调味料要优质多样

调味料是形成菜肴滋味的物质基础，其种类繁多，烹调时选用的调味料品质越优，调配的菜肴滋味就越醇正，变化就越丰富。因此，调味前必须要先选择必备的调味料，对调味料的要求首先要选择品牌，因为不同的厂家生产的调味料配比有所差异。第二要注意生产日期，过期的调味料，质量下降，影响调味质量。第三要熟悉各种调味料的组成成分和作用，才能做到准确调味。

2. 投料要适时、适量

适时指投放调味料的顺序正确，就是根据调味料的性质正确使用，按一定顺序投放调味料，并使主料、配料、调味料、加热等各环节密切配合，时机得当，果断地投入调味料，使菜肴滋味鲜美，达到菜肴调味要求。适量是指调味料的用量合适和比例恰当。用量合适就是根据原料的数量来确定调味料的用量多少，原料数量与投放调味料多少成正比，原料数量多，投放的调味料就多；反之，原料数量少，投放的调味料就少。比例恰当，就是根据菜肴的滋味要求来确定各种调味料之间的比例，严格控制调味料组合，保证每次调配同一种菜肴时滋味变化不大。

3. 工艺要细腻、得法

调味分为烹调前、中、后三个阶段，有腌渍法、分散法、热渗法、裹浇法、黏撒法、跟碟法六种方法，但是不同菜肴的调味需要经历不同的阶段，运用不同的方法，并且具有不同的调味工序和调味手段。有些工艺较复杂的菜肴，调味工序竟达10余个之多。因此，要做到随菜施调，同时保证各种菜肴的滋味层次分明且交融协调，特色突出。调味的手法对菜肴风味质量有一定影响。如爆炒腰花的烹制，加热时锅在火上烹醋还是端锅离火烹醋，呈味的效果是有差异的，前者醋香浓郁，有柔和的醋香，后者醋味淡，吃口酸味重。

4. 民族特色

食品调味就是使食物的味道与调味料的味道相互扩散、渗透、融合甚至相互"激发"，产生出更加美妙的味道来，使食品更具风格和特色。中国菜肴的调味可以体现出中华民族的饮食特色，还能反映出一定时代的美食风尚、造型艺术和营养科学。

第四节　火候与食品风味的关系

加热在烹制菜肴的过程中对食物的风味起着重要的决定作用。对于精妙运用火候很早以前就为人们所重视。远在两千多年前，《吕氏春秋•本味篇》中曾有"五味三材，九沸九变，火之为纪，时疾时徐，灭腥去臊除膻，必以其胜，无失其理"的记载。唐代段成式在《酉阳杂俎》中就有"物无不堪食，唯在火候，善匀五味"的论述。清朝袁枚在《随园食单》中强调："熟物之法，最重火候。"宋朝大诗人苏东坡擅长烹调，在总结烧肉经验时曾写过"慢着火，少着水，火候足时自然美"的诗句。千百年来，人们虽然认识到在烹调中应该有个"度"的把握，但由于烹饪行业传统思想的影响和我国烹饪设备发展缓慢的因素，人们只能用笼统的概念"火候"一词来记述烹调中这一短暂的过程。随着烹饪行业的发展和厨师素质的提高，手持温度计炒菜已成为现实，人们逐步认识到"火候"是烹调时火力的大小和时间长短的综合。

火候体现烹调时火力的大小和加热时间的长短与原料成熟的关系。在烹制食物时，由于原料的质地有老嫩脆韧之分，形状有大小、厚薄之别，在质感方面，菜肴又有爽脆酥烂之异，因此需要运用不同的火力和加热时间来体现食物的风味特色。

根据原料的不同性质、不同的烹调要求和食用者的喜好可灵活掌握、调整火力大小和加热时间长短的复杂变化，从而形成多种不同的食物风味特色。

同一种原料用不同的火力和不同的加热时间，就会得到色、香、味、形各不相同的风味食物。

一、火略上色

在加热时火候掌握得恰到好处，就可以使菜肴颜色鲜艳、外形美观。如虾经爆炒后变得色彩鲜红，鱼片经过滑油而洁白如玉等。此外，经创过花刀的原料，加热后会形成球形、佛手形、麦穗形、菊花形等优美的形态。在烹调中，对原料赋色、增色要通过走红、焯水进行。走红主要用于动物原料，在走红过程中通过羰氨反应、焦糖化反应来增色，而对于绿叶蔬菜增色常用焯水方法来防止褐变，同时使蔬菜颜色变得更加鲜艳、诱人。

炒糖是典型的焦糖化反应。炒糖时，锅内放入白糖翻炒，白糖在加热过程中色泽变化，白色—浅黄色—金黄色—金红色—褐红色—褐黑色。糖汁温度在105℃左右，白色的糖汁可制作挂霜菜肴，这时应及时放入原料，如果温度继续升高，则糖的颜色不白，影响菜肴质量。糖汁在呈现金黄色时，一般适用于拔丝菜。这时糖的温度在145℃左右，这时糖汁温度较高，变化速度快，应及时投入原料以迅速成菜。当糖汁温度达200℃左右时，糖本身发生了脱水和水解两种作用，颜色变成褐黑色，同时产生了焦糖的香气，形成焦糖。焦糖化反应温度高，反应速度快，关键在于掌握糖的温度，否则，焦糖的色泽就不能达到质量要求。

在用油炸方法走红过程中，我们常在原料表面涂上糖水、蜂蜜、酱油等来赋色，这主要是羰氨反应，同时也有少部分焦糖化反应，如炸鸡、肘子等的走红。这些原料在下锅前，油温应达到六七成热以上（油温在170～200℃），鸡体表的氨基酸与糖在高温下发生羰氨反应，使鸡表面呈现出枣红色，达到走红目的。只有在较高温度下，赋色才能完全。反之，温度较低，赋色不完全，菜肴色泽欠佳，影响菜肴质量。

对于挂蛋泡糊炸制的菜肴，温度应控制在130～150℃左右下锅，温度传入蛋泡糊深部可达 75～85℃，蛋白质在这个温度下适度变性，炸出的菜肴色白如雪，符合烹调要求。如果温度过低，蛋泡糊凝固速度慢，油脂大量渗入，制出菜肴含油量大，难以下咽。如果温度过高，蛋白质过分变性，色泽变黄、干硬，不符合质量要求。

对于植物类原料，我们常用焯水来防止原料发生褐变，同时，让原料本身色泽更加鲜艳。原料的酚酶对于热的敏感程度有所不同，以 70～90℃加热 7 秒就可使大部分酶失去活性，从而防止原料发生褐变，但如果加热时间过长，则会影响它们原来的风味。同时，蔬菜中的叶绿素对加热也很敏感，如在稀碱液中叶绿素可水解成色泽更鲜绿的叶绿酸、叶绿醇、甲醇，加热使水解反应更快了。

在烹制蔬菜时，应采用旺火快炒的方法，减少烹调时间，炒出的蔬菜才能色泽鲜艳，否则，菜肴易变色，如炒掐菜。

二、火候与增香

食物原料未经加热时一般没有香味，但是通过烹制，食物往往会呈现香味，诱人食欲。例如，生肉几乎没有香味，如加水烹煮到一定程度，即使不加任何调味品，也会肉香四溢；粮谷、蔬菜煮熟之后，也会有一些香气散发出来。这是因为食物原料中大都含有一些醇、酯、酚、糖类等，在受热时，一方面它们随着原料组织的分解而游离出来，另一方面它们又可以发生某些化学变化，变为某种芳香物质。所以通过加热的作用，就能使食物味香可口，增进食欲。

原料加热烹制时多可形成诱人的气味，香气除了原料本身所含的挥发性化合物（发香原子和发香团）加热产生香气挥发外，还有各种不具气味的成分（如糖、氨基酸、蛋白质）在加热时发生了相互作用，分解、聚合而形成了挥发性芳香物质，如焙烤产生的香气，是在 180℃以上加热所发生的援氢反应、焦糖化反应、油脂的分解、含硫化合物分解的产物综合而成为各种食品所特有的焙烤香气。

用油炸制食物，食物除了具有松脆口感外，也会产生诱人的香气。蔬菜、水果香气的主要成分是醛、醇、酮、挥发酸、有机酸酯、菇类化合物等。这些原料在烹制过程中香气物质易挥发，其油温的选择和控制是很重要的，既要达到可食性（内部成熟），又要具备良好的感官性状、香气和色泽。如果延长加热时间，内部达到可食性温度时，原料表面已经高温脱水炭化变黑，失去香味和光泽并产生焦苦味。如果要保持其浓郁或清淡的风味，不宜对原料进行长时间加热。

三、火候与入味品

食物往往由多种原料构成，而每一种原料都有其特有的滋味。在烹制之前各种原料的滋味都是独立存在的，但当几种原料放在一起加热时，各种原料中的呈味成分就会在高温的作用下，以水和油为载体，互相渗透，从而形成复合的美味佳肴。

例如，把栗子和鸡放在一起烧煮，鸡肉中的一些分子就会渗透到栗子里面去，栗子中的一些分子也会渗透到鸡肉中去，于是栗子含有鸡肉的味道，鸡肉又含有栗子的味道。这样，栗子和鸡都更加美味可口了。

食品的温度与其风味的产生、形成有很大关系，要使这些食品风味突出，保持这些食品的适当温度是不容忽视的。适宜的温度，使食品香气、风味充分发挥，增进人们的食欲，利于促进身体健康。现代科学证明，食品的风味除了与人的味觉、嗅觉、视觉、听觉、触觉有关外，还与人们的饮食习惯、嗜好、饥饱、心情、健康状况、气候等各种因素有关。理想的食物温度与食品风味有很大的关系，食品出售时的温度适当与否，直接影响到食品的香气、色泽、呈味。热菜的最适温度为60～65℃，冷菜的最适温度为 10℃左右。我们日常食用的米饭，入口最适温度是 42℃左右。制作的锅巴菜肴，趁热食用，最为可口。当锅巴在油锅中内部温度达到90℃以上时，捞出沥去油后入盘，由服务员将锅巴端至客人面前，加入其他辅料，温度在 70℃以上，这时客人食用温度虽然高一些，但客人边吃边谈，一会儿温度降至64～65℃时，已正是食用的最适温度，从而突出了菜肴风味。供应这些热食品，温度可比最适温度稍高一些，留有调节的余地，使人们在进食时边吃边降温，以达到最佳食用效果。

四、火候与成形

温度与食物形态也有着密切关系。在制作热制冷吃的冷菜时，菜肴要先烹调，然后冷透后才能切配装盘。如果菜肴没凉透就进行刀工处理，那么装盘后形状不平整，往往影响菜肴造型。如白斩鸡，鸡煮至断生后，入凉汤浸凉，如果没有凉透就改刀装盘，鸡皮进一步收缩，从而影响鸡的外形美观。

在制作热菜时，成菜温度必须要热，如火丝跑蛋制作好后，应及时成菜装盘上桌，以保持跑蛋形状，否则会变形缩小。在制作香菇掐菜时，一般要用旺火急速快炒成菜，然后立即上桌，否则，温度降低后，菜肴易出汤塌架，影响形态。热菜的定形菜则更需要有足够的温度，如糖醋鱼在油温170～200℃时才能炸定形。

五、火候与质感

食物的质感与温度存在着密切关系。如果食物在较高温度下长时间加热，对动物原料来说，容易引起蛋白质过度变性，使菜肴质感粗、老、干、柴。如汤爆双脆，菜肴烹制成菜后应立即上桌，否则，经过一段时间，往往咀嚼不烂，失去脆性。再如清蒸鱼（实重 750 克），在旺火沸水上蒸制，时间8～9分钟即可成菜，如果长时间蒸制，那么鱼肉会发老，质感粗硬，难以下咽。

六、火候与营养

人类饮食的目的之一是为了养生，为了使食物易于消化吸收，消灭食物中可能存在的致病菌，食物经过烹调加热能达到以上目的。一般生的烹饪原料，不论其如何新鲜，总会或多或少地带有一些致病细菌及寄生虫卵，有些还带有少量的动、植物天然毒素。这些有害因素一般都可以在烹饪加热中被杀灭或去除，保证食物的安全性。

食物原料中含有维持人体正常生理活动及机体生长所必需的蛋白质、脂肪、糖、矿物质、维生素等营养成分。可是，它们都以复杂的化合状态存在于各种原料的组织中，不易分解出来。这些原料如经过烹制加热处理，就会发生复杂的物理变化和化学变化，从而使它们的营养素分解。例如，蔬菜、谷中坚韧的细胞壁被软化，蛋白质发生了变性、凝固，淀粉被糊化、分解等。这样就减轻了人体消化器官的负担，使得食物中的营养成分更易于被消化吸收。

蔬菜在烹调加热中应采用旺火快炒方法，以减少营养损失。因为蔬菜中含有丰富的水溶性维生素，遇高温加热易破坏。动物类原料在加热过程中，应挂糊上浆以保持其营养。在较高温度下，长时间加热易发生蛋白质过度变性，影响消化吸收，如肉类在酱煮时超过 3 小时，不但营养价值差，且风味、质感都会受到影响。

第八章　调香工艺

　　调香工艺，是指运用各种呈香调料和调制手段，在调制过程中使菜肴获得令人愉快的香气的工艺过程，也称调香技术。调香工艺对菜肴风味影响仅次于调味。通过调香工艺，可以消除和掩盖某些原料的腥膻异味，如鱼类的腥味需要用食醋、黄酒等来消除，并用葱、姜等来掩盖，也可配合和突出原料的自然香气，此外，调香工艺还是确定和构成不同菜肴风味特点的因素之一。因为不同的菜肴具有不同的香型，除了原料的自然香气之外，很多是用呈香调料调和而成的，如以姜、蒜、醋、辣椒等构成的鱼香，八角、桂皮、丁香等构成的五香等。

　　调香工艺是菜肴风味调配工艺中一项独立于调味、调色和调质工艺的十分重要的基本技术。尽管有时调香与调味、调色或调质交融为一体，但绝不等于调香可由调味、调色或调质来包容代替。调香工艺具有自己的原理和方法。

第一节　嗅感及其特性

一、嗅感生理

　　嗅感（smell）是指挥发性物质刺激鼻黏膜，再传到大脑的中枢神经而产生的综合感觉。在人的鼻腔前庭部分有一块嗅感上皮区域，也叫嗅黏膜。膜上密集排列着许多嗅细胞就是嗅感受器。它由嗅纤毛、嗅小胞、细胞树突和嗅细胞体等组成。人类鼻腔每侧约有 2000 万个嗅细胞，挥发性物质的小分子在空气中扩散进入鼻腔，人们从嗅到气味到产生感觉时间很短，仅需 0.2～0.3 秒。人们的嗅觉是非常复杂的生理和心理现象，具有敏锐、易疲劳、适应与习惯等特点，嗅觉比味觉更复杂。不同的香气成分给人的感受各不相同，薄荷、菊花散发的香气使青少年思维活跃、思路清晰；玫瑰花的香气使人精神倍爽、心情舒畅；而紫罗兰和水仙花的香气能唤起美好的回忆。食品的香气给人愉快感受，能诱发食欲，增加人们对营养物质的消化吸收，唤起购买欲望。人对嗅感物质的敏感性个性差异大。若某人的嗅觉受体越多，则对气味的识别越灵敏、越正确。若缺少某种嗅觉受体，则对某些气味感觉失灵。嗅感物质的阈值也随人的身体状况变化，身体状况好，嗅觉灵敏。

由于各种食品都有复杂的化学组成，食品的嗅感物质一般都有几百种。有人用物理、化学分类法，根据气味与基本化学结构，把 600 多种气味物质分为 44 类，如花味、甜味、汗味等。有人采用心理分类法，由 180 人对 30 种物质进行嗅感评价，按各人的感觉，归纳嗅感因子，如辛香、香味、醋味等 9 种嗅感因子。因此科学分类嗅感信息，对于研究食品的香气是十分重要的。目前，研究工作中采用较多的是根据物质分子的嗅感强度分为基本特征类、综合特征类、背景特征类三大类。

基本特征类：在食品中具有占优势的嗅感，如麝香气味、尿气味是基本特征类气味。基本特征类气味有 30 多种，但目前还有很多没有确定分子结构特征。

综合特征类：一些物质不具有很强的特征嗅感，但与其他物质综合作用嗅感器官时，具有多个互不占优势的嗅感信息的复合气味。这类气味也能赋予食品风味一些特征。

背景特征类：是多种低强度嗅感的组合，信息图形非常复杂，信息结构与"噪声本底"的概念类似，对食品风味只有较小的作用。

在食品风味的研究中，掌握食品的特征性香气成分是重要的分析方法之一。

二、嗅觉的基本特性

1. 敏锐

人的嗅觉相当敏锐，一些嗅感物质即使在很低的浓度下也会感觉到。据说个别训练有素的专家能辨别 4000 种不同的气味。

2. 易疲劳、适应和习惯

人们久闻某种气味，易使嗅觉细胞产生疲劳而对该气味处于不灵敏状态，但对其他气味并未疲劳，当嗅体中枢神经由于一种气味的长期刺激而陷入反馈状态时，感觉便会受到抑制而产生适应性。另外，当人的注意力分散时会感觉不到气味，时间长些便会对该气味形成习惯。疲劳、适应和习惯这 3 种现象会共同发挥作用，很难区别。

3. 个体差异大

不同的人嗅觉差别很大，即使嗅觉敏锐的人也会因气味而异。对气味不敏感的极端情况叫嗅盲，这是由遗传产生的。

4. 阈值会随人体状况变动

当人的身体疲劳或营养不良时，会引起嗅觉功能降低，人在生病时会感到食物平淡不香，女性在月经期、妊娠期或更年期可能会发生嗅觉减退或过敏现象等。这都说明人的生理状况对嗅觉有明显影响。

第二节　香气的种类

香气的分类至今没有标准，甚至各种香气的名称还不得不借助人们所熟悉的一些有气味的物质，如肉香、鱼香、蒜香、葱香等。这是因为食物的香气并非由某一种呈香物质单独产生，而是多种呈香物质的综合反映。各种呈香物质以不同的种类和比例相互配合，就可构成不同的气味。食物的香气由多种呈香的挥发性物质组成，但含量极微，大多数属于非营养性物质，而且耐热性很差，它们的香气与其分子结构有高度的特异性。

食物中的香气成分，按其化学结构分，几乎每类化合物都有。简单的无机物如H_2S和NH_3，脂肪族有机物如醇、醚、醛、酮、羧酸、酯等，大量的糖类化合物，硫醇和硫醚及若干种杂环化合物，都是常见成分。而且任何一种食物的香气，其成分都不是单一的。由于近代色谱技术的发展，某些组成极其复杂、含量极少的成分，也能被一一鉴定识别。据初步估计，有气味的物质大约有 40 万种之多，由它们组合成的气味的种类就难以计数了。而且，食物中的各种呈香物质都含量甚微，易挥发，易变化，给深入研究带来了不少麻烦。食物的香气可以分成蔬菜的香气、水果的香气、海产品的气味、畜肉的气味、乳制品的香气、焙烤食品的香气、粮食的香气、香辛料的香气、其他发酵食品的气味几种类型。为了方便烹调实践，将烹饪原料在烹调加工中产生的主要香气简述如下。

原料在烹调加工中产生的香气，有豆酱香、果酱香、酸香、酒香、腌腊香、烟熏香等。

第一，酱香，酱品类的香气，如酱油香、豆瓣香、面酱香、腐乳香等。

第二，酸香，包括以醋酸为代表的香气（如各种食醋香）和以乳酸为代表的香气（如泡菜、腌菜香等）。

第三，酒香，以酒精为代表，各种酒精发酵制品的香气，如南酒香、米酒香、白酒香等。

第四，腌腊香，经腌制的鸡、鸭、鱼、肉等所带有的香气，如火腿香、腊香、肉香、香肠香、风鸡香、板鸭香等。

第五，烟熏香，某些物质受热生烟产生的香气，如茶叶烟香、樟叶烟香、糖烟香、油烟香等。

第六，加热香，某些原料本身没有什么香气，经加热可产生特有的香气，如煮肉香、烤肉香、煎炸香等。

各种菜肴的香气一般都是由上述各种香气以一定的种类、数量和比例，用一定的方式调和而成的。

第三节　调香工艺原理

一、调料调香的原理

调香工艺的基本原理比较复杂，调香原料的种类很多，性质各异，在调香时的作用机制也不尽相同。

1. 挥发增香

凡呈香物质都具有一定的挥发性，在空气中达到一定浓度（阈值）时，才能够引起嗅觉。浓度越大，其香气就越浓。但浓度过大，不仅不香，反而变臭。加热后可促进呈味物质的挥发，增加其香气。有的调料，如小磨香油等，所含的呈香物质挥发性较强，在常温下即可呈现浓郁的香气，可直接用于冷菜的调香。有些调料如姜、蒜等，所含的呈香物质挥发性较弱，在常温下呈现的气味并不雅，通常需要加热来改变其化学结构。还有些调料，如辣椒、胡椒粒、花椒粒等，所含呈香物质只有在一定温度下才具有挥发性，一般需将其斩（或碾）碎，再通过加热来促使其产生香气。烹调加工中，成菜后趁热撒上葱花、胡椒粉、花椒面等，或者淋浇热油，均是挥发增香原理的应用。

2. 吸附带香

呈香调料在加热中可挥发出大量的呈香物质。这些呈香物质中部分可被油脂及原料表面所吸附，达到使菜肴带有其香气的目的。应用吸附带香原理的调香，主要有如下两种形式：一是炝锅，即用少量的热油焗炒葱、姜、蒜等。炝锅时，调料中挥发出的呈香物质，一部分挥发掉了，而有一部分则被油脂所吸附，当下入原料烹炒时，吸附了呈香物质的油脂便裹附于原料表面，使菜肴带香。二是熏制，即将食糖、木屑、花生壳、茶叶、香树叶等作为熏料，加热使熏料冒烟。熏烟中带有大量的呈香物质，其中一部分会被所熏制的原料表面吸附，从而使菜肴带有烟熏的香气。

3. 扩散入香

呈香物质多具有脂溶性，因此能够为油脂所吸附。炝锅后，吸附有呈香物质的油脂，在较长时间的熏制过程中可渗透到原料的内部去，使其具有香味。水烹时，直接将呈香调料加入，呈香物质便会以油（包括调料本身含有的精油）作载体，从调料中溶出，逐渐扩散到汤汁的各个部分，同时也渗透到原料之中，使其入香。蓉胶制品的调香，也常是先将葱、姜等拍松，用水（或南酒水）浸泡让其呈香物质溶出，再用含有呈香物质的水来调制蓉胶，这样制作的蓉胶类菜肴，闻葱、姜之香，不见葱、姜之物。多种原料混合烹制，各种原料的香气也依此原理相互扩散、交融。

4. 酯化生香

酯化是在一定条件下，醇分子和有机酸分子发生的脱水缩合反应，其产物为酯。调香中主要是食醋中的醋酸与南酒中的乙醇（酒精）之间的酯化，生成的乙酸乙酯具有香气。当然，使用食醋和南酒调香，所形成的香气也包括食醋和南酒本身带有的呈香物质。

5. 中和除腥

鱼是常用的烹饪原料，但其带有令人不愉快的腥气，尤其是新鲜度下降的鱼。消除其腥气是鱼类菜调香的内容之一。常用的除腥法是加入食醋，因为鱼腥成分中多为弱碱性物质，当与醋酸接触时便会发生中和反应，生成盐类，可使腥气大为减弱。但单纯的中和除腥往往效果不够理想，实际操作时常常还要加南酒辅助，南酒中的酒精可降低腥气成分的气体分压力，其剩余腥气可在加热时挥发除去。

6. 掩盖异味第

有些带有腥、膻、臊等异味的原料，有时用摘除异味部分或焯水、过油、三中和等方法也难以奏效，而必须采用浓香的调料来予以掩盖，以压抑原料的异尊味。香辛料的气味对于抑制肉类特有的异味效果比较明显，常用的有葱、姜、调蒜、胡椒、花椒、辣椒、八角、桂皮、丁香等，食醋、南酒、酱油等也可作辅|助。鱼腥的掩盖主要用食醋、南酒、香葱、生姜等。

二、热变生香的原理

很多菜肴原料在烹制过程中都会产生一些生料所没有的香气，如烧炒蔬菜之香、烹煮肉品之香、油炸菜肴之香、焙烤制品之香等。这些香气与调料香气相配合，是形成菜肴风味的重要途径。以其生香机制来看，主要为这些香气前体的氧化还原、受热分解，以及焦糖化作用和洗氨及其中间产物的降解等。

1. 烧炒蔬菜香的形成

烧炒各种蔬菜时，都会有不同量的多种呈香物质生成，如甲硫醇、乙醛、乙硫醚、丙硫醇、甲醇、硫化氢等。不同的蔬菜所生成的呈香物质组成不同，故而产生热香的差异。十字花科蔬菜和各种植物种子以二甲硫酸较多，一般由甲硫基丙氨酸等分解所得。葱、蒜类以丙硫醇占优，通常由二丙硫酸还原而成。加热适度，蔬菜才能形成特有的风味，如果加热时间过长，则呈香物质大量挥发，会减弱蔬菜的热香气味。

2. 烹煮肉品香的形成

畜禽肉经炖煮、烧、烤会产生美好的香气，它是由多种基化合物、醇、内酯、咲喃、毗嗪、含硫化合物等组成的。其前体为水溶性抽提物中含有的氨基酸、肽、核酸、糖类、脂类等。它们在加热过程中生成多种呈香物质，构成加热肉的香气。其生香途径主要有 3 个：即脂肪的自动氧化、水解、脱水等反应；糖和氨基化合物的羰氨反应等；羰氨反应及斯特累克尔降解反应的中间产物之间的相互反应。不同肉类产生的各种热香中，其主体成分除羰基化合物之外，还有一些含硫化合物及含侧链的 $C_9 \sim C_{10}$ 不饱和脂肪酸，因此，热香特别。鸡肉热香主要由残基化合物和含硫化合物构成，尤其是后者，常使鸡肉汤具有轻微的硫化合物气味。

3. 油炸菜肴香的形成

用油煎、炸制成的菜肴，除了具有松脆的口感之外，还会具有独特的诱人香气。其香气的形成，除了原料成分在高温下的各种变化之外，还有煎炸油本身的自动氧化、水解、分解的作用。油脂变化的产物主要为多种羰基化合物，这些产物自身可参加构成菜肴的煎炸香气，同时可与原料中的氨基化合物反应，生成多种其他的呈香物质，以形成煎炸菜肴之香。用不同的油脂煎炸同一原料可获得不同的香气，这主要与各油脂的脂肪酸组成不同和所含风味成分不同有关。

4. 焙烤制品香的形成

焙烤香气主要是在加热过程中原料表面发生的羰氨反应、焦糖化反应，以及油脂氧化分解和一些含硫化合物的分解等作用，所生成的各种呈香物质综合而成，主要与吡嗪有关。不同的原料，化学组成不同，所形成的焙烤香气便有所不同。

第四节　调香方法

一、调香工艺的阶段和层次

菜肴的调香工艺也分加热前调香、加热中调香和加热后调香二个阶段。各阶段的调香作用及方法均有所不同，从而使菜肴的香呈现出层次感。

（一）调香阶段

1. 原料加热前的调香

原料在加热前多采用腌渍的方法来调香，有时也采用生熏法，其作用有两个：一是清除原料异味，二是给予原料一定的香气。其中前者是主要的。

2. 原料加热中的调香

此阶段是确定菜肴香型的主要阶段，可根据需要采用加热调香的各种方法。其作用有两个：一是原料受热变化生成香气，二是用调料补充并调和香气。水烹过程中的调香，可以在加热中加入调香料。汽烹过程中的调香，则需要在蒸制前用调香料腌渍一下，也可以将调香料置于原料之上一起加热。干热烹制的调香，主要是原料自身受热变化的生香。

加热过程中的调香，香料的投放时机很重要。一般香气挥发性较强的，如香葱、胡椒粉、花椒面、小磨香油等，需要在菜肴起锅前放入，才能保证浓香。香气挥发性较差的，如生姜、干辣椒、花椒粒、八角、桂皮等，需要在加热开始就投入，有足够时间使其香气挥发出来，并渗入到原料之中，此外，还可以根据用途的不同灵活掌握。

3. 原料加热后的调香

原料在加工后常采用的调香方法是在菜肴盛装时或装后淋小磨香油，或者撒一些香葱、香菜、蒜泥、胡椒粉、花椒面等，或者将香料置于菜上，继而淋以热油，或者跟味碟随菜上桌。调香主要是补充菜肴香气之不足或者完善菜肴的风味。

（二）调香工艺的层次调

从闻到菜肴香气开始，到菜肴入口咀嚼，最后经咽喉吞入都可以感觉到菜香的存在。我们可以依此顺序，将一份菜肴中的香划分为以下 3 个层次。

1. 先入之香

先入之香是第一层次的香，即菜肴——上桌还未入口就闻到的香，它由菜肴中一些呈味物质构成。主要为加热后的调香所确定。先入之香的浓淡，在香料种类确定之后，主要决定于香料用量多少和菜肴温度的高低。用量越多，温度越高，香气就越浓；反之，用量越少，温度越低，香气则越淡。一般热菜的香气比冷菜要浓。

2. 入口之香

入口之香为第二层次的香，即菜肴入口之后还未咀嚼之前，人们所感到的菜肴之香。它是香气和香味的综合，其香气较之"先入之香"更浓，还有呈香物质从口腔进入鼻腔，更增浓了香气。入口之香对于有汤汁的菜肴，主要由炝锅或中途加入香料时溶解于汤汁的呈香物质和主、配料中溶出的呈香物质所构成。对于无汤汁的菜肴，则主要由原料表面带有的（包括吸附的）各种呈香物质构成。不论热菜和冷菜香气都应比较浓郁，因为它是菜肴香韵的关键。

3. 咀嚼之香

咀嚼之香为第三层次的香，即在咀嚼过程中感觉到的香味。它一般由菜肴原料的本香和热香物质，以及渗入到原料内的其他呈香物质（包括调料和其他主、配料的呈香物质）所构成，其中以原料的本香和热香为主。咀嚼之香对菜肴的味感影响较大，自身又受着菜肴质地的作用，是香、味、质三者融为一体的感觉。它的好坏与原料的新鲜度和异味的清除程度密切相关。

对于菜肴香气和香味的层次划分，是为了从菜肴呈香的角度，更进一步地认识菜肴的调香。菜肴香气的 3 个层次虽然存在，但是在食用时，它们之间并没有绝对的界线，而是彼此交错、重叠，并连续平滑过渡的。在调香时，根据原料的性状和菜肴的要求，正确选用香料，合理运用调香方法，并与调味和烹制默契配合，才能使菜肴的香味协调统一，又富于层次感。层次感强的菜肴，才能充分激发起食用者嗅觉神经的兴奋，使食者感觉到菜肴香的自然、和谐，在物质享受的同时得到美好的精神享受。

二、调香的方法

主要是指利用调料来消除和掩盖原料异味，配合和突出原料香气，调和并形成菜肴风味的操作手段。其种类较多，主要有以下几种。

1. 抑臭调香法

抑臭调香法是指运用一定的调料和适当的手段，消除、减弱或掩盖原料带有的不良气味，同时突出并赋予原料香气。其具体操作方式主要有3种：一种是将有异味的原料经一定处理后，酌加调料（如食盐、食醋、南酒、生姜、香葱等），拌匀或抹匀后腌渍一段时间（动物内脏常用揉洗的方法），使调料中的有关成分吸附于原料表面，渗透到原料之中，与其异味成分充分作用，再通过焯水、过油或正式烹制，使异味成分得以挥发除去，此法使用范围很广，兼有入味、增香、助色的作用，在调香工艺中经常使用。另一种是在原料烹制的过程中，加入某些调料（如食盐、南酒、香葱、胡椒、花椒、大蒜等）同烹，以除去原料异味，并增加菜肴香气。此法适用于调制异味较轻的原料及作为前一种方法的补充。还有一种是在原料烹调成菜后，加入带有浓香气味的调料（主要为香葱、蒜泥、胡椒粉、花椒面、小磨香油等），以掩盖原料的轻微异味，此法仍是补充调香、构成菜肴风味的手段。

2. 加热调香法

加热调香法就是借助热力的作用使调料的香气大量挥发，并与原料的木香、热香相交融，形成浓郁香气的调香方法。调料中呈香物质在加热时迅速挥发出来，可溶解在汤汁中，或渗入到原料中，或吸附在原料表面，或直接从菜肴中散发出来，从而使菜肴带有香气。此法在调香工艺中运用广，几乎各种菜肴都离不了它。加热调香法有几种具体操作形式：一是炝锅助香，加热使调料香气挥发，并为油所吸附，以利菜肴调香；二是加热入香，在煮制、炸制、烤制、蒸制时，通过热力使香气向原料内层渗透；三是热力促香，在菜肴起锅前或起锅后，趁热淋浇或黏撒呈香调料，或者菜肴倒入烧红的铁板内，借助热力来产生浓香；四是酯化增香，在较高温度下，促进醇和酸的酯化，以增加菜肴香气。广义上，加热调香还应包括原料本身受热变化形成香气。

3. 封闭调香法

封闭调香法属于加热调香法的一种辅助手段。调香时，呈香物质受热挥发，大量的在烹制过程中散失掉了，存留在菜肴中的只是一小部分，加热时间越长，散失越严重。为了防止香气在烹制过程中严重散失，将原料保持在封闭条件下加热，临吃时启开，可获得非常浓郁的香气，这就是封闭调香法。烹调加工中常用的封闭调香手段有：容器密封，如加盖并封口烹制的汽锅炖、瓦罐煨、竹筒烤等；泥土密封，如制作叫花鸡等；纸包密封，如制作纸包鸡、纸包虾等；面层密封，制作菜肴时可代替泥土密封；浆糊密封，上浆挂糊除了具有调味、增嫩等作用外，还具有封闭调香的功能；原料密封，如荷包鱼、八宝鸭、烤鸭等。

4. 烟熏调香法

烟熏调香法是一种特殊的调香方法，常以樟木屑、花生壳、茶叶、谷草、柏树叶、锅巴屑、食糖等作熏料，把熏料加热至冒浓烟，产生浓烈的烟香气味，使烟香物质与被熏原料接触，并被吸附在原料表面，有一部分还会渗入到原料表层之中去，使原料带有较浓的烟熏味。烟熏有冷熏和热熏两种，冷熏温度不超过22℃，所需时间较长，但烟熏气味渗入较深，比较浓厚；热熏温度一般在80℃左右，所需时间较短，烟熏气味仅限于原料表面。烹调加工常用的是热熏，如制作樟茶鸭等。按熏制时原料的生熟与否，烟熏还有生熏与熟熏之分。

第九章　简单复合调味类型

　　食品中具有一定规格性能特征、相对稳定而约定俗成的味觉、嗅觉组合类型叫味型。味型是食品给予人的某种特色性味、嗅综合感受，是千百年来人类饮食审美的主要对象之一。对味型的设计与加工虽具有极大的随机性，但还是具有一定规律性的。根据调味类型，味型有简单复合调味类型和多重复合调味类型两大类。

　　通常将增强或者辅助主料风味的味型称为简单复合调味类型。这类味型具有新鲜清淡的风格。调味品用量较少，仅达到助鲜起香的目的。虽用香辛料却用量极少，微带刺激，提携出主原料的完美风味，以咸、鲜、甜为主调，注重简单复合，主要包括咸鲜味型、咸甜味型、甜酸味型、咸酸味型、甜香味型、咸香味型六种类型。

　　味型模式仅是各类味型中一些具特色的典型模式，只能反映中国烹饪工艺在调味工艺中的基本内容，不可能反映调味的全部内容。在生产实践过程中，对各模式味型所投料的比例，由于个人、地域、所选原料等复杂因素，而具有较多的随机性，即从实际出发，配比浓度可轻可重。中国烹饪虽然讲求变化，但如果在生产中没有一个基本的调味配比作为参考，既不便于掌握，同时，其调味的准确性是有欠缺的，也不利于菜肴质量的控制。本书所列各味型的调味品种及配比，目的是便于大家掌握该调味类型的特点、制作方法，并通过典型菜例来加以说明，以期对读者的生产实践有所帮助。

第一节　咸鲜味型

　　咸鲜味在热菜中的运用十分广泛，有突出本味，清爽咸鲜的风味特点，以精盐、味精、胡椒粉、糖、南酒、香油、姜、葱等调味品为主进行调味。咸鲜味主要是表现原料的本身原味，调味的关键是控制咸味的浓度。在所有的调料中，盐起着关键定味的作用，味精提鲜，香油增香，胡椒、姜、葱可以去腥，糖起到中和的作用，酱油起助味的作用，但是糖的用量不宜过大。具体操作应根据不同的情况来操作。

对炒、熘、爆等烹调方法的菜肴，应先用盐、南酒等给原料码上基础味，另用盐、胡椒粉、味精、南酒加入湿淀粉兑成滋汁，将姜、葱和原料下锅炒，当原料断生时烹入调好的汁，收汁亮油起锅。

一、芡汤汁

芡汤味是近年来热菜烹调的常用味型之一，使用范围广泛。一般用于菜肴保色，突出原料本身鲜美味道的烹制。成品具有鲜咸醇和、洁白清亮的特点，多用于水产类、海鲜类、蔬菜类原料的制作，适用于炒、爆等烹调方法。

【调味配比】上汤 30 克，精盐 2 克，味精 1 克，鸡精 1 克，白糖 0.5 克，胡椒粉、香油各 0.2 克，淀粉 4 克（以 200 克净料计）。

【制作方法】锅内加入上汤，依次将上述各种调味料加入烧开，撇去浮沫即可。

【适用范围】清炒蔬菜类、滑熘滑炒类菜肴。

【风味特点】鲜咸醇和，洁白清澈。

【注意事项】要根据原料的多少掌握芡汤的用量，以免口味过轻或过重。

二、香糟汁

香糟味是新潮热菜的味型之并被广大食客接受。以糟卤为主要调味料，将原料（多用于动物性原料，包括蛋类，也可用于豆制品和少数蔬菜）腌、浸、渍成菜，其适用的烹调方法有糟熘、糟炒、糟烩、糟蒸、糟煎。香糟风味菜因其糟香浓郁、咸鲜适口、色泽淡雅、清淡醇香而受到人们的青睐，四季皆宜，夏秋为佳。最常用的是用黄酒糟制成的糟卤，这种糟卤可制作冷菜，也可制作热菜。

【调味配比】香糟 50 克，冰糖 18 克，桂花酱 20 克，南酒 100 克，味精 3 克，清汤 400 克，精盐 4 克（以 400 克净料计）。

【制作方法】将香糟洗净压碎，以南酒泡开，下入精盐、冰糖、味精、桂花酱、清汤调好，放入盛器拌匀，用保鲜膜封口，入冰箱浸泡 10 小时后，放入三角布袋中吊起，滤取其汁即为吊糟卤。开始滴时糟卤有些混浊，可倒回袋中重新过滤，待汤汁清澈后装入盛器中，放入冰箱（因其有黄酒成分，遇热容易发酸，所以必须放入冰箱），随用随取即可。

【适用范围】以鱼类、肉类、蔬菜等原料为主，在突出原料本身鲜美滋味的同时，衬托出香糟的清淡醇香。

【风味特点】糟香、酒香、酸香浓郁，色泽棕红，风味独特。

【注意事项】

①吊好的香糟要入冰箱保存，以防遇热容易生酸。

②香糟有挥发性，加热时香气易挥发，加热时间要短。

三、坛烧金汤汁

坛烧金汤汁是新潮闽菜的复合味之一，使用广泛，具有鲜香突出、汤汁浓稠、鲜咸醇和、口味清淡的特点，适合烧、炖等长时间加热的烹调方法。

【调味配比】浓汤1500克，绍兴花雕酒100克，老抽25克，八角2个，陈皮15克，精盐10克，鸡粉30克，味精5克，红曲米30克（以400克净料计）。

【制作方法】把八角、陈皮放入浓汤中用小火熬出香味，加入精盐、鸡粉调出基本味，在加热过程中用手勺不断搅动，倒入花雕酒、老抽调好口味，用红曲米水调色，捞出香料、加入味精即可。

【适用范围】适用于高档海味料及其干货类原料，抑腥扬鲜，汤料融洽。在秋冬季节食用金汤汁最佳，具有滋补的功效。

【风味特点】色如女儿红，酒香味鲜咸醇厚，汤汁浓稠。

【注意事项】盛装金汤汁的器皿要具有保温性能强、传热性能慢等特性，器皿要古朴典雅。烹制坛烧金汤汁菜肴一般现食现做，如果存放时间较长，容易出现澹汤现象。

四、果木烧鸡汁

果木烧鸡汁是新潮菜肴的复合味之一，具有鲜香突出、汤汁浓稠、鲜咸醇和、口味清淡的特点，适合烧、炖等长时间加热的烹调方法。

【调味配比】临沂八宝豆豉100克，香叶5克，八角10克，花椒15克，桂皮10克，葱姜各15克，生抽50克，老抽5克，白糖20克，鸡粉20克，盐15克，高汤1000克，南酒10克，带根的香菜段8克（以400克净料计）。

【制作方法】锅内加入高汤烧开，加入八宝豆豉、香叶、八角、花椒、桂皮、葱姜、香菜用小火慢慢加热，熬制出味道时捞净残料，然后烹入生抽，加入白糖、鸡粉、盐、南酒烧开，调好口味，添入老抽正色即可。

【适用范围】适宜烹制家禽及野味类原料，此味适合北方人的口味，酱香味浓，适用于烧、熘等菜肴的烹制。不适合海鲜原料的制作。

【风味特点】豉味浓厚，味重，有果木香，色深红。

【注意事项】豆豉与香料的搭配比例要合理，突出主味，在加热时要注意加热的时间，盐的用量尽量要少，通过增加生抽、豆豉的用量来增强味汁的咸味。咸味是基本的味道，不可缺少。

五、养生海参汤

养生海参汤是新潮鲁菜的复合味之一，具有鲜香突出、鲜咸醇和、口味清淡、滋补养颜的特点，适合煨、炖、制汤等长时间加热的烹调方法。

【调味配比】鲜活海参 5000 克，干海苔 100 克，香菜末 50 克，香葱末 50 克，精盐 30 克，鸡粉 100 克，纯净水 2500 克。

【制作方法】海参去内脏洗净，用开水焯一下控尽水，放在不锈钢盆中，加入纯净水（用量是海参的一半）上笼蒸约 90 分钟取出。留汤去料，放入锅中加入海苔、精盐、鸡粉烧开调好口味，撇净浮沫，撒上香菜末、香葱末即可。

【适用范围】此汤汁宜与鲜味足、无异味的原料烹调，可以与多种复合调味料搭配，调制出以咸鲜味为基础的多种滋味。体弱多病及自身免疫力差者，常喝具有明显的食疗功效。

【风味特点】汤澈色蓝，海鲜味足，常食养颜抑咳。

【注意事项】选用的海参必须鲜活且无杂质，加热过程中一定要密封好再蒸制，防止其他异味与蒸偏水的掺入。蒸海参的水最好是纯净水。盐、鸡粉是辅助味，用量不可过多。

六、酱皇（XO 酱）

酱皇是新潮港、粤菜肴的复合味之一，具有鲜咸醇和、鲜香突出、口味清淡的特点，适合炒、爆等短时间、快速加热的烹调方法。

【调味配比】虾米 1300 克，带肥火腿粒 1300 克，虾子 150 克，江瑶柱（即干贝）500 克，大地鱼末 150 克，咸鱼粒 300 克，野椒粒 100 克，辣椒粉 250 克，蒜蓉、干葱蓉各 900 克，红油 200 克，生抽 300 克，糖 500 克，味精 300 克，鸡精 300 克，植物油 3000 克（以 2000 克净料计）。

【制作方法】锅内放入油，依次将蒜蓉、干葱蓉、江瑶柱、虾米、火腿粒等炸至干香后，再放入其他调料边加热边搅拌均匀，开锅后小火熬 10 分钟即可。

【适用范围】适用于蔬菜、海鲜、禽畜类原料等菜肴的烹制。

【风味特点】咸鲜干香，微有辣味。

【注意事项】炸制蒜蓉等原料时要掌握好火候，以免影响口感；熬制过程中要边加热边搅拌。

七、味皇粉

【调味配比】干贝 250 克，大虾米 250 克，胡椒粉 50 克，干鱿鱼 250 克，虾子 250 克，肥鸡脯肉 1000 克，金华火腿 250 克，香葱 75 克，生姜 100 克，南酒 150 克，精盐 50 克，味精 25 克，鸡精 25 克，色拉油适量（以 5000 克净料计）。

【制作方法】

①把干贝、大虾米、干鱿鱼、虾子放入烤箱中，用 150℃左右温度烤 30 分钟，至各种原料色金黄、质香酥时盛出晾凉，然后打成粉末。

②将鸡脯肉、金华火腿均切成细蓉，入热油中炒至干香，捞出沥干油备用。生

姜切末，香葱切末。

③锅内留适量油烧热，焗香姜末，烹入南酒，把上述加工好的原料倒入，加入盐、味精、鸡精、胡椒粉掺拌均匀，用小火炒香即可。

【适用范围】适用于各种菜肴或馅心的调料。也可作味碟。一般用于炸、煎等技法烹制的菜肴。

【风味特点】干香鲜咸，色泽金黄。

【注意事项】在用烤箱烤制原料时，其烤制的火候及时间非常关键。注意色拉油的用量，宁少勿多，以防各种原料吸油过多，其质地不够松散。

八、酱皇汁

酱皇汁是新潮菜肴的复合味之一，具有鲜香突出、鲜咸醇和的特点，适合于炒、爆等短时间、快速加热的烹调方法。

【调味配比】XO 酱 20 克，清汤 250 克，蚝油 15 克，腐乳 20 克，美极鲜酱油 15 克，万字酱油 5 克，葱油 25 克，白糖 8 克（以 200 克净料计）。

【制作方法】炒锅上火，加葱油，掺入清汤烧沸，下入白糖、蚝油、腐乳、美极鲜酱油、万字酱油、XO 酱等调匀，小火加热 5 分钟即可。

【适用范围】适用于禽类及小海鲜菜肴的烹制。

【风味特点】海鲜味浓。

【注意事项】要根据原料的质量和数量确定汁水的用量。

九、鱼酱

鱼酱是黔东南苗族侗族自治州雷山县永乐区的传统调味品，又名永乐鱼酱或糟辣鱼酱，是一种烹饪汤菜及火锅、豆腐的高级佐料，味极鲜美，有鱼香味浓郁、芳香四溢、帮助消化、增进食欲、肥而不腻的特点。

【调味配比】杂鱼 1000 克，糯米酒 400 克，精盐 150 克，鲜红辣椒 500 克，生姜 100 克，大蒜头 100 克，鲜花椒 30 克，小茴香末 10 克（以 2000 克净料计）。

【制作方法】取鲜活细杂鱼用清水喂养一天，使其吐净脏物后捞出，沥干水分，加入糯米酒、精盐拌匀，装入坛内腌渍 30 天。将洗净晾干水分的鲜红辣椒、生姜、大蒜头剁成碎块，放入大盆内，加精盐、糯米酒、鲜花椒、小茴香末拌匀，然后把腌渍好的鱼和汁倒入搅拌均匀，再装入坛内，注入坛盘水密封，约两个月后取出，用搅拌机搅成蓉即成。

【适用范围】适用于制作汤菜、火锅等菜肴。可用来烹调制作鱼类、肉类

【风味特点】咸鲜带有清香。

【注意事项】鱼酱应置于通风干燥处保存，可久放不坏，且越陈越香。

十、鱼味汁

鱼味汁是新潮菜肴的复合味之一，具有鲜香突出、鲜咸醇和的特点，适合于蒸、白灼等短时间、快速加热的烹调方法。

【调味配比】泡辣椒 100 克，植物油 30 克，鱼露 30 克，白砂糖 20 克，香醋 20 克，大葱 35 克，鲜姜 10 克，食盐 8 克，味精 5 克，清水 100 克（以 2000 克净料计）。

【制作方法】

①大葱去掉表皮，洗净切碎；鲜姜洗净，去掉表皮及软烂部分，用水冲洗干净，控干水分、切碎；泡辣椒切碎。

②将白砂糖、鱼露、食盐、味精混合，加入 100 克清水，加热至沸，倒入香醋，搅拌均匀，充分溶解成调味汁备用。

③植物油加热至油温在四成热时，倒入切碎的泡辣椒、鲜姜、大葱炒出香味，起锅倒入调味汁中，搅匀即可。

【适用范围】荤素原料均可用此调味，可抑制原料的本身原味。

【风味特点】色泽红润，鱼味香浓，香辣鲜咸。

【注意事项】若无泡辣椒可用辣椒代替。

十一、八宝酱

八宝酱是新潮菜肴的复合味之一，具有色泽红亮、酱香浓郁的特点，适合于烧、酱等长时间加热的烹调方法。

【调味配比】甜面酱 50 克，冬笋 10 克，水发香菇 10 克，砂仁粉 5 克，沙姜粉 2 克，陈皮末 10 克，酱瓜 20 克，松仁 10 克，原汁酱油 15 克，白糖 5 克，精盐 2 克，味精 1 克，鸡粉 2 克，葱、蒜末各 5 克，色拉油 80 克（以 1000 克净料计）。

【制作方法】

①水发香菇、冬笋用刀切成细粒，松仁用油炸酥后研成粉末状，酱瓜改刀成米粒状。

②锅内放入色拉油少许，烧热后放入葱、蒜末、甜面酱炒出香味，再放入冬笋粒、香菇粒、酱瓜粒炒一会儿，再加入酱油、白糖、精盐、味精、鸡粉调好滋味，最后加入砂仁粉、沙姜粉、陈皮末和松仁末炒匀即可。

【适用范围】适用于家禽、家畜的内脏及牛、羊类腥味比较大的原料，多用于炒、烧、熘、熬等烹调技法。

【风味特点】色泽红亮，酱香浓郁，去腥解腻，诱人食欲。

【注意事项】在调制此酱时要注意各种调味品放入的次序及其它们之间的比例

搭配，在运用火候上，一般采用小火慢炒，以防炒煳。

十二、千里酱

千里酱是新潮菜肴的复合味之一，具有色泽红亮、酱香浓郁的特点，适合于烧、扒、酱等长时间加热的烹调方法。

【调味配比】甜面酱 500 克，熟芝麻 100 克，沙姜粉 50 克，杏仁 25 克，砂仁粉 25 克，陈皮粉 40 克，花椒末 25 克，白糖 25 克，精盐 5 克，味精 2 克，原汁酱油 100 克，色拉油 200 克（以 1000 克净料计）。

【制作方法】将熟芝麻研制成粉，杏仁用油炸成金黄色，再研制成粉末状。锅内放入适量油，烧热后放入甜面酱炒制，待出酱香味时烹入酱油，加入白糖、精盐、味精调和好滋味，再烧开，然后放入芝麻粉、沙姜粉、杏仁粉、砂仁粉、陈皮粉、花椒末搅和均匀即成。

【适用范围】适用于鸡、鸭等家禽及野禽类原料和海鲜类原料，多用于炸、熘、烧、扒等烹调技法。

【风味特点】营养丰富，咸鲜麻香，药料味适口。

【注意事项】掌握稀稠度是关键，各种粉末料既要炒出香味，又要防止炒煳。此酱可以长时间存放，在放置过程中注意防止生水溅入。

十三、虾乳汁

【调味配比】虾油 200 克，姜末 50 克，香菜末 50 克，洋葱油 50 克，生抽 30 克，酱油 20 克，鸡粉 10 克，白糖 40 克，上汤 100 克，南酒 25 克（以 1000 克净料计）。

【制作方法】锅内加入洋葱油烧热，下姜末焗香，烹入酱油、生抽、南酒，加入上汤烧开，改用小火慢慢加热约 10 分钟，调入鸡粉、白糖，淋入虾油，撒上香菜末即可。

【适用范围】适用于豆制品、笋等及菌类原料的烹制，一般将加工成熟的原料放入虾乳汁中加以浸泡即可。此汁应用的范围比较广泛。

【风味特点】口味咸香，鲜味独特。

【注意事项】用此汁浸泡的原料一般加工成较小的形状，如丁、条、片等。此汁富含油质，很容易变馊，应定期加热或入冰箱冷藏。

十四、明炉鱼汁

【调味配比】香茅 10 克，姜 20 克，酸梅 10 克，盐 5 克，味精 3 克，南酒 8 克，辣椒 5 克，香菜 5 克，酸梅酱 1500 克，醋 100 克，葱头 50 克，辣椒粒 5 克，青柠汁 1000 克，蒜仁 100 克，白糖 150 克，上汤 2000 克，色拉油适量（以 1000 克净料计）。

【制作方法】

①将蒜仁、葱头切成末，姜切成片，辣椒切成丝，香菜切成末。

②锅内放入油，将蒜末、葱头、姜片、辣椒丝爆出香味，加入上汤，调入盐、味精、南酒，加入香茅、酸梅、酸梅酱、白糖、青柠汁烧开后离火，淋醋、撒香菜末和辣椒粒即可。

【适用范围】适合制作明炉菜肴，主要用来烹制鱼类、禽畜类原料。

【风味特点】鲜咸味，兼有酸和微辣，极其开胃。

【注意事项】醋有挥发性，应在烹调后期加入。

十五、韭香铁板汁

【调味配比】韭花酱200克，海鲜酱50克，酸梅酱50克，花生酱15克，生抽20克，鸡粉5克，上汤50克，香油2克，熟芝麻2克，花生油20克（以500克净料计）。

【制作方法】先将花生酱用上汤海开，然后依次加入韭花酱、海鲜酱、酸梅酱搅拌均匀，调入生抽、鸡粉、香油、熟芝麻，搅拌均匀即可。花生油20克用于淋浇在烧热的铁板上。

【适用范围】适于铁板类、砂煲、锅仔等菜肴。

【风味特点】韭香浓郁，鲜咸微甜，带酸味，口味适中。

【注意事项】调制好的铁板汁浓稠度以均匀挂住原料为最佳。烧热的铁板淋浇的油，主要是花生油或橄榄油，味道醇厚，芳香四溢。为防止铁板汁粘糊在铁板上，需要放置适量的洋葱丝或葱段垫于铁板之上。

十六、豉香汁

豉香汁是热菜的一种新型复合味，豆豉按原料分有"黑豆豆豉"和"黄豆豆豉"两种。以黑褐色或黄褐色、鲜美可口、咸淡适中、回甜化渣、具豆豉特有豉香气者为佳。豆豉还以其特有的香气使人增加食欲，促进吸收。

在粤菜与港菜中使用广泛，特别是在当前一些高中档酒楼和餐馆中运用十分广泛，在调味品的运用上以突出豉香味为主。

【调味配比】豆豉末300克，蒜泥110克，姜末90克，汤水1200克，老抽150克，白砂糖75克，鸡精8克，味精4克，黑胡椒粉4克，洋葱油20克，香菜末200克，湿淀粉25克，花生油20克。

【制作方法】将花生油入锅烧热，下入豆豉末、蒜泥炒香，再加入汤水和姜末炒匀，然后加入老抽、白砂糖、味精、鸡精、黑胡椒粉烧开，湿淀粉勾芡，撒入香菜末，淋入洋葱油即可。

注：洋葱油是将 500 克洋葱切碎，加入 1000 克油中，用小火加热 40 分钟即成。

【适用范围】适用于海鲜类、水产类、禽蛋类原料菜肴。由于豉香汁讲究新鲜味浓，以自制使用为佳。

【风味特点】色泽淡黑，清香扑鼻，味道咸鲜，回味醇和，略带微辣。

【注意事项】

①豆豉用陶瓷器皿密封盛装为宜。可保存较长时间，香气不易散发。

②忌溅入生水，以防豆豉发霉变质。

十七、韭菜花汁

韭菜花汁是以韭花酱为主进行调味的一种复合味，韭菜花香、味鲜而留芳齿颊，能增进食欲，韭菜花的香气和韭花酱的咸味是构成韭菜花汁的呈味主体。

【调味配比】腌韭菜花酱 50 克，香菜蓉 15 克，姜、蒜蓉各 15 克，葱花 8 克，韭菜花汁 25 克，鲜目鱼 200 克，青椒、红椒片各 25 克，笋片 15 克，蒜蓉 5 克，姜片 5 克，姜汁 3 克，南酒 5 克，盐 2 克，湿淀粉 15 克，香油 3 克，胡椒粉 1 克，清汤 20 克。

【制作方法】

①鲜目鱼去软骨和墨囊，撕除外膜，洗净，削上荔枝花刀，切成小块，加入姜汁、南酒、盐腌拌均匀，腌 15 分钟，放入沸水中烫至卷起，取出过冷水，备用。

②将锅烧热下入油，爆香姜片、蒜蓉，下入笋片、青椒片、红椒片，急速拌炒，烹入南酒，放入韭菜花汁、香油、胡椒粉、清汤，拌匀芡汁料勾芡，裹匀装盘。

十八、泰国虾酱

泰国虾酱是新潮菜肴的复合味之一，具有咸鲜微辣而爽口的特点，适合于煎、炒等短时间加热的烹调方法。

【调味配比】小虾皮 25 克，海米 50 克，洋葱 10 克，红椒末 7 克，梅子酱 50 克，陈皮 5 克，八角粉 20 克，生姜 10 克，蒜头 20 克，青辣椒 25 克，朝天辣椒粉 15 克，棕榈油 50 克，味精 50 克，南酒 15 克，牛骨汤 20 克，香油 5 克，白糖 30 克，柠檬汁 10 克，虾酱 25 克（以 400 克净料计）。

【制作方法】

①将海米剁碎用温水泡上，斩碎。将蒜头、姜、洋葱切成蓉，小虾皮洗净。

②在虾酱里加上碎海米、小虾皮、蒜头蓉、姜蓉、洋葱蓉，调入白糖、柠檬汁、南酒等其余各料，搅拌均匀后入锅加热，小火开锅即可。

【适用范围】适用于凉拌或热炒类菜。

【风味特点】色泽清亮，口味咸鲜香辣，滋味鲜美。

【注意事项】做好的虾酱放在密封好的容器中在冰箱里可存放 10 天。

十九、咸蛋黄汁

咸蛋黄汁是新潮菜肴的复合味之一，具有咸鲜清爽的特点，适合于烹、炒等短时间加热的烹调方法。

【调味配比】熟咸蛋黄 8 只，黄油 5 克，胡萝卜油 5 克，葱末、姜末各 2 克，黄酒 2 克，葱椒油 2 克，盐 3 克，胡椒粉 1 克，味精 1 克（以 200 克净料计）。

【制作方法】

①将熟咸蛋黄用刀压碎，排斩成泥状。

②炒锅加葱椒油、黄油、胡萝卜油烧热，爆葱末、姜末出香味，加咸蛋黄炒匀，调入盐、胡椒粉、味精，然后不停地搅拌，待到调味料溶化后，盛出即可。

【适用范围】适用于咸蛋黄焗白玉菇、咸蛋黄焗膏蟹等菜肴的烹制。

【注意事项】注意选择鸭蛋黄的质量，以蛋黄松散出油为好。

二十、芋香虾酱

【调味配比】香芋 200 克，干葱蓉 50 克，蒜蓉 40 克，鲜红椒 50 克，虾酱 40 克，味精 40 克，精盐 20 克，虾精 55 克，砂糖 50 克，色拉油 150 克（以 1500 克净料计）。

【制作方法】香芋清洗干净，上笼蒸熟取出，剥去皮，用刀将芋肉压成细蓉；红椒切小粒。锅内加入色拉油烧热，先放干葱蓉、蒜蓉炒出香味，然后放入芋蓉，用小火慢慢炒，直至芋蓉起砂，调入虾酱、精盐、味精、虾精、砂糖继续炒制，使其完全溶解，撒红椒粒出锅即可。

【适用范围】适用于海鲜类原料的调味（一般将海鲜原料入味，均匀抹上芋香虾酱，上笼蒸制），如芋香花螺、芋香银鳕等菜肴的烹制。另外对炸、煎等技法也特别适合。

【风味特点】咸鲜适口，鲜美异常，软嫩浓香，鲜甜适中。

【注意事项】在炒制香芋时，油的用量既保证香芋蓉返砂，又不使香芋蓉在炒好后汪油，这样的油量为最佳。此酱汁不容易保存，很容易变馊，最好当天炒制，当天用完。

二十一、贝黄酱

【调味配比】咸鸭蛋黄 30 个，干贝 500 克，罐头午餐肉 750 克，土豆 250 克，黄豆豉 500 克，火腿肥膘 250 克，罐头凤尾鱼 400 克，生姜 150 克，菜籽油 500 克，洋葱 100 克，香叶粉 10 克，新加坡沙茶酱 200 克，味精 50 克，南酒 150 克，骨汤

500 克，精盐 25 克，黄色素 2 克（以 2000 克净料计）。

【制作方法】把蛋黄、干贝、土豆、黄豆豉分别上笼蒸熟取出，蛋黄、土豆用刀抹成蓉，干贝用手撕成细丝，黄豆豉用刀斩成蓉。生姜切片，洋葱切块。锅内加入菜籽油烧热，放入蛋黄、土豆炒至起砂，然后加豆豉蓉、生姜片、洋葱块继续焗炒，加入骨汤、午餐肉、火腿肥膘、凤尾鱼、香叶粉、干贝丝用中火烧开，改用小火熬制 30 分钟，在熬制过程中用手勺不停地搅动，接着加入沙茶酱、南酒、精盐、味精，调好口味，用细漏网打净汤中的残渣，调入黄色素搅拌均匀即可。

【适用范围】适用于蔬菜、豆腐类菜肴的烹制。

【风味特点】色泽鲜艳，清鲜味厚，浓稠、味醇香，营养丰富。

【注意事项】在熬制过程中，选用微火慢慢加热，并用手勺适时搅动，以防原料粘锅底，并最大限度地把加热的原料都搅成粗蓉，选用的油最好是菜籽油或色拉油。

二十二、红花汁

红花汁是近年来流行的复合味之一，具有咸鲜清爽、滋补养生的特点，适合于煨、炖、扒等长时间加热的烹调方法。

【调味配比】藏红花 10 克，三文鱼骨 500 克，黄油 50 克，面粉 30 克，胡椒粉 5 克，精盐 10 克，鸡粉 15 克，高汤 1000 克（以 200 克净料计）。

【制作方法】把三文鱼骨用黄油小火煎酥香，加入高汤用中火慢慢熬制成鱼汤。锅内加黄油烧热，加入面粉炒香，边炒边加入鱼汤，此汤浓稠度适中，用细漏勺把汤沥干净，调入精盐、鸡粉、胡椒粉、藏红花烧开，调好口味即可。

【适用范围】适用于清淡无异味的原料，此汁多用于熘、扒等加热时间不长的技法，原料本身要有足够的基本味，红花汁调制好浇在原料上面即可。

【风味特点】汤黏香浓，营养滋补。

【注意事项】红花汁无须长时间加热，一是防止藏红花香味溢失，二是防止红花汁产生焦煳味。藏红花的用量要适当，过多药味过重，人们接受不了。三文鱼骨在加热前要用清水长时间浸泡，彻底清除鱼骨中的血污及异味。

二十三、金汤

金汤是近年来流行的以汤来调味、赋味的品种之一，具有咸鲜清爽、滋补养生的特点，适合于煨、炖、扒等长时间加热的烹调方法。

【调味配比】净老母鸡 2 只（约 3000 克），金华火腿 1000 克，净牛肉 2000 克，桂圆 250 克，白胡椒粒 100 克，清水 7500 克（以 1500 克净料计）。

【制作方法】把老母鸡、火腿、牛肉清洗干净，放入清水中浸泡去血污。用刀剁成大块，依次放入不锈钢锅中，然后加入桂圆、白胡椒粒、清水。用大火烧开，撇净浮沫，改用小火慢慢加热 3 小时左右，此时汤清色如淡茶色，即可。

【适用范围】体弱多疾者宜常食用此汤，此汤宜与具有滋补功效的干货原料、山珍等原料在一起煲汤，金汤是料汤中的珍品。

【风味特点】营养基础汤，温补，调节身体的免疫功能。

【注意事项】用金汤调制菜肴一般不需要勾芡汁，保持汤汁的清澈原色，在调味上尽量保持汤汁的原汁原味，必要时加适量的精盐。不加盐，有利于身体对金汤营养的吸收。金汤作为宴席的开头汤，让食客饮用效果最佳。

二十四、鲍汁

鲍汁是近年来流行的复合味之一，具有咸鲜清爽、汤鲜味厚、浓稠而滋补的特点，适合于煨、炖、扒等长时间加热的烹调方法。

【调味配比】干鲍 1500 克，食粉 12 克，老母鸡 1200 克，金华火腿 750 克，猪皮 1000 克，猪里脊 3000 克，鸡爪 500 克，冰糖 40 克，花雕酒 150 克，老抽 120 克，蚝油 50 克，饴糖 30 克，鸡粉 20 克，老姜 150 克，大葱 200 克，干葱头 250 克，洋葱 150 克，高汤 15 千克，色拉油适量。

【制作方法】

①干鲍先用冷水泡 2 天（至少），再用温水浸至稍涨，洗干净用高汤 300 克和少许食粉煲 2 个小时后捞出。

②火腿、里脊肉、猪皮、老母鸡（剁成大块）、鸡爪焯水后洗干净。将老姜、干葱头、大葱、洋葱拍破后分次入油锅中炸至干香，捞出入竹网笆中。

③取不锈钢桶，竹筷垫底，接着放入竹网笆，再放入火腿、里脊、老母鸡、鸡爪、猪皮及鲍鱼，再加入剩余的高汤，用猛火烧沸后加蚝油、花雕酒、冰糖、饴糖，最后加老抽，盖上盖用小火煲 8～10 个小时（至鲍鱼发透），将鲍鱼捞出，滗出汤汁用纱布过滤即成鲍汁。

【适用范围】鲍汁适用于干鲜高档海味原料及素菜类原料，不适用异味较重的家禽野味，煲好的鲍汁应尽快使用，如需存放可用保鲜纸包着急冻冷藏，但不宜超过 6 天。

【风味特点】鲍味浓郁，鲜美无比，回味悠长。

【注意事项】煲鲍汁不宜用含盐量太浓的火腿、蚝油等，火腿、蚝油应在鲍鱼煲至八成软时才加入，可增加浓香味。煲沸后应转用小火，水量要适当，水太多香浓味会降低，如确需中途加水，应加沸水。在调制鲍汁过程中，应掌握搅打鲍汁的手法，汁浓滑而不油腻。

二十五、海鲜豉油汁

在港式菜肴中主要用于烹调制作海鲜原料，现广泛使用，在调味品方面，是运用各种原料加生抽、蔬菜汁等调料混合熬制而成的，有酱油无法达到的鲜香和滋味。成品具有色泽清淡、鲜味突出的特点，多用蒸菜之法，适用于海鲜菜肴制作，四季皆宜。

1.酱色海鲜豉油

【调味配比】酸鱼骨 300 克，胡萝卜 250 克，芫荽头 120 克，生抽 250 克，老抽 170 克，白糖 75 克，味精 30 克，鸡精 50 克，淡二汤 1000 克，鱼露 150 克，花雕酒 100 克，胡椒粉 10 克。

【制作方法】把鳗鱼骨、胡萝卜、芫荽头洗净，放入锅中，掺入清水 3000 克，用大火烧沸后转用小火熬至汤出味，滤去料渣，加入生抽、老抽、白糖、味精、鸡精、淡二汤、鱼露、花雕酒、胡椒粉，待汤再烧开后，去净表面浮沫，起锅装入盛器内即可使用。

【风味特点】色泽美观，海味浓郁。

2.浅红色海鲜豉油

【调味配比】白酱油 500 克，鱼露 200 克，淡二汤 7500 克，鱼骨 500 克，金华火腿骨 500 克，胡萝卜 300 克，芫荽头 300 克，胡椒粉 100 克，味精 60 克，鸡精 50 克，白糖 150 克。

【制作方法】将鱼骨洗净，金华火腿骨入沸水锅中焯水后，一起放入锅中，加入淡二汤、胡萝卜、芫荽头和胡椒粉，用大火烧开后，转用小火熬 3 小时，滤去料渣，加入白酱油、鱼露、味精、鸡精、白糖，待汤汁再烧开后，去净表面浮沫，起锅装入盛器内即可使用。

【适用范围】作为蒸海鲜类菜式使用时，淋浇于菜肴表面的味汁。

【风味特点】色泽清淡，鲜味浓郁，风格独特，海鲜味突出。

二十六、豉油皇（鱼汁）

豉油皇是近年来港、粤、沪流行使用的复合味之一，具有咸鲜清爽、色淡清香的特点，适合于蒸、白灼等短时间加热的烹调方法，尤其适于烹制海鲜类菜肴。

【调味配比】蔬菜水 1500 克，生抽 500 克，老抽 60 克，美极鲜酱油 125 克，味精 50 克，白糖 150 克，香油 50 克，胡椒粉 5 克，鸡粉 50 克（以 2500 克净料计）。

说明：

蔬菜水：香葱 150 克，葱头 250 克，胡萝卜 300 克，姜片 100 克，青红辣椒 400 克，香菜根 100 克，八角 2 个，香叶 5 片，干辣椒 2 个，清水 3000 克，色拉油适量。

【制作方法】

①将香菜根、葱头、香葱、胡萝卜、青红辣椒分别择洗干净，用刀切成片状。

②锅内放适量的油烧热，加入蔬菜水原料焗炒出香味，加入清水烧开，加入八

角、香叶、干辣椒、姜片，改用小火慢慢煨燎至出香味时，小火煲制，得到蔬菜水1500 克。

③蔬菜水中加入生抽、美极鲜酱油，再调入白糖、胡椒粉、鸡粉、味精、老抽，调好滋味，捞尽汤汁中杂物，过滤后淋入香油即可。

【适用范围】主要用于淋浇、清蒸、油浸的鱼类或蔬菜，有时也用作白煮、白焯的海鲜、肉类及素菜的蘸食。

【风味特点】浓郁的蔬菜香味，味鲜别致，飘香四溢。

【注意事项】调制豉油皇最好当天调制，当日用完，存放时间过长则气味寡淡。调好的汁色泽红润，味浓郁，其色忌深黑。添加的汤汁最好是清水，勿用高汤或清汤，以便保持汁的清香及清澈。

二十七、海鲜鱼汁

海鲜鱼汁是烹制海鲜类菜肴专用复合味之一，具有咸鲜清爽、色淡清香的特点，适合于蒸、白灼等短时间加热的烹调方法。

【调味配比 1】上等生抽 500 克，味精 150 克，砂糖 75 克，香菜 100 克，煎鲮鱼骨 1000 克，清水 1000 克，鸡精 20 克，美极鲜酱油 100 克，老抽 50 克，香葱 150克，姜片 100 克，香油 75 克，鱼露 100 克，蚝油 100 克，鸡汁 150 克，胡椒粉 20 克。

【调味配比 2】香菜 100 克，煎鲮鱼骨 1000 克，香葱 150 克，姜片 80 克，香油75 克，鱼露 100 克，蚝油 100 克，青红椒 60 克，鸡汁 150 克，胡椒粉 20 克，上等生抽 500 克，老抽 50 克，美极鲜酱油 100 克，白糖 50 克，味精 150 克，鸡精 20克，清水 1000 克。

【调味配比 3】香葱 150 克，芫荽头 100 克，姜片 100 克，蒜 10 克，干虾米 10克，香油 75 克，鱼露 150 克，鸡精 50 克，蚝油 100 克，咸鱼骨 500 克，黄鱼骨 250克，干贝汁 150 克，鸡骨 100 克，胡椒粉 50 克，生抽王 500 克，老抽王 250 克，美极鲜酱油 150 克，白糖 50 克，味精 50 克，清汤 3000 克。

【制作方法】炒锅上火，下香油爆香葱段、姜片起香，加煎鲮鱼骨同炒，下清水及其他调味料，熬 2 小时后过滤即可。

【适用范围】适用于蒸海鲜类菜，适用于白煮、白灼、油浸、淋浇、清蒸的补充调味。

【风味特点】色泽淡红，口味鲜美。

【注意事项】要用小火长时间加热。

二十八、煲仔饭豉油

煲仔饭豉油是近年来流行使用的复合味之一，具有咸鲜微甜清爽、蒜香味浓的特点，适合于蒸、煲等长时间加热的烹调方法。

【调味配比】优质豆豉 200 克，蒜子 100 克，花生油 1000 克，胡椒粉 5 克，高汤 500 克，生抽 315 克，老抽 95 克，美极鲜酱油 65 克，砂糖 65 克，鸡粉 65 克，鸡精 25 克，香油 30 克（以 3000 克净料计）。

【制作方法】将豆豉用烤箱烤酥香，并碾成粉末，蒜子搅打成粗蓉，用油炸至金黄色。锅内倒入油烧热，加入豆豉末、蒜蓉掺拌均匀，用小火慢慢炒香，边炒边加入砂糖、胡椒粉、鸡粉、生抽、老抽、美极鲜酱油、高汤烧开，小火熬制，待汁浓稠时加入香油、鸡精搅拌均匀即可。

【适用范围】适用于蒸鱼类、肉类、米饭的调味。

【风味特点】具有浓郁的豉香味，鲜咸微甜，蒜味香。

【注意事项】豆豉一定要烤出其豆香味，加上蒜子的辅助味，二者相得益彰，其味诱人食欲。花生油要分次加入，使其完全吸收，油料融洽。

二十九、鲜味皇汁

鲜味皇汁是烹制海鲜类菜肴专用复合味之一，具有咸鲜清爽、鲜味浓郁、色淡清香的特点，适合于蒸、白灼等短时间加热的烹调方法。

【调味配比 1】虾油卤 150 克，皇汁 200 克，生抽 250 克，鱼露 120 克，南酒 100 克，香油 45 克，鲜汤 200 克，葱丝、姜丝、大蒜丝（或末）各 70 克，泡椒丝 40 克，香菜末 30 克，精盐 2 克，胡椒粉 1.5 克，味精 2 克。

【调味配比 2】虾油卤 75 克，皇汁 110 克，鱼露 60 克，花椒油 15 克，上等黄酒 40 克，小磨香油 20 克，葱丝、姜丝、大蒜丝各 35 克，泡椒丝 20 克，香菜末 15 克，黑胡椒粉 10 克，生抽 130 克，精盐 5 克，味精 10 克，鲜汤 90 克。

【制作方法】取一干净容器，将各种调料加入，搅拌均匀即可，上菜时，撒上葱丝、姜丝、大蒜丝。

【适用范围】在使用的调味品中，以浇汁为主，以突出清鲜之味。多用于水产类、禽类等原料制作的菜肴，以烧、蒸方法多见。

【风味特点】有清香味突出、色泽淡褐红、咸鲜浓郁、微辣带甜的特点。

【注意事项】调味时先将调味料浇淋于原料上，再将增香的葱丝、姜丝、大蒜丝、辣椒丝撒上，以增强菜肴的美观，然后淋上热油以增香。

三十、南洋蟹酱

【调味配比】海鲜汤 550 克，咖喱粉 500 克，甘草 40 克，梅子 50 克，蚝油 100 克，黄姜粉 50 克，蒜蓉 200 克，芫荽 100 克，砂糖 50 克，磨豉酱 500 克，香油 5 克，色拉油 50 克（以 1000 克净料计）。

【制作方法】梅子去核，将肉制成蓉。锅内加色拉油烧热，放入咖喱粉、黄姜粉、蒜蓉用小火炒香，调入蚝油、梅子蓉、磨豉酱，烹入海鲜汤，加入甘草、芫荽、砂糖烧开，改用微火加热，熬至汤出香味时，打净残渣，淋入香油即可。

【适用范围】适用于家禽、野味、海鲜类等动物性原料的调味，抑腥驱邪味，赋予原料更多的鲜味。

【风味特点】料浓味鲜，风味别具，酸甜辣皆具。

【注意事项】在炒制咖喱粉、黄姜粉时需要微火慢慢加热，以炒出香味不焦煳为最佳，掌握香料的用量也很重要，过多过少都会对酱味有影响。

三十一、京酱

京酱是北方人喜爱的调味酱，酱香浓郁，咸鲜微甜，色泽红亮，特别适合猪肉、牛肉等禽畜类原料的调制，如肉丝、排骨、牛腩等，用炒、烧等烹调技法，此酱效果最佳。

【调味配比1】豆瓣酱20克，清水50克，甜面酱20克，砂糖10克，香油10克，干葱10克，蒜肉10克，南酒20克，湿淀粉15克，海鲜酱15克。

【制作方法1】将以上原料混合均匀放入锅内，开锅勾芡，淋上香油即可。

【调味配比2】豆瓣酱400克，清水500克，磨豉酱400克，砂糖10克，香油100克，干葱200克，蒜肉200克，沙茶酱400克，海鲜酱200克，色拉油300克（以3000克净料计）。

【制作方法2】把干葱、蒜肉剁成蓉，锅内加入色拉油烧热，放入葱蓉、蒜蓉焗炒出香味，依次加入豆瓣酱、磨豉酱、沙茶酱、海鲜酱，用小火慢慢炒制，加入清水将各种酱料化开，调入砂糖搅拌均匀，用微火熬制30分钟左右，淋入香油即可。

【注意事项】

①炒酱时，油量要适当多些，以防粘锅。

②注意酱料的存放时间及环境温度，此酱料当天调制，当天用完，且随时放入恒温冰箱中冷藏。

三十二、新式啫啫酱

啫啫酱是新潮热菜的调味料之一，成品具有鲜咸醇和、色红油亮的特点，多用于水产类、海鲜类原料的制作，适用于爆、烧、熘等烹调方法。

【调味配比】蚝油300克，生抽100克，花雕酒200克，冰糖25克，海鲜酱200克，御厨鲜100克，鸡精50克，万字酱油100克，柱侯酱200克，汤400克，色拉油100克（以1000克净料计）。

【制作方法】炒锅上火，放入少量油，下入海鲜酱、柱侯酱先炒香，再加入冰糖、花雕酒、生抽、鸡精、御厨鲜、万字酱油煮好，最后加入蚝油，搅拌均匀即可。

【适用范围】适用于海鲜、肉类菜肴的烹制。

【注意事项】炒制时要注意火候，以免焦煳。

【风味特点】口味咸鲜，酱香浓郁。

三十三、牛柳卷汁

牛柳卷汁一般用作腌料汁，如牛扒的腌制。也可将此汁用作白灼汁，作蔬菜、海鲜类等原料的辅佐汁。酸甜苦辣咸五味俱全，酒香清醇，滋味别致。

【调味配比】玫瑰露酒 250 克，砂糖 250 克，牛柳汁 600 克，酱汁 350 克，味精 250 克，OK 汁 300 克，美极鲜酱油 300 克，豆瓣酱 50 克，食用油少许（以 1000 克净料计）。

【制作方法】炒锅上火，下食用油炒豆瓣酱至香酥，然后加入牛柳汁、酱汁、OK 汁、美极鲜酱油烧开，烹入玫瑰露酒，加入砂糖、味精调好口味即可。

【注意事项】调制好牛柳汁时，先要把汁中的残渣清理干净，使汁清汤醇。玫瑰露酒最好在其他调味料调制好后再调入，以便保持酒香不易散发。

三十四、上什豉汁

上什豉汁具有豉香浓郁、汤稠黑亮、多滋多味的特点。对于异味重、特膻腥的动物类原料，具有抑恶味扬本味的作用，一般把此汁均匀涂在原料表面，然后上笼蒸制。对于一些形状大、不容易入味的原料也适合用此汁进行调制。

【调味配比】蒜蓉 200 克，姜蓉 100 克，红椒粒 200 克，碎瑶柱 150 克，豆豉蓉 300 克，鸡精 50 克，原粒豆豉 200 克，鸡粉 50 克，蚝油 100 克，味精 10 克，麦芽糖 150 克，精盐 15 克，生抽 25 克，老抽 15 克，冰梅酱 100 克，陈皮蓉 12 克，食用油 30 克，清水 500 克（以 1500 克净料计）。

【制作方法】炒锅上火，下食用油烧热，放蒜蓉、姜蓉、红椒粒、原粒豆豉、陈皮蓉炒透，加清水、碎瑶柱、生抽、老抽、冰梅酱、蚝油、味精、麦芽糖、精盐、豆豉蓉、鸡精熬透即可。

【注意事项】在调制此汁时，先把麦芽糖熬化，陈皮蓉用温水浸泡回软。在炒制过程中需用微火慢慢炒制，并不断用手勺搅拌。原粒豆豉用水冲洗干净，上笼蒸至无硬心完全回软为佳。

三十五、炒菜用豆豉

炒菜用豆豉是广受欢迎的复合味之一，具有蒜味厚、豉香浓郁、咸鲜略辣微甜、复合味浓的特点，适合于炒、蒸等烹调方法。

【调味配比】阳江豆豉 2000 克，蒜蓉 500 克，白糖 250 克，味精 100 克，美极鲜味汁 100 克，鸡粉 100 克，生抽 250 克，老抽 100 克，陈皮末 100 克，干红辣椒末 100 克，花椒油 20 克，熟花生油 250 克（以 2500 克净料计）。

【制作方法】

①豆豉用刀剁细。锅上火加油烧热，加蒜蓉炒香至金黄色出锅。

②锅另加油，加豆豉用小火焗炒，再加红辣椒末翻炒至散发出豉香味时，加老抽、生抽、白糖、鸡粉、味精、美极鲜味汁、陈皮末、花椒油、花生油翻炒均匀，然后再加入炒好的蒜蓉拌匀即可。

【适用范围】生猛海鲜、家禽野味都适于用此味料进行调制，具有压抑原料的恶味、宣扬物料鲜味的作用。

【风味特点】豉香蒜味浓郁，咸鲜略辣微甜。

【注意事项】为防止味料风干溢味，在其表面打适量的明油并用保鲜膜进行封盖。蒜蓉炒至金黄并酥香，以防时间过长产生异味。

三十六、蒸菜用豉汁

主要适用于粤式蒸菜，具有豉香浓郁、复合味浓的特点，主要适合于蒸等烹调方法。

【调味配比】豆豉 250 克，豆豉油 1000 克，糖 75 克，味精 80 克，老抽 180 克，蚝油 125 克，蒜蓉 100 克，生粉 75 克，葱蓉 75 克，鸡粉 50 克（以 2500 克净料计）。

【制作方法】将豆豉斩成蓉。除生粉外，各料拌匀，蒸透。冷后，装入盛器中，以生油封面备用，用时加入生粉即可。

【适用范围】主要适合蒸制水产品原料。

【风味特点】色黑，咸鲜微甜。

三十七、烧鸭生酱

烧鸭生酱是广受欢迎的复合味之一，具有酱香浓郁、咸鲜略甜味浓的特点，适合于烧、酱等烹调方法。

【调味配比】冰糖 30 克，葱、姜各 15 克，八角、桂皮各 4 克，红曲米 10 克，精盐 10 克，南酒 50 克，高汤 1500 克，酱油 30 克，鱼胶粉 15 克（以 1000 克净料计）。

【制作方法】

①将葱改段，姜拍松。

②锅中加入高汤、南酒、精盐、红曲米、冰糖、葱、姜、八角、桂皮、酱油烧开后，改用小火慢慢加热 0.5～1 小时，待汤汁渐渐变浓稠时，根据汤汁的稀稠度加入适量的鱼胶粉调匀即可。

【适用范围】适用于鸭类菜肴，对于菜肴的味道及色泽都有很大的辅助作用，鸭肝、鸭心等鸭子其他部位的器官用此酱汁进行烧制，其效果也很好。

【风味特点】咸甜味美，醇香味厚，色红汁亮。

【注意事项】烧鸭生酱每天都要烧开，防止变味。也要定期进行残渣清理。酱汁烧制的鸭类菜肴最好凉食，其效果最佳。

三十八、野味打边锅调料

野味打边锅调料是广东常用火锅制法之一，具有清香耐人回味、咸鲜清淡的特点，适合于涮、煮等烹调方法，尤其适合制作野味原料。

【调味配比】榛蘑 200 克，冻豆腐 200 克，黄花菜 200 克，菠菜 200 克，酸菜 200 克，粉丝 200 克，熟鸡油 50 克，韭菜花 50 克，腐乳汁 80 克，蒜泥 60 克，香菜末 30 克，葱末 30 克，姜末 30 克，辣椒油 50 克，麻酱 30 克，精盐 30 克，味精 10 克，胡椒粉 30 克（以 1500 克净料计）。

【制作方法】将榛蘑、黄花菜择洗干净装盘，将菠菜整棵择洗干净装盘，酸菜切成细丝装盘，粉丝泡好装盘，冻豆腐切成 2.5 厘米见方的块装盘。把韭菜花、腐乳汁、蒜泥、香菜末、葱末、姜末、辣椒油、麻酱、精盐、味精、胡椒粉分别装入味碟。将上述料摆在打边锅周围，打边锅里加入吊好的野味骨汤烧开，淋入熟鸡油，食用时取料蘸调料即可。

【适用范围】适用于所有的山珍野味类原料，也特别适合山珍野味较多的地区及畜牧业较发达的地区。

【风味特点】肉嫩汤鲜，香郁味美。

【注意事项】选用的山珍野味原料必须新鲜，带异味、病死的、带有传染性病菌的野味原料不可食用。在加热过程中务必把原料加热成熟。对野味原料有过敏性反应的人群不要食用。

三十九、煲仔酱

煲仔酱是广东常用红烧调味料之一，具有色泽红亮、咸鲜微甜的特点，适合于烧、焖等烹调方法，尤其适合制作红烧菜肴。

【调味配比】柱侯酱 600 克，海鲜酱 450 克，花生酱 260 克，甜面酱 120 克，蚝油 80 克，美极鲜酱油 80 克，鱼露 30 克，生抽 30 克，火腿末 40 克，碎瑶柱 30 克，干葱泥 30 克，蒜泥 30 克，海米 20 克，碎陈皮 10 克，白糖 100 克，蘑菇精 80 克，鸡粉 35 克，五香粉 20 克，十三香 15 克，沙姜粉 10 克，色拉油 180 克，葱油适量（以 3000 克净料计）。

【制作方法】锅内加入适量的色拉油烧热，依次放入火腿末、碎瑶柱、干葱泥、蒜泥、海米、碎陈皮用小火进行焗炒，出香味时再放入柱侯酱、海鲜酱、花生酱、甜面酱、蚝油、美极鲜酱油、鱼露、生抽，用手勺不停地搅拌，搅至酱料混合均匀时加入白糖、蘑菇精、鸡粉、五香粉、十三香、沙姜粉调好口味出锅，用葱油封口存放。

【适用范围】适用于烹制煲仔类菜肴的原料，如牛肉、海鲜类等原料。

【风味特点】色泽金黄，味香酱料重，风味别致。

【注意事项】调制的煲仔酱稠稀度要适中，在煲制过程中要用小火加热，并不时用手勺翻动原料，以防糊底。煲仔酱适于批量生产，注意存放的时间及存放的环境温度。

四十、堂灼蘸酱

堂灼蘸酱是客前烹调常用调味料之一，可用于突出原料本身鲜美味道的烹制。成品具有鲜咸醇和、味香的特点，多用于水产类、海鲜类、蔬菜类原料的制作，适用于堂灼或白斩等方法制成的菜肴。

【调味配比】海天黄豆酱 400 克，芝麻酱 50 克，南乳 20 克，白糖 5 克，御厨鲜 15 克，汤 300 克（以 2000 克原料计）。

【制作方法】将芝麻酱用汤泼开，调入黄豆酱、南乳、白糖、御厨鲜调和均匀即可。

【适用范围】用于各种堂灼或白斩菜肴的蘸酱。

【风味特点】可自由涮食，能增加气氛，蘸酱鲜美。

【注意事项】注意堂灼蘸酱的浓度，口味要稍咸些。

四十一、豉蚝汁

豉蚝味是新潮菜肴的复合味之一，使用广泛，具有豉香突出、鲜咸醇和、口味清淡的特点。

豉蚝酱是港粤菜式中热菜的常用味型之一，使用范围广。成品具有鲜咸醇和、色红清亮的特点，多用于水产类、海鲜类、蔬菜类原料的制作，适用于炒、爆等烹调方法。

【调味配比 1】八宝豆豉 500 克，蚝油 200 克，蒜仁 100 克，精盐 10 克，味达美酱油 15 克、老抽 10 克，胡椒粉 20 克，味精 5 克，白糖 30 克，色拉油 250 克（以 1000 克净料计）。

【制作方法 1】将蒜仁剁成细末，用油炸金黄色，捞出待用。八宝豆豉剁成末。炒锅加油烧热，加入豆豉、蚝油用小火炒至出香味时，倒入炸好的蒜末翻炒均匀，烹入味达美酱油、精盐、味精、胡椒粉、白糖、老抽烧开调好口味，出锅即可。

【调味配比 2】豆豉蓉 30 克，晚油 10 克，大蒜蓉 15 克，泡红辣椒末 70 克，陈皮末 35 克，南酒 50 克，味精 10 克，红葡萄酒 50 克，白糖 75 克，生抽 10 克，老抽 10 克，泡椒丝、姜丝各 20 克，香菜末 10 克，鲜汤 50 克，精炼油 50 克（以 1000 克净料计）。

【制作方法 2】净锅放火上，下油烧热，下蒜蓉、豆豉蓉、陈皮末、泡红辣椒末，炒匀出香味，加入鲜汤、南酒、老抽、白糖、蚝油、味精烧开离火，冷却后加入红葡萄酒拌匀。用时将原料拌入烹制，再下泡椒丝、姜丝，撒上香菜末即可。

【适用范围】以突出豆豉、蚝油味为主。主要用于水产类、禽类等原料的制作，多用于蒸、灼等方法，四季皆宜。

【风味特点】豉香蛙鲜，色泽淡黑，鲜咸可口，略有微辣。

【注意事项】

①掌握豆豉蓉的用量，以免影响菜肴色泽。

②掌握火候是关键，用小火慢慢炒至出香味，无焦煳味时为最佳。

四十二、火腿汁

火腿汁是新潮热菜中以火腿为主料制成汤品用来调味的调味汁之一，使用范围广泛。一般用于菜肴提鲜赋味，突出原料本身鲜美味道的烹制。成品具有汤味醇和鲜咸、色黄清亮的特点，多用于水产品中海鲜类原料的制作，适用于煲、煨、扒等烹调方法。

【调味配比】净瘦火腿 500 克，姜片 100 克，鸡粉 100 克，味精 50 克，清汤 1000 克（以 1000 克净料计）。

【制作方法】用温水冲洗火腿，并用刷子刷掉上面的油污，在关节处将火腿切成三段，这样在煮汤过程中容易使其溶于汤，汤的味道很浓。加入姜片、鸡粉、清汤用小火煮约 2 小时，取出撇净油脂，调入味精即可。

【适用范围】主要适用于烹制蔬菜、豆制品的调味，也用于水产品的调味。适用于制作扒菜胆、红扒大裙翅等菜式。

【风味特点】色泽淡棕，具有火腿的浓郁香气和咸鲜美味。

【注意事项】选用皮薄、腿圆、没有裂口、没有虫蛀的火腿，用其煮制的汤鲜浓，汤汁的咸味是火腿本身的滋味，无需加精盐。煮好汤汁的火腿应马上捞出，将其分切开，根据部位的不同分别用作他用。如火腿皮用于涨发干鲍时使用。

四十三、鱼翅汁

鱼翅汁是新潮热菜中以鱼翅为主料制成汤品用来调味的调味汁之一，使用范围广泛。一般用于菜肴提鲜赋味，突出原料本身鲜美味道的烹制。成品具有汤味鲜咸、醇和浓郁、色黄清亮的特点，多用于水产品中海鲜类原料的制作，适用于煲、煨、扒等烹调方法。

【调味配比】鱼翅 500 克，去皮去瓤冬瓜 2000 克，姜汁 25 克，南酒 40 克，净老母鸡 1 只，金华火腿 500 克，猪肘 1 个，肘子骨 5000 克，鲍鱼酱 15 克，精盐 100 克，味精 50 克，鸡粉 100 克，葱姜各 300 克，湿生粉 15 克（以 1000 克净料计）。

【制作方法】

①把处理好的老母鸡、金华火腿、猪肘、肘子骨放在不锈钢桶中，加入适量的清水，用锡纸密封好桶，入笼蒸 5～6 小时，取出沥尽残渣，即成清汤。

②将鱼翅用清水浸泡两天，用竹算子把鱼翅夹起来，放入清汤中用小火煲 10 小时，取出用清水冲洗，去其翅骨及肉膜上的白色胶质，冲洗干净即可。

③把煲好鱼翅的汤汁烧开，加入冬瓜、葱姜、南酒，用小火熬至冬瓜成泥蓉时，再次把汤汁进行清理残渣后，依次加入姜汁、鲍鱼酱、精盐、鸡粉、味精烧开调好口味，加热至汤汁浓稠出香，即成鱼翅汁。试味后，再放盐、味精、鸡粉调好味，加入滤去汁的鱼翅汁，少许湿生粉勾芡即可。

【适用范围】用于干货海鲜类、菌类等原料的调制。

【风味特点】浓香粘齿，色如淡茶。

【注意事项】

①不要使用铁锅调制鱼翅汁。

②调好的鱼翅汁要注意存放的温度及存放的周期，鱼翅汁富含丰富的蛋白质，容易变馊。

四十四、干贝汁

干贝汁是新潮热菜中以干贝为主料制成汤品用来调味的调味汁之一，使用范围广泛。一般用于菜肴提鲜赋味，突出原料本身鲜美味道的烹制。成品具有汤味鲜醇、色黄清亮的特点，多用于水产品中海鲜类或蔬菜类原料的制作，适用于煲、煨、扒等烹调方法。

【调味配比】干贝 500 克，清汤 500 克，葱姜段各 15 克，花椒粒 20 个，精盐 10 克，味精 5 克，鸡粉 15 克，浓缩鸡汁 2 克，南酒 20 克（以 500 克净料计）。

【制作方法】将选好的干贝洗净，除去外层老筋，放入不锈钢盛器中，加上清汤、葱姜段、花椒粒、南酒，用保鲜膜密封好，上笼蒸约 60 分钟，取出用细砂布过滤出汁，趁热加入精盐、味精、鸡粉、浓缩鸡汁调制均匀，即成干贝汁。

【适用范围】适用于山珍海味、菌类原料，用干贝汁调制菜品均可。

【风味特点】汁清澈，色乳黄，鲜美醇厚。

【注意事项】因干贝是鲜贝的干制品，用其调制的干贝汁具有一定的基础味，在用其他调味料调制干贝汁时，要适当控制调味料的用量。干贝汁富含蛋白质，要注意其存放的环境及时间。

四十五、蒜香酱爆汁

蒜香酱爆汁是以蒜香为主进行调味的调味料之一，一般用于水产类、禽畜类、蔬菜类原料的制作，适用于炒、爆等烹调方法。成品具有鲜咸醇和、蒜香浓郁、色红油亮的特点。

【调味配比】蒜蓉辣酱 15 克，蚝油 5 克，生抽王 10 克，白糖 3 克，味精 5 克，鸡精 2 克，米醋 1 克，鸡汁 2 克，老抽 1 克（以 250 克净料计）。

【制作方法】将以上调味料混合均匀即可。

【适用范围】可用于原料本身香气不足的原料，以蒜香激发人的食欲，广泛用于禽畜类、水产类原料的烹制。

【风味特点】蒜香突出，振奋食欲。

【注意事项】除了生抽和米醋外，其他原料可提前调好，而生抽必须后下，米醋则要在出锅前烹入。

四十六、烧烤酱（汁）

烧烤酱是传统烧烤菜肴的调味料之一，主要用于烧烤类菜肴的制作，突出调味料醇厚味道。成品具有鲜咸醇厚、色红油亮的特点，多用于水产类、海鲜类、蔬菜类原料的制作，适用于烤、炸等烹调方法。

（一）烧烤酱

【调味配比】南乳 440 克，海鲜酱 100 克，盐 20 克，味精 50 克，鸡精 30 克，白糖 50 克，麦芽糖 280 克，泰国鱼露 200 克，御厨鲜 150 克，香菜 50 克，洋葱丝 100 克，西芹梗 100 克（腌制 50 只鸭下巴或 2.5 千克鸡中翅）。

【制作方法】

①将清水煮开后，用开水将麦芽糖化开待用。

②锅内加入以上调味料煮开后，晾凉即可。

【适用范围】主要用于烧烤类菜肴的调味。

【风味特点】鲜咸微甜，浓稠。

【注意事项】为使麦芽糖尽快化开，应用开水。

（二）飘香烧烤酱

【调味配比】

香辛料：小茴香 50 克，香叶 50 克，罗汉果 1 个，桂皮 30 克，草果 10 个，白豆蔻 20 克，老姜 50 克，花椒 10 克，高汤 3000 克。

调味料：甜面酱 500 克，香糟卤 150 克，南酒 150 克，海天柱侯酱 2 瓶，李锦记排骨酱 3 瓶，甜面酱 1 瓶，李锦记红烧酱油 150 克。

【制作方法】

①锅里加入高汤烧开，加入香辛料小火熬 2 小时，滤出卤汁 1.5 千克。

②锅里放入卤汁，放入调味料小火加盖熬 25 分钟成浓酱即成。

【适用范围】烹调肉类，如酱烧肉、酱排骨。

【风味特点】香味扑鼻，酱味浓郁。

【注意事项】香料放在汤中要小火长时间加热，使香料的香味充分融入汤中。

（三）烧烤汁

烧烤汁是新型复合调味品，呈黑褐色，味咸鲜香浓，主要由精盐、味精、白糖、南酒、葡萄酒、花椒、八角、小茴香、辣椒粉、胡椒粉、香辣酱、嫩姜汁、葱段、蒜蓉、酱汁、蜂蜜、香辛料等配制而成。这种烧烤汁适合各类制品的烧烤。烧烤出的产品具有表面色泽金黄、焦香，肉鲜嫩等特点。

【调味配比】芝麻酱 500 克，蚝油 500 克，红腐乳 300 克，生抽 300 克，老抽 150 克，白糖 100 克，精盐 15 克，南酒 20 克，味精 15 克，八角粉 50 克，五香粉 30 克，沙姜粉 30 克，橙红食用色素 2 克，鸡粉 20 克，色拉油 500 克（以 1000 克净料计）。

【制作方法】

①用生抽、老抽把芝麻酱澥开。

②锅内加入油烧热，加入蚝油、腐乳用中火慢慢炒香，倒入澥开的芝麻酱继续翻炒均匀，烹入南酒，调入精盐、味精、白糖、鸡粉烧开，将八角粉、五香粉、沙姜粉掺拌在一起，放入炒锅用小火炒香，然后将其倒入炒好的酱汁中搅拌均匀，调入橙红食用色素，烧开即可。

【适用范围】适用于腌渍各种烧烤的原料，或者将其刷在烤制好的原料表面。也可用于烧烤食品的味碟。

【风味特点】深酱红色，味道芳香。

【注意事项】芝麻酱在加热前必须将其完全澥开，然后再加热。八角粉、五香粉、沙姜粉需用小火慢慢炒至干香出味时再将其放入酱汁中搅拌均匀。

四十七、即调铁板汁

即调铁板汁是制作铁板菜的常用调味料之一，一般用于菜肴保色、突出原料本身鲜美味道的烹制。成品具有鲜咸醇和、洁白清亮的特点，多用于水产类、海鲜类、蔬菜类原料的制作，适用于炒、爆等烹调方法。

【调味配比】蚝油 25 克，生抽王 10 克，御厨鲜、鸡精各 2 克，白糖、味精各 3 克，汤 200 克（以 250 克净料计）。

【制作方法】将以上调味料入锅内加热，开锅后晾凉即可。

【适用范围】适用于铁板鸡杂、鱼、虾、贝壳类等菜肴。

【风味特点】鲜咸微甜，色红亮。

【注意事项】不宜过早调制，否则御厨鲜的香味会散失。

四十八、鸡汁南瓜酱

【调味配比】熟南瓜泥 200 克，鸡肉高汤 800 克，鸡油 20 克，黄色油面 30 克，鲜罗勒 1 朵，精盐 6 克，胡椒粉 1 克。

【制作方法】

①罗勒洗净、切碎；黄色油面用少许凉鸡肉高汤澥开。

②熟南瓜泥放入鸡肉高汤中烧开，放精盐、胡椒粉、鸡油调好口味。将澥开的黄色油面慢慢加入锅中搅打均匀、煮沸，撒碎罗勒即可。

【适用范围】适用于本身味道鲜美、无异味的原料，与烩、汆等烹调方法结合使用。

【风味特点】色黄淡雅，味道鲜美醇厚。

【注意事项】熟南瓜要用粉碎机粉碎后过滤，越细越好。

第二节　咸甜味型

咸甜味是热菜常用的味型之一，主要由咸味、甜味辅以鲜味调和构成，给人一种咸中带甜、咸甜鲜香、醇厚爽口的综合感受。一般来讲，在咸甜味型中以咸为主，以甜为辅，起助鲜增香，并对酸、苦、涩味有抑制作用。常用调味品有糖、盐、冰糖、糖色、南酒、五香粉、花椒、味精、姜、葱等。

一、蚝油汁

蚝油味是以蚝油为主进行调味的一种复合味，热菜调味中主要用来提鲜，在我国及菲律宾等国家菜肴制作时广为使用。蚝油是以牡蛎为原料，经煮熟取汁浓缩，加辅料精制而成。具有牡蛎独特的滋味，入口咸鲜稍甜，味道鲜美，蚝香浓郁，黏稠适度，营养价值高。蚝油的鲜味成分有琥珀酸钠、谷氨酸钠，还含有呈甜味的牛磺酸、甘氨酸、丙氨酸和脯氨酸等，这些鲜味和甜味的成分是构成蚝油味的呈味主体。蚝油入肴调味使用极方便，可直接作菜点或拌凉菜味碟蘸食；也可用葱、姜、蒜爆锅后加蚝油炒至稍黏，再加入原料炒、炖、烧、扒等；还可在菜品加热过程中加入蚝油调味及调馅。蚝油在烹调中主要起提鲜、增香、除异味等作用。蚝油中一般含有大约 8% 的食盐，因此在烹调时的添加量应适当。

【调味配比】蚝油 24 克，生抽 5 克，老抽 1.6 克，汤 20 毫升，糖 4.5 克，湿淀粉 6 克（淀粉∶水=1∶1.2），鸡精 1 克，南酒 16 毫升，明油 10 克（以 200 克净料计）。

【制作方法】将以上调味料充分融合即可。

【适用范围】蚝油的使用极为方便，调味范围十分广泛，凡是咸食均可用蚝油调味，如拌面、拌菜、煮肉、炖鱼、做汤等。蚝油适用于炒、焖、烧等多种烹调技法。

【风味特点】具有鲜咸醇和、色红油亮的特点。

【注意事项】在蔬菜类原料的烹制中加入蚝油汁，可弥补蔬菜原料的自身鲜味不足，如蚝油生菜。用蚝油汁调味切忌与辛辣调料、醋和糖共用，因为这些调料均会掩盖蚝油的鲜味和有损蚝油的特殊风味。同时，蚝油若在锅里久煮会失去鲜味，并使蚝香味逸去，应在菜肴即将出锅前或出锅后趁热立即加入蚝油调味为宜。

二、新式羊肉酱汁

新式羊肉酱汁是烹制羊肉菜的主要调味料，成品具有咸鲜微甜、养生滋补的特点，主要用于畜类原料的制作，适用于酱、熘、炖等烹调方法。

【调味配比】甜面酱 500 克，海鲜酱 200 克，盐 5 克，白糖 20 克，蜂蜜 20 克，红枣汁 20 克（去核红枣泡发，放入搅拌机内加清水搅成汁；干红枣与水的比例是 2∶3），湿淀粉 10 克，清水 100 克，老抽 5 克，生抽 10 克，色拉油 20 克。

【制作方法】锅里放入色拉油烧至五成热，下入甜面酱、海鲜酱、红枣汁小火熬 1 分钟至匀，加盐、老抽、生抽、清水、白糖继续小火熬 2 分钟，用湿淀粉勾芡，出锅后再加入蜂蜜搅拌均匀即可。

【适用范围】主要用于羊肉类菜肴的蘸料。

【风味特点】咸鲜微甜。

【注意事项】一定要最后加蜂蜜，而且要视情况而定，如果酱汁的浓度较稀，就要把蜂蜜增稠，如果浓度比较稠，就不要加入过多的蜂蜜。

三、大阪烧河鳗汁

大阪烧河鳗汁是烧河鳗的调味料，成品具有绵甜浓香、苦辣俱佳的特点，多用于水产类、禽畜类原料的制作，适用于烧、熘等烹调方法。

【调味配比】柱侯酱 500 克，芝麻酱 450 克，花生酱 450 克，排骨酱 500 克，海鲜酱 1000 克，南乳汁 300 克，干葱头 200 克，蒜子 100 克，味精 50 克，干橙皮末 100 克，沙姜粉 75 克，南酒 500 克，蚝油 300 克，色拉油 500 克（以 1000 克净料计）。

【制作方法】把葱头、蒜子分别剁成细蓉。将柱侯酱、芝麻酱、花生酱、排骨酱、海鲜酱、南乳汁搅拌均匀。锅内加入色拉油烧热，放入葱头蓉、蒜蓉炸至色金黄，接着放入橙皮末、沙姜粉用小火炒香，烹入南酒，倒入混合后的各种酱料慢慢烧开，加入味精、蚝油搅拌均匀即可。

【适用范围】主要适用于各种海水鱼类、淡水鱼类的烹制加工，对于一些腥味较重的野味原料的调味也非常适合。

【风味特点】绵甜浓香，苦辣俱佳，抑恶出香。

【注意事项】在炒制时，首先把锅滑好，以防止各种酱料在炒制过程中粘锅，产生焦煳味。葱头蓉、蒜蓉一定用小火慢慢炸干水分，至色金黄时为佳。各种酱料尽量选用正规公司产品，保证其味道的醇正。

四、红烧酱

红烧酱是目前餐饮行业红烧菜肴调味料之一，具有色泽红亮、咸鲜微甜的特点，适合于烧、熘等烹调方法，尤其适合制作红烧菜肴。

【调味配比】黄油 35 克，磨豉酱 200 克，柱侯酱 250 克，海鲜酱 150 克，芝麻酱 60 克，噫汁 15 克，蚝油 250 克，沙姜粉 10 克，花生酱 6 克，陈皮末 10 克，丁葱末 20 克，葱末、蒜蓉各 10 克，高汤 250 克，八角粉 10 克，南乳 5 块，面粉 25 克，生抽 50 克，白糖 100 克，香油 150 克，黄油 10 克，色拉油 300 克。

【制作方法】

①炒锅上火，锅内放黄油炒热，加面粉 25 克，一边下面粉，一边搅动黄油，分数次加水 50 毫升至浓稠，制成面酪。芝麻酱加水稀释待用。南乳磨碎。

②炒锅上火，放入少量色拉油烧热，下入葱末、蒜蓉爆香，下入磨豉酱、海鲜酱等调味料和高汤炒香，最后下入炒好的面酪，小火加热 5 分钟，淋上香油盛出待用。

【适用范围】适用于红烧、红熘类菜肴。

【风味特点】汁厚，香味浓。

【注意事项】炒制时要用小火，防止焦煳。

五、腐乳扣肉汁

腐乳味是以腐乳为主进行调味的一种复合味，腐乳气香、味鲜、质酥，其香略似老酒，味鲜美而留芳齿颊，质酥软则入口即化。腐乳因其由黄豆制成，富含植物蛋白质，经过发酵后，蛋白质分解为各种氨基酸，又产生了酵母等物质，故能增进食欲，帮助消化。腐乳又是一种烹饪佐料，这些鲜味和咸味的成分是构成腐乳味的呈味主体。

腐乳扣肉汁以酱油、腐乳、黄酒为主要原料，再配以各种调味剂调配而成。该产品色泽酱红、食用方便，可使肉肥而不腻，肉烂味香。

【调味配比】酱油 20 克，腐乳 25 克，黄酒 10 克，砂糖 10 克，味精 1 克，葱 5 克，姜 3 克，蒜 8 克，八角末 8 克，清汤 20 克，红曲米色素水 20 克，香油 15 克。

【制作方法】锅放炉火上，将酱油、腐乳、砂糖入锅搅拌均匀，再依次加入其他调料即可。

【适用范围】主要烹制禽畜类原料。

【风味特点】色泽酱红，咸鲜中略带甜味。

【注意事项】腐乳在使用前，应先粉碎。制作过程中要边加热边搅拌。

六、乳韭汁

乳韭汁风味别致，香浓辛鲜，特别适合羊肉等腥膻原料的烹制，一般将此汁作为菜肴的辅助味料蘸食。用此汁烹制海鲜类原料其效果也不错，如扇贝、海蛏等。也可将其用作涮锅味料。

【调味配比】腐乳 40 克，韭菜花 25 克，海鲜酱 5 克，芝麻酱 10 克，生抽 15 克，鱼露 10 克，蒜蓉、姜蓉各 15 克，香菜末 10 克，香油 50 克，精盐 2 克，白糖 2 克，味精 2 克，鸡粉 1 克，色拉油 50 克（以 500 克净料计）。

【制作方法】先把腐乳抹成蓉，韭菜花挤干水分用刀剁成蓉，然后二者掺在一起加入海鲜酱、芝麻酱搅拌均匀。锅内加入油烧热，放入蒜蓉、姜蓉炒出香味，然后倒入掺拌好的各种酱料继续翻炒，烹入生抽、鱼露，调入盐、白糖、鸡粉、味精搅拌均匀，淋入香油，撒上香菜末即可。

【注意事项】选用的韭菜花一定要新鲜无腐烂现象，加工时一定要把韭菜花的水分挤干。腐乳一般选用红腐乳。

七、奇香臭乳汁

奇香臭乳汁咸鲜微辣，异香扑鼻。在用此汁烹制菜肴时要有针对性，针对不同的需求进行调制，因人而异。

【调味配比】臭豆腐 100 克，豆瓣酱 60 克，姜、蒜泥各 30 克，蚝油 10 克，五香粉 4 克，水发香菇粒 20 克，胡椒粉 1 克，南酒 15 克，葱末 20 克，香油 50 克，陈醋 2 克，生抽 10 克，白糖 5 克，味精 3 克，鸡粉 2 克，色拉油适量（以 500 克净料计）。

【制作方法】将臭豆腐抹成蓉。锅内加入油烧热，放入姜、蒜泥、葱末焗香，接着烹入围酒、陈醋，加入豆瓣酱、蚝油、香菇粒、五香粉炒香，调入生抽、胡椒粉、白糖、鸡粉、味精烧开，然后加入臭豆腐蓉慢慢溂开，调拌均匀即可。

【注意事项】此汁最好热食，臭香扑鼻，诱人食欲。在调制过程中最后加入臭豆腐蓉，以保持臭香浓郁。此汁保存的时间不宜过长，出现气泡有酸味时不能食用。

八、烧汁酱

烧汁酱是新潮热菜的常用味型之一，成品具有酱香浓郁、味鲜咸醇和、色红油亮的特点，多用于水产类、禽畜类原料的制作，适用于烧、熘等烹调方法。

【调味配比】日本烧汁 250 克，酱油 125 克，蚝油 60 克，清酒 200 克，鲍鱼汁 60 克，野生红葡萄酒 125 克，麦芽糖 50 克，冰糖 200 克，上汤 600 克，盐 5 克，味精 8 克，浓缩鸡汁 10 克，益鲜素 5 克（以 1000 克净料计）。

【制作方法】将日本烧汁、酱油、蚝油、鲍鱼汁、野生红葡萄酒、上汤放入锅内大火烧开，放入盐、味精、冰糖、鸡汁调味后，放入麦芽糖小火调匀，加清酒、益鲜素出锅即可。

【适用范围】主要用于肉类原料的烹制。

【风味特点】酱香味浓、色泽红艳。

【注意事项】麦芽糖入锅前要用热水化开再使用。

九、烧海参汁

烧海参汁是制作海参菜肴的常用调味料之一，着重突出海参本身鲜美味道。成品具有鲜咸醇和、色泽红亮油润的特点，多用于高档菜肴的制作，适用于烧、焖等烹调方法。

【调味配比】大葱段 100 克，姜片 100 克，蒜片 50 克，香菜 15 克，高汤 1000 克，味达美酱油 35 克，草菇老抽王 15 克，八角 3 个，花椒 50 克，桂皮 10 克，香叶 3 克，小茴香 5 克，鸡粉 20 克，精盐 15 克，味精 5 克，白糖 15 克，猪大油 50 克，食用橙红色素 2 克（以 500 克净料计）。

【制作方法】锅内加入猪大油烧热，放入葱段、姜片、蒜片、香菜用小火慢慢炸至焦香捞出。将八角、花椒、桂皮、香叶、小茴香放入热水中浸泡 30 分钟左右，捞出放入烧热的猪大油中焗炒出香味时，烹入高汤、味达美酱油烧开，用小火慢慢熬煮 45 分钟左右，加入老抽王、鸡粉、精盐、味精、白糖、橙红色素调制口味及色泽，盛出用细砂布过滤，晾凉即成。

【适用范围】此为烧制海参的专用汁，对于其他海鲜类原料的烹制也特别适合，如红烧海螺、家常烧鱼等菜肴。

【风味特点】色泽红润，咸鲜略甜，汤香味醇。

【注意事项】要注意烧海参汁的存放时间及环境，每次调制的烧海参汁用量不要多，以两天内用完为佳，存放于冰箱冷藏，其温度控制在 0～4℃ 之间。要将八角、花椒、桂皮、香叶、小茴香用热水完全浸泡透，并用清水冲洗干净。

十、胶东酱焖鱼汁

胶东酱焖鱼汁是鲁菜中家常味之一，主要用于熘制海产鱼类，着重突出海产鱼类原料本身鲜美味道。成品具有鲜咸醇和、酱香浓郁、色红的特点，适用于烧、熘等烹调方法。

【调味配比】猪大油 30 克，八角 3 克，干红辣椒 3 克，姜 3 克，葱 4 克，蒜 6 克，香菜段 10 克，面酱 50 克，老抽 3 克，陈醋 15 克，南酒 15 克，海鲜酱 12 克，蚝油 4 克，鸡粉 5 克，盐 2 克，味精 2 克，鸡精 2 克，白糖 8 克，香油少许，味达美酱油 15 克，高汤 300 克（以 400 克净料计）。

【制作方法】

①将葱、姜、蒜切成片，干红辣椒切成丁。

②锅内加入猪大油烧热，加葱片、姜片、蒜片、干辣椒、八角用小火焗出香味，放入面酱"沸"香，烹入味达美酱油、南酒、老抽搅拌均匀，加入高汤、海鲜酱、蚝油、白糖、鸡粉、精盐、鸡精、味精，用小火慢慢加热至出香味时，用细网打尽汤汁中的残渣，淋上陈醋、香油，撒上香菜段即可。

【适用范围】适于家常类焖制菜肴的烹制，尤其适于海鲜鱼类原料的调味。

【风味特点】汤色枣红，辣香略甜，家常味。

【注意事项】用此汁烧制的鱼类原料一般用水进行初步熟处理，无须过油炸制，以保持鱼肉的鲜嫩。在调制此鱼汁时，须用小火慢慢熬制，使其各种料香味完全融合在一起。用此汁炮制的成品菜肴无须勾芡，以汤汁自然浓稠均匀附着在原料上为佳。

十一、柱侯酱

柱侯酱是粤菜常用调味料之一，突出柱侯酱味料自身鲜美味道。成品具有红亮、咸鲜醇厚的特点，多用于水产类、禽畜类、蔬菜类原料的制作，适用于烧、熘等烹调方法。

【调味配比】干葱头 50 克，磨豉酱 500 克，海鲜酱 200 克，芝麻酱 45 克，南乳 150 克，砂糖 100 克，蒜肉 100 克，高汤 500 克，食用调和油 30 克。

【制作方法】

①将芝麻酱用凉汤澥开，蒜肉切碎，干葱头切蓉。

②炒锅上火，下食用调和油，加入干葱头切成的蓉、切碎的蒜肉爆香，下磨豉酱、海鲜酱、高汤、芝麻酱、南乳、砂糖，煮透即可。

【适用范围】适用于柱侯煲牛腩等菜肴的烹制。

【风味特点】口味咸鲜，色泽红亮，酱香浓郁。

【注意事项】炒制时要用小火慢慢炒香。

十二、EM 汁

EM 汁是新潮热菜的常用味型之一，成品具有鲜咸醇和、洁白清亮的特点，多用于水产类、海鲜类、蔬菜类原料的制作，适用于炒、爆等烹调方法。

【调味配比】蛋黄酱 100 克，炼乳 30 克，日本芥末膏 15 克。

【制作方法】将原料混合拌匀即可。

【适用范围】适合烹调部分海鲜菜肴，例如虾、蟹等。

【风味特点】乳香味浓，微辣可口。

【注意事项】EM 汁一定要在菜肴出锅后放，这样防止 EM 汁遇到高温后熔化，影响菜肴形态和口味。

十三、白灼汁

白灼汁是新潮热菜的常用味型之一，以突出原料本身鲜美味道为主。成品具有鲜咸醇和、洁白清亮的特点，多用于水产类、海鲜类、蔬菜类原料的制作，适用于炒、白灼、汤浸等烹调方法。

【调味配比】蒸鱼豉油 150 克，鱼露 50 克，蚝油 30 克，白酱油 20 克，鲜露汁 30 克，美极鲜酱油 20 克，盐 30 克，胡椒粉 5 克，味精 2 克，鸡精 3 克，砂糖 50 克，鲜味宝 10 克，老抽 15 克，冰糖 40 克，甘草片、红曲米各 5 克，大地鱼、香菇各 3 克，胡萝卜、西芹、洋葱各 100 克，香菜、香葱各 10 克，清水 1250 克。

【制作方法】

①胡萝卜、西芹、洋葱分别改刀成块，香菜、香葱分别洗净，把香菇、大地鱼焯水后再一起放入热油锅里炸出香味，随后捞出，放入一大盆内掺清水 750 克，放入胡萝卜、西芹、洋葱、香菜、香葱、甘草片、红曲米和冰糖，随即放入笼蒸约 3 小时取出沥渣取汁。

②取一盛器倒入过滤后的汁，掺清水 500 克，调入蒸鱼豉油、鱼露、蚝油、白酱油、鲜露汁、美极鲜酱油、盐、味精、鸡精、胡椒粉、老抽、砂糖、鲜味宝等上火烧沸，加入老抽调色即可。

【适用范围】白灼类菜肴。

【风味特点】口味咸鲜、微甜。

【注意事项】蔬菜水煮制时要用小火长时间加热，火力过大，易使汤汁浑浊，影响菜肴质量。

十四、风沙鸡料

风沙鸡料是腌制风沙系列菜肴的调味料，具有鲜咸清香的特点，多用于禽类原料的制作，适用于炸、烤等烹调方法。

【调味配比】沙姜粉 30 克，味精 6 克，精盐 20 克，鸡精 8 克，花雕酒 15 克，鱼露 15 克，吉士粉 8 克，玫瑰露酒 10 克，西芹 75 克，胡萝卜 75 克，香菜 75 克，生姜 50 克，干葱 85 克，大蒜 80 克，洋葱 80 克。

【制作方法】

①将西芹、胡萝卜、香菜、生姜、干葱、大蒜、洋葱用搅拌机打成汁状，倒入盛器内。

②将盛器内调入鱼露、沙姜粉、吉士粉、花雕酒、玫瑰露酒、盐、味精、鸡精拌匀即可。

【适用范围】卤制各种禽类原料，如鸡、鸭、鹅等。

【风味特点】咸鲜味清淡，色浅黄。

【注意事项】卤汁小火熬煮，以使味道醇厚。

十五、梅子烧鳗汁

梅子烧鳗汁是在烧鳗鱼的基础上，利用梅子的酸味，衬托主料的鲜美味道。成品具有酸辣柔和、去腥解腻的特点，多用于水产类原料的制作，适用于烧、焖、煨等烹调方法。

【调味配比】酸梅 300 克，咸菜 100 克，葱姜末各 15 克，干辣椒末 50 克，精盐 15 克，味精 10 克，白糖 50 克，胡椒粉 15 克，香油 10 克，色拉油 300 克（以 500 克净料计）。

【制作方法】

①将酸梅洗净去核，用搅拌机制成细蓉，并挤干水分。咸菜切成小米丁。

②锅内加入色拉油烧热，放入葱姜末、干辣椒末焗炒出香味时，加咸菜丁继续焗炒至干香时，倒入酸梅蓉翻炒均匀，加入精盐、味精、白糖、胡椒粉调拌出滋味，淋入香油出锅即可。

【适用范围】对于海鲜、河鲜异味较重的原料具有很好的调和功效。此汁比较适于蒸、炒、煎等烹调技法烹制的菜肴。

【风味特点】清爽入味，酸辣柔和，具有去腥解腻的功效。

【注意事项】此汁呈糊状，选用的酸梅必须颗粒饱满，个体较大，完全成熟。咸菜最好选用色泽黑亮、咸甜质脆的老咸菜。

十六、炭烧酱

【调味配比】蒜参粒 80 克，洋葱粒 60 克，三明治火腿粒 120 克，沙茶酱 400 克，番茄沙司 500 克，泰国鸡酱 1000 克，海鲜酱 300 克，叉烧酱 300 克，普宁豆酱 300 克，辣妹子辣椒酱 400 克，泡辣椒末 100 克，酱油 60 克，日本味淋 100 克，法国白兰地 60 克，盐 25 克，味精 30 克，鸡精 20 克，鸡汁 15 克，白糖 50 克，胡椒粉 10 克，葱油 80 克，红油 250 克，食用红色素 2 克，花生酱 25 克。

【制作方法】

①锅上小火，加入葱油、红油烧至三成热时，下洋葱粒、蒜参粒、火腿粒、泡辣椒炒香，然后把剩余的配料放入另外的盆内拌匀备用。

②把炒香的料和盆内的料拌和均匀，放凉入瓷盘加盖封存。

【适用范围】适合植物性原料或禽畜类原料。

【风味特点】色泽红亮、香气宜人，咸甜酸辣兼而有之。

【注意事项】小火加热，以免糊锅。

十七、磨豉酱

磨豉酱是粤菜中特有的调味料，采用黄豆天然发酵，添加糖、香料研磨而成，用途极广，使用方便，可用于炒、蒸或蚊各种肉类和鱼类。

【调味配比】海鲜酱、芝麻酱各 250 克，南乳 100 克，干葱蓉、蒜蓉各 100 克，陈皮末 75 克，甘草粉、豆瓣酱各 25 克，生油 20 克，香菜末 5 克，洋葱末 20 克，老抽 5 克，生抽 10 克，冰糖 125 克，清水 500 克。

【制作方法】将以上各料勾兑后搅拌均匀，小火煮制 10 分钟，盛出晾凉即可。

【适用范围】适用于磨豉烧白鳝、铁板磨豉炒牛脯等菜肴的烹制。

【风味特点】豉味香浓，香气诱人，呈黑色。

【注意事项】煮制时要边加热边搅动，以免糊锅。

十八、椒梅酱

椒梅酱是广东常用调味料之一，具有色泽褐色、咸鲜微甜、陈皮味香的特点，适合于烧、烤、熘等烹调方法。

【调味配比】酸梅酱 500 克，辣椒酱 400 克，鲜橘子皮 150 克，蒜仁 100 克，生姜 150 克，沙姜粉 50 克，精盐 20 克，味精 50 克，胡椒粉 30 克，白糖 200 克，香油 50 克，花生油 300 克（以 1000 克净料计）。

【制作方法】

①把橘子皮、蒜仁、生姜均切成末。

②炒锅上火，放入花生油烧热，投入蒜末、生姜末、橘子皮炸香后，加入酸梅酱、辣椒酱炒匀，调入精盐、味精、白糖、胡椒粉和沙姜粉，用小火继续加热，翻炒均匀，淋入香油，起锅盛出即成。

【适用范围】适用于腥味较重的野味原料及炸、烹类菜肴的蘸食，具有抑恶除腥的作用。

【风味特点】红亮，鲜咸味香，酸甜带辣，清胃可口。

【注意事项】此酱比较适合作蘸料，把加热成熟的原料用其蘸食，效果极佳。在加热过程中一般把酱裹匀原料，上笼蒸至成熟。

十九、红烧汁

【调味配比】骨汤 300 克，老抽 20 克，生抽 15 克，绵白糖 15 克，南酒 10 克，食盐 3 克，大葱 5 克，鲜姜 5 克，味精 4 克，鸡精 2 克，十三香 2 克，湿淀粉 5 克（淀粉∶水=1∶1）。

【制作方法】

①大葱去掉表皮，洗净切段；鲜姜洗净切块。

②骨汤可选用鸡骨或猪骨熬汤。将骨汤煮沸，再放入处理好的葱段、姜块，倒入老抽、生抽、食盐、绵白糖、南酒，加热至沸，文火煮沸后放入十三香再煮沸，过滤，在滤液中加入味精、鸡精，用湿淀粉勾芡搅拌均匀即可。

【适用范围】适合于肉类、鱼类、豆制品等原料。

【风味特点】成品酱色，无分层、沉淀现象，有酱香味，鲜咸香甜醇香。

【注意事项】

①红烧汁可酱制肉食品及豆制品等，也可反复使用，在每次酱完食品后，酱汁应放入冰箱保存。

②在酱制肉食品时，先将肉食放入沸水中烫漂以去血水，然后捞出，再放入煮沸的调料汁中。

二十、酱爆肉丁料

【调味配比】甜面酱 15 克，盐 2 克，南酒 5 克，高汤 30 克，香油 5 克，白糖 10 克，生抽 18 克，老抽 2 克，色拉油 20 克，姜末 4 克，湿淀粉 12 克。

【制作方法】锅内加入色拉油，烧至四成热时下入姜末、甜面酱炒出香味，加入高汤、生抽、南酒、老抽、盐、白糖烧开后，加入湿淀粉勾芡，最后淋上香油出锅即可。

【适用范围】适用于炒、爆等烹调方法。

【注意事项】

①炒酱时温度不宜太高，防止面酱炒煳。

②配料时，将其他辅料逐一下锅，混合均匀，香油要最后加入。

【风味特点】颜色深红，光滑油润，味美香嫩。

第三节　甜酸味型

甜酸味型主要是甜味与酸味的结合，辅以咸味，突出甜中带酸、淡咸味中逸出香味的感觉。甜酸味广为我国各地群众所喜爱，一般来说，甜与酸的味觉比重为1∶1，给人以既甜又酸、甜酸平衡适中的感觉，具有爽口轻松、刺激食欲的特点。但必须辅之以一定咸味，以增强味觉的厚度。由于地区不同，甜酸味又形成略有差别的不同类型。

①甜味大于酸味的甜酸味。如苏州、无锡的"红烧鱼"，北方菜的"樱桃肉"等。

②酸味大于甜味的酸甜味。如茄汁味，为广东地区所喜爱。

③甜酸并重。如糖醋味。

一、新西兰酱汁

新西兰酱汁是新潮热菜的常用味型之一，成品具有酸甜微辣、色泽鲜艳、开胃健脾的特点，多用于水产类、海鲜类、蔬菜类原料的制作，适用于炒、爆等烹调方法。

【调味配比】番茄酱 500 克，OK 酱 300 克，蚝油 200 克，番茄沙司 250 克，盐、酱汁、美国辣椒仔各 5 克，味精、姜末各 10 克，色拉油 500 克，蒜泥 8 克，白糖、白醋各 20 克。

【制作方法】锅入色拉油烧至五成热，入蒜泥、姜末、辣椒仔小火焗炒出香，入番茄酱、盐、白糖小火炒红，加入 OK 酱、蚝油、番茄沙司、味精小火焗炒 2 分钟，出锅后加入白醋搅匀即可。

【适用范围】可以烹制任何海鲜、肉类。

【风味特点】酸甜微辣，开胃健脾。

【注意事项】注意调制时醋不耐加热，容易挥发。

二、油爆虾汁

油爆虾汁是制作油爆虾菜的专用调味料，可以重点突出原料本身鲜美味道。成品具有色红油亮、味鲜咸酸微甜的特点，主要用于虾类原料的制作，适用于炒、爆等烹调方法。

【调味配比】番茄酱 75 克，噎汁 25 克，生抽王 500 克，老抽王 150 克，味精50 克，香醋 150 克，白糖 50 克，香油 100 克，清汤 1000 克，花雕酒 150 克，洋葱丝 150 克，香葱 200 克，姜片 200 克，红辣椒丝 100 克，蒜片 150 克，西芹 200 克，色拉油 100 克（以 1000 克净料计）。

【制作方法】

①把香葱、西芹切段。

②锅内加入油烧热，放入番茄酱、洋葱丝、姜片、红辣椒丝、蒜片、香葱段、西芹段焗炒出香味时，烹入生抽、噎汁、花雕酒、香醋，加入清汤烧开，用小火慢慢熬至菜料出香时加入白糖、味精、老抽调好口味，淋入香油即可。

【适用范围】主要用于淋浇、清蒸及白焯的海鲜类原料的调味，也可将其作为味碟或蘸汁食用。

【风味特点】菜料清香，鲜咸略甜酸。

【注意事项】根据食客的需求适时变化虾汁的口味，可以加醋，也可不加醋，加醋者为酸虾汁，不加醋者为咸虾汁。将熬好的虾汁端离火眼，使其自然晾凉，然后用细漏网将其过滤干净。

三、干煎虾汁

干煎虾汁是粤式、港式热菜常用的味型之一，多用于水产类菜肴的制作，也可广泛用于其他原料的烹制，调味有去腥、增香、助味、提鲜的效果，以表现酸甜鲜咸的特色，风味独特。可用于蒸、炸、熘等烹调方法。

【调味配比 1】番茄汁 1000 克，砂糖 300 克，噎汁 400 克，OK 汁 200 克，精盐 5 克，味精 150 克，香油 50 克，橙黄色素水 15 克。

【调味配比 2】番茄汁 250 克，OK 汁 20 克，噎汁 8 克，牛柳汁 240 克，梅子酱 20 克，果酱 10 克，片糖 60 克，味精 8 克。

【调味配比 3】番茄汁 1000 克，砂糖 300 克，酱汁 400 克，OK 汁 200 克，香油 50 克，黄油 100 克，洋葱油 30 克，香蒜酱 20 克，精盐 5 克，味精 150 克，橙黄色素水 15 克。

【制作方法】将上述原料放锅中调和即可。

【适用范围】适用于煎、炸、蒸、熘法制作的海鲜菜肴。

【风味特点】色泽茄红，酸、香味丰富，鲜甜咸酸，五味醇和，可去腥、增香、提鲜。

【注意事项】番茄汁的颜色直接影响到菜肴的色泽，注意选择番茄汁。

四、马乃司沙司

马乃司沙司是制作西餐沙拉的调味料，具有色泽浅黄、酸滑微咸、口味鲜香的特点。一般适宜在 4～5℃通风存放。沙拉是英语 Salad 的译音，我国北方习惯译作"沙拉"，上海译作"色拉"，广东、香港则译作"沙律"。如果将其意译为汉语，就指的是凉拌菜。

沙拉是用各种凉透的熟料或是可以直接食用的生料，加工成较小的形状后，再加入调味品或浇上各种冷沙司或冷调味汁拌制而成的。沙拉的原料选择范围很广，各种蔬菜、水果、海鲜、禽蛋、肉类等均可用于沙拉的制作。但要求原料新鲜细嫩，符合卫生要求。沙拉大都具有色泽鲜艳、外形美观、鲜嫩爽口、解腻开胃的特点。

【调味配比】鸡蛋黄 2 个，色拉油 50 克，冷清汤 10 克，芥末油 2 克，白醋 6 克，柠檬汁 5 克，精盐 1 克，胡椒粉 0.5 克（以 200 克净料计）。

【制作方法】

①将蛋黄放在陶瓷器皿中（切忌使用铜锅和钢精锅，因接触酸性后易起化学作用），下面垫一块湿布，防止移动。

②用蛋抽将蛋黄搅匀，将色拉油一边注入碗内，一边不停搅打，直到变浓稠时，使蛋黄与油融为一体。然后逐步加入剩余的色拉油，继续搅打至色拉油全部注完为止。当搅至黏度增大、手感吃力时，加入白醋和冷清汤，再放入精盐、胡椒粉和芥末油、柠檬汁，边加边搅，呈薄酱状时，如果色拉油较稠，适量加些剩余的醋和温开水搅匀，但不要过酸。

【注意事项】鸡蛋一定要新鲜。色拉油要徐徐加入，不可心急。

五、糖醋汁

糖醋味是热菜中普遍使用的味型之一，标准的糖醋味是进口甜酸，回口咸鲜。重要的是掌握糖、醋、盐三种调味品之间的比例关系，如果比例失调，很容易同荔枝味和咸甜味相混淆，感到味不正宗。因此，掌握糖、醋、咸三种味的比例关系应为：咸味 25%，糖味 45%，醋味 30%。

【调味配比】白醋 500 克，片糖 800 克，果酱 50 克，噫汁 200 克，番茄沙司 300 克，橙红色素 2 克，洋葱 50 克，生姜 10 克，蒜仁 15 克，OK 汁 200 克，辣酱油 20 克，生抽 10 克，精盐 50 克。

【制作方法】将上述原料下锅搅匀、烧开即可。

【适用范围】主要用于糖醋味菜肴。

【风味特点】味重甜酸，味美可口，回味无穷。

【注意事项】

①调味要按照顺序操作，不要打乱。

②要重视盐的作用，精盐可以定味，又可以综合糖和醋的味道，形成一种鲜醇而又柔美的复合味。

③调味时，盐和糖在味汁中必须完全溶化，醋要最后加入，因为其性能不稳定，易挥发。

六、香槟汁

香槟味是新潮热菜中甜酸味型之一，在调制时运用的调味品较多，具有色泽奶黄、奶酒香浓、酸甜略咸、滑润可口的特点。香槟味多用于禽类、鱼类原料的制作，适用于滑炒、煎、炸、烧等方法烹制，代表菜肴如香槟鸽脯、香槟煎虾等。在法国美食中，不同风格的香槟酒与不同的菜式可以搭配，起到互臻完美的效果。近年来，香槟酒在世界各地越来越受欢迎，因为其新鲜的口感适合清淡自然的菜肴，如日本菜肴中的生鱼片、烤鱼，广东菜肴中的蒸鱼和白灼虾；而且一些口味较重的亚洲菜肴也能找到可以搭配的香槟酒，如烤肉或清炒小菜和一些馥郁型的香槟酒就是比较好的组合。

【调味配比】七喜饮料 350 克，沙拉酱 100 克，白糖 100 克，浓缩柠檬汁 30 克，炼乳 40 克，精盐 4 克，香槟酒 50 克，鸡精 30 克，白醋 50 克（以 500 克净料计）。

【制作方法】取一容器，将沙拉酱与饮料加入勾调成酱汁，再将白糖、鸡精、盐一起放入调匀，再加入炼乳、柠檬汁、白醋及香槟酒搅拌均匀即可。

【适用范围】适合于炸或作为味碟使用。

【风味特点】色泽奶黄，酸甜微咸，滑润可口。

【注意事项】

①为突出香槟酒的醇香，不要对味汁加热，以免挥发。

②在调制过程中要注意各种调味料加入的先后顺序。

七、西柠汁

西柠汁是当前新潮热菜的调味料，具有柠檬酸香、奶油香甜、色泽淡黄、甜酸适口、微带咸鲜、诱人食欲的特色，四季均宜，尤以夏季用于刺激食欲为佳。广泛运用于动物类、水产类、禽类原料制作，与烧、煎、蒸等烹调方法结合使用较多。

【调味配比】浓缩柠檬汁 500 克，鲜柠檬 2 个，白糖 750 克，白醋 500 克，洋葱 100 克，生姜 100 克，西芹 100 克，白葡萄酒 300 克，奶油 100 克，吉士粉 100克，精盐 10 克（以 1500 克净料计）。

【制作方法】把柠檬切成半圆薄片，洋葱切丝，生姜去皮切片，西芹切段。将柠檬汁、白糖、白醋、洋葱丝、柠檬片、生姜片、西芹段、葡萄酒、精盐、奶油一起放入净锅中，用小火熬出香味时捞净残渣，搅入吉士粉即可。

【适用范围】主要适宜于挂糊或煎的鸭片、鸡条、肉块、鱼块等菜肴。也可用作菜肴的蘸汁或味碟。可运用于动物类、水产类、禽类原料制作，以烧、煎、蒸制法为佳。

【风味特点】色泽淡黄，奶油香甜，柠檬酸香，甜酸适口，微带咸鲜，诱人食欲。

【注意事项】

①调制此汁的锅最好选用铝锅或不锈钢锅，勿用铁锅，因为用铁锅熬制的西柠汁色泽发乌，易发生化学反应。调制好的西柠汁能存放较长时间，注意其存放的环境及温度，勿冷冻。

②熬制时要用小火，且不要长时间加热，否则易挥发，影响口味。

八、茄汁

番茄酱是在 20 世纪初从西方引入中国的。最初多用于西餐，后逐渐为中餐所运用，并较之西餐运用有很大发展和丰富，发展为当今重要茄汁味型，形成茄汁菜式。以番茄制品为主（分为番茄沙司、番茄膏、番茄酱三种）进行调味，味感表现为甜味与酸味的结合，色泽鲜艳，诱人食欲，给人以美好的感觉。番茄沙司为熟制品，可以直接食用。番茄膏、番茄酱为生品，在使用时一般要用油炒熟，再加汤汁，这样颜色更加红亮。也可以直接加在汤汁中调色。

【调味配比】番茄酱 500 克，番茄 200 克，葱姜末各 15 克，洋葱丁 100 克，胡萝卜丁 100 克，冬笋丁 100 克，冬菇丁 100 克，青豆 50 克，精盐 10 克，白糖 150克，陈醋 250 克，色拉油 300 克，高汤 500 克，湿生粉 35 克（以 1000 克净料计）。

【制作方法】

①把胡萝卜丁、冬笋丁、冬菇丁、青豆入开水中焯一下捞出，番茄切小方丁。

②锅内加油烧热，葱姜末、洋葱丁煸炒出香味后煸炒番茄丁，加番茄酱继续翻炒，加高汤、胡萝卜丁、冬笋丁、冬菇丁、盐、白糖烧开调好口味，用中火煨 4～5分钟，放入青豆、陈醋，用湿生粉勾浓溜芡，翻炒均匀出锅即可。

【适用范围】适用于调制牛肉、海鲜、各种菌类等原料，其口味极佳。此汁非常容易融合其他调味料，构成丰富多彩的滋味。

【风味特点】色泽红亮鲜艳，口味芳香浓郁，酸甜适口。

【注意事项】番茄酱在煸炒过程中一定要使其熟透且出香。在炒制时需用小火慢慢翻炒，防止出现焦煳味。茄汁中选用的醋可以是陈醋，也可以是白醋，陈醋味道醇厚，其色发黯，白醋无色，其味略逊。一般茄汁味中无须加味精，会产生涩味，禁用。

九、香橙汁

香橙味是新潮菜肴的味型之一，原为港派、海派菜肴的主要味型之一，现广泛用于多种菜肴中，深受消费者欢迎。此味调料多，以突出香橙汁为特点。成品色泽鲜黄、奶香诱人、酸甜可口、咸鲜爽口、有开胃消食的作用。

【调味配比】鲜橙 2 个，鲜柠檬 1 个，浓缩橙汁 80 克，吉士粉 10 克，白糖 30 克，精盐 5 克，白醋 25 克，清水 200 克，色拉油 20 克（以 400 克净料计）。

【制作方法】

①将鲜橙和鲜柠檬榨出汁。

②锅中加入色拉油，将清水、白糖、浓缩橙汁、橙汁、柠檬汁、精盐放入，加入白醋搅拌均匀，用吉士粉勾芡即可。

【适用范围】香橙汁在烹调中适用于动物类、水产类、禽类原料，以煎、炸、炒等方法为宜。

【风味特点】酸甜适度，香味扑鼻，色泽鲜黄，别具一格。

【注意事项】鲜橙、柠檬要现用现榨，以保证色泽与风味。

十、京都汁

京都汁是新潮热菜的常用味型之一，使用范围广泛。一般用于菜肴保色，突出原料本身鲜美味道的烹制。成品具有鲜咸醇和、洁白清亮的特点，多用于水产类、海鲜类、蔬菜类原料的制作，适用于炒、爆等烹调方法。

【调味配比】大红浙醋 500 克，OK 汁 100 克，番茄酱 500 克，白酱油 150 克，鱼露 50 克，白糖 500 克，炼乳 500 克，椰汁 100 克，红葡萄酒 500 克，生姜 50 克，洋葱 100 克，香菜根 50 克，精盐 20 克，色拉油 100 克（以 2000 克净料计）。

【制作方法】生姜去皮切片，洋葱切成丝，香菜根洗净。锅内加入色拉油烧热，将姜片、洋葱丝、香菜根放入焗出香味，然后加番茄酱、OK 汁焗炒，烹入浙醋、白酱油、鱼露搅拌均匀，接着倒入炼乳、椰汁、红葡萄酒用中火烧开，调入白糖、精盐调好口味，用小火熬制 10 分钟，并不时用手勺搅动，最后用细漏勺打净残渣，盛出即好。

【适用范围】主要用于挂糊炸的肉类原料的调味，如排骨、鱼条、猪肉等，以及不需要挂糊炸的原料的调制，如土豆、香芋、山药、肉扒、猪排、鸡脯等。也可将其作为味碟或蘸食之料。

【风味特点】流行味汁，复合味，酸甜香辣鲜五味俱全，色泽鲜艳。

【注意事项】

①大红浙醋入锅后搅匀即可，切不要长时间加热，以免醋香味挥发。

②京都汁呈流质状态，在烹制菜品时无须勾芡。此汁富含像炼乳、椰汁这样高蛋白、高脂肪的调味料，不易保存，一般当天加工当天用，最多在冷藏环境中放置 1～2 天。

十一、脆皮鸡皮水

"脆皮炸鸡"是广州名菜，20 世纪 50 年代盐焗鸡、文昌鸡、太爷鸡和脆皮鸡合称为"四大名鸡"，享誉国内外。皮脆，肉鲜，骨香，鸡皮大红，是脆皮鸡的特点。

【调味配比】清水 500 克，麦芽糖 150 克，白醋 40 克，大红浙醋 50 克，砂糖 40 克，南酒 40 克，橙红色素 2 克。

【制作方法】将麦芽糖上笼屉蒸熔化待用。清水与砂糖一同煮至糖液溶化，加入麦芽糖搅拌均匀，离火冷却后加入白醋、大红浙醋、南酒、橙红色素搅拌均匀即可。

【适用范围】适用于禽畜类原料外皮的上色，以使菜肴外表美观。

【风味特点】色微红，味略有酸甜。

【注意事项】

①鸡身淋脆皮鸡皮水，一定要均匀，特别是翅底部分。否则炸后表皮深浅不一。

②调糖液时醋一定要等汤冷透再加，否则容易挥发。

十二、西汁

西汁味是热菜中西味中用的调味料，作为一种新的热菜复合汁运用广泛，在运用中，以汁新鲜，自己制作为宜。

【调味配比】鲜番茄片 2500 克，洋葱片 500 克，胡萝卜块 500 克，芹菜段 500 克，香菜段 250 克，葱条 25 克，生姜（拍破）、蒜肉各 25 克，花生油 50 克，猪骨块 1500 克，精盐 15 克，味精 20 克，白糖 160 克，番茄汁 1250 克，鸡汁 300 克，果子汁 300 克，食用色素少许。

【制作方法】将花生油放入锅中烧热，投入番茄片、洋葱片、胡萝卜块、芹菜段、香菜段、葱条、姜块、蒜肉焗炒出香味，再转入瓦盆中，加入猪骨块、清水 15000 克烧开，转用小火煨 1 小时，端离火口，凉后过滤出原汤汁，再加入精盐、味精、白糖、番茄汁、鸡汁、果子汁及食用色素等调和均匀即成。

【适用范围】适用于焗、烧、脆熘等烹调方法制作的菜式。

【风味特点】咸香可口，醇厚微辣，具有西菜风味。

【注意事项】煮蔬菜水时要用小火且要长时间加热，切不要用大火，以免造成汤汁浑浊影响成菜质量。

十三、牛柳汁

牛柳汁是新潮热菜的常见调味料，深受食客的欢迎。具有咸鲜而酸甜、香浓丰富醇厚、略带辣味的特点，适宜动物类、水产类菜肴的制作，宜与烧、炒、炸等烹调方法配合，四季均宜。

【调味配比】洋葱 300 克，西芹 300 克，番茄 300 克，红白萝卜各 300 克，干葱头 100 克，八角 25 克，草果 25 克，清水 5000 克，番茄酱 1500 克，酱汁 300 克，OK 汁 500 克，精盐 15 克，味精 5 克，南酒 150 克，美极鲜酱油 150 克，食用橙黄色素少许（以 5000 克净料计）。

【制作方法】

①将洋葱、西芹、番茄、红白萝卜洗净切成块，将葱头、八角、草果放入清水中火烧开，改用小火慢慢熬制 2～3 小时，用细漏网滤去残料。

②汤中加入番茄酱、噫汁、OK 汁、精盐、味精、南酒、美极鲜酱油并不断用手勺慢慢搅动，开锅后用食用橙黄色素调色即可。

【适用范围】适用于焗牛柳、焗牛扒、焗猪扒等品种，此汁适于淋浇在加热好的原料表面。多用于焗、煎、烧、扒等烹调技法。适于制作煎牛柳、煎猪扒及煎鸡脯等。

【风味特点】酸甜适口，味香浓，典型的西式味汁，酸甜香料味并存。

【注意事项】制作时要边加热边搅拌。此汁适用于大批量的加工，冷却后加盖保鲜膜入冰箱冷藏，保存的时间比较长。用此汁调制的菜品，原料在加热前要有足够的基本味。调好的牛柳汁无须用淀粉勾芡，其浓稀度适中，适宜附着在原料表面。

十四、果汁

果汁味是新潮热菜的常用调味料，具有酸甜适口、味香浓、色泽深红、开胃可口的特点，可与煎、炸、熘等烹调方法配合使用，效果颇佳。

【调味配比】番茄汁 1500 克，噫汁 500 克，淡二汤 500 克，柠檬 5 克，香叶 5 克，精盐 10 克，白糖 100 克，糖醋汁 200 克，柠檬黄色素适量。

【制作方法】将番茄汁、噫汁、淡二汤、糖醋汁、柠檬汁和香叶放入瓦煲中慢火熬滚，略收浓汁水，再用精盐、白糖调好味，再用柠檬黄色素调好色便成。

【适用范围】适用于果味葡萄鱼、果汁蒸软鸭、果汁煎猪排等菜肴的烹制。主要运用于禽类、动物类原料，四季均宜一。

【风味特点】酸甜适口，味香浓，色泽深红，酸香诱人，开胃可口，风味独具。

【注意事项】制作时要边加热边搅拌。

十五、哈葡吉祥汁

【调味配比】哈密瓜、葡萄各 500 克（挤汁），白醋 50 克，吉士粉 10 克，香菜 5 克，精盐 3 克，白糖 30 克，红尖椒粒 3 克，杞果香精少许。

【制作方法】将哈密瓜、葡萄挤汁，加入白糖、精盐、白醋、吉士粉、香菜、红尖椒粒，放入炒锅烧沸，捞出香菜，加入杞果香精调匀，冷却后即成。

【适用范围】适用于哈葡银鱼排、哈葡焗鱼等菜肴的烹制。

【风味特点】果味清香，酸甜适口。

【注意事项】杞果香精要最后放入，这样调出的汁才能浓香。

十六、蔗菠富贵汁

蔗菠富贵汁是新潮热菜的调味料，深受食客的欢迎。具有甜酸香浓的特点，适宜于蔬菜类、水产类菜肴的制作，宜与炸、煎等烹调方法配合，四季均宜。

【调味配比】甘蔗汁 100 克，菠萝汁 150 克，橙汁 50 克，枣花酱 200 克，酸梅酱 100 克，蜂蜜 30 克，卡夫奇妙酱 50 克，海鲜酱 100 克，草莓酱 100 克，奶油 10 克，浓缩柠檬汁 450 克，白醋 300 克，精盐 4 克。

【制作方法】将以上调味料混合均匀即可。

【适用范围】适用于蔗菠凤尾虾等菜肴的烹制。

【风味特点】果汁清香，甘甜味美。

【注意事项】不宜大量制作，尤其是夏季，容易酸败。应将调味汁置于冰箱内冷藏，以防变质。

十七、菊梨汁

菊花与梨都有润肺的食疗功效，用来调味制作热菜，适用于煮、氽、炸熘等烹调方法，宜与鸡脯肉、猪肉等原料结合，具有酸甜适口、口味浓香的特点。

【调味配比】白菊花 10 克，梨汁 300 克，白糖 28 克，精盐 3 克，白醋 25 克，蜂蜜 6 克（以 300 克净料计）。

【制作方法】将白菊花用冷水浸泡回软后放入梨汁中，加入白糖、盐，小火加热 10 分钟，离火晾凉后加蜂蜜、白醋调味即可。

【适用范围】适用于水产品等动物性原料。

【风味特点】酸甜适口，口味浓香。

【注意事项】菊花茶要熬出香味。白醋不耐加热，应在调味后加入。梨汁应现榨现用。

十八、OK汁

OK 汁是新潮热菜的常用味型之一，酸而带甜咸味，果香果味浓郁，具有开胃去油腻的作用。可与煎、氽、蒸、涮等烹调方法配合使用，也可以作为酸、香、果味调味料参加各种复合味的调制。

【调味配比】番茄 500 克，洋葱 250 克，蒜头 50 克，苹果酱 250 克，瓶装柠檬汁 75 克，橙汁 25 克，蚝油 100 克，番茄汁 100 克，高汤 1500 克，白糖 20 克，精盐 15 克，花生油 100 克。

【制作方法】

①将番茄、洋葱切碎，蒜头剁成末备用。

②将锅烧热，放入花生油，将蒜头末和洋葱、番茄下锅炒香，装入大煲中，下入提前熬制好的高汤，用慢火熬制半小时后滤出洋葱、番茄和蒜头末。将高汤倒回煲中，加入苹果酱、柠檬汁、橙汁、蚝油、番茄汁、白糖、精盐等调料，上炉烧开调匀即成。

【适用范围】可作为酸甜调味料单独使用，也可与其他调味料配合使用。

【风味特点】色泽棕黑，具有多种蔬菜和水果的清香，味道酸甜可口，是比较高级的调味品。

【注意事项】在炒制 OK 汁原料时，一定要把葱、蒜、番茄等炒出香味来。

十九、荔枝味汁

荔枝味是热菜中的常用味型，因味如荔枝，酸甜可口而得名。有"进口酸，回口甜"的食用效果，必须注重糖的用量要比醋略少，才能体现酸甜味。有色泽红亮、刺激食欲、开胃助消化的特点，四季可用，佐酒用饭均宜。

【调味配比】精盐 1 克，白糖 16 克，清汤 50 克，白酱油 10 克，米醋 18 克，番茄酱 22 克，味精 3 克，色拉油适量，葱、姜、蒜各 10 克（以 500 克原料计）。

【制作方法】炒锅上火，放入少量油，先焗香葱、姜、蒜后，放入番茄酱炒出红色，加入 50 克清汤，烧开后将剩余的调料加入即可。

【适用范围】主要适用于熘的烹调方法。

【风味特点】甜酸鲜香，回味微咸，四季均宜，下酒佐餐的菜肴均可应用。

【注意事项】操作中，要在焗香小料、将番茄酱炒出红色后立即烹醋，这样味道才更香浓。

二十、姜汁醋

姜有解毒、止泻、发汗、祛寒增温的功效，对呕吐、腹泻有一定的药用价值。民间有"冬食萝卜夏吃姜，不劳医生开药方"的说法，说明姜对人体健康是非常有益的。

【调味配比】米醋 300 克，鲜姜 60 克，白砂糖 10 克，食盐 5 克。

【制作方法】

①将鲜姜清洗干净，控干水分，用绞肉机将鲜姜绞碎。

②将绞碎的姜、白砂糖、食盐一同放入米醋中，搅拌均匀，使糖、盐溶解，浸泡 2 天后，用纱布过滤，滤液即为姜汁醋。

【适用范围】主要做味碟使用。

【风味特点】色泽红褐，有米醋和鲜姜特有的香气，口感甜香，姜味醇正。

【注意事项】姜末切得越细越好。使用的容器要清洗干净，浸泡过程中不要与外界空气接触，以免污染，影响质量。

二十一、开胃果汁酱

开胃果汁酱是新潮热菜的调味料，深受食客的欢迎。具有甜管浓厚的特点，适宜于蔬菜类、水产类菜肴的制作，宜与炸等烹调方法配合，四季均宜。

【调味配比】哈密瓜 500 克，苹果 500 克，香蕉 500 克，青水榄（市场有售）50 克，黑水榄（市场有售）50 克。

调味料：沙拉酱 500 克，炼乳 50 克，白糖 100 克，鹰粟粉 50 克，精盐 5 克。

【制作方法】

①将哈密瓜、苹果、香蕉、青水榄、黑水榄等水果打碎去渣成果汁。

②将果汁加入白糖、鹰粟粉、精盐放入锅中小火熬制成浓膏状，待其自然冷凉，再加入沙拉酱、炼乳搅匀即成。

【适用范围】可以用于各种时蔬色拉、炸果汁等。

【风味特点】色泽乳白，果味清香。

【注意事项】注意沙拉酱不要加热。

第四节　咸酸味型

咸酸味是热菜的基本味型之一，主要突出咸味与酸味的结合，给人以鲜的感觉，所用较少，但独成一格。在多数情况下，酸大于咸，使人觉得酸中有咸，咸中有鲜。具有清爽而刺激食欲的特点。多用于热菜中的汤菜、熘菜的调味，是夏秋消食解腻、清暑的佳味。

一、爆炒腰花味汁

爆炒腰花汁是鲁菜特有的滋味，必须选用济南特产——洛口醋。酱香咸重，酸柔醋浓，相得益彰恰遮腰花的异味。

【调味配比】盐、味精、白糖各 0.5 克，洛口醋 23 毫升，味达美酱油 3 毫升，老抽 4.5 毫升，生粉 4.5 克，红曲米水 9 毫升，南酒 8 毫升，胡椒粉 0.4～0.5 克（以 400 克净料计）。

【制作方法】采用碗内兑汁,将酱油、洛口醋、盐、味精、白糖、南酒、红曲米水、胡椒粉、生粉按照一定的比例调兑在一起,焗炒配料,倒入主料,加入味汁,撒青蒜苗,淋花椒油,翻炒均匀出锅即可。

【适用范围】此汁是烹制爆炒腰花的专有味汁,一般不适用其他菜肴的制作,根据原料的质地及色泽,适时调加其他调味料,以变化此味汁,用于制作其他菜品。

【风味特点】色泽红亮,质地脆嫩,鲜咸微酸,食之爽口。

【注意事项】掌握各种调味料之间的比例非常重要,尽量用原汁酱油的咸味来调节此味汁的鲜咸味。腰花在加热前无须入味和上浆。加热的油温控制在八九成热,操作的速度要快。烹炒前要将调味料搅拌均匀再倒入菜肴中。

二、老醋汁

老醋汁是新潮热菜的调味料,多用于水产类、海鲜类、蔬菜类原料的制作,成品具有酸中有咸、咸中有鲜的特点,也有开胃、刺激食欲的功效,适用于爆、烧、烹等烹调方法。

【调味配比】味达美酱油 10 克,陈醋 25 克,白糖 20 克,味精 3 克,辣椒油 3 克,花椒油 3 克。

【制作方法】将以上调料勾兑后搅拌均匀对成老醋汁。

【适用范围】主要适用于蔬菜类原料的烧制,如辣椒、冬瓜等。

【风味特点】咸酸微甜,色酱红,醋香浓郁。

【注意事项】调味最宜选用老陈醋,酸度适口。

三、陈芹汁

陈芹汁是新潮热菜的复合味之一,起源于港台菜肴,现已流传各地,着重突出陈皮、芹菜的清香,适用于炒、爆、烧、烹等烹调方法。

【调味配比】陈皮细末 20 克,洋葱末 30 克,芹菜粒 25 克,白糖 6 克,精盐 4 克,番茄酱 25 克,白胡椒粉 2 克,鸡精 7 克,鲜汤 120 克(以 500 克净料计)。

【制作方法】净锅内加入鲜汤、糖和盐溶化后,再将所有的调料全部加入调匀即可。

【适用范围】主要是水产类、禽类菜肴等,四季均宜。

【风味特点】具有色泽淡红、咸鲜微酸、略有甜辣、芹香浓郁的特色。

【注意事项】芹菜最好选用实心的中国芹菜,调味后风味足。

第五节　甜香味型

甜香味型是以甜味剂与某些具有香气成分的原料为主要结合形式的味型，一般是甜菜、甜点的专门味型。在甜菜中，一般需添加盐，但只能是痕量，起对比或增强的作用，在甜点中则无须加盐。甜香味型给人以甜绵醇厚的感觉，单纯表现甜味，常见用量为 10%～15%，如拔丝、蜜汁菜肴。要甜度适宜，做到"甘而不浓"。调味品与各种有特殊芳香气味的原料，有的不能共同使用，以免影响甜味菜肴风味的突出，如桂花不能与香蕉同用，柠檬不能与苹果同用等。要了解甜味配料的调味、功用，以及对风味特色的影响，避免吃了发腻。

一、纯甜味

以糖为唯一味剂，主要用于拔丝、挂霜类甜式菜点。在点心中可适量添加糖、猪板油，则称之为"水晶馅"。

二、蜜饯味

【调味配比】桂圆肉 25 克，瓜子仁 5 克，糖莲子 40 克，蜜饯 200 克，蜜枣 75 克，桂花 5 克，白糖 50 克，猪油 200 克，核桃肉（炒熟）50 克，糖青梅 25 克。（用量根据实际情况自定）

【制作方法】将以上原料拌和均匀即可。

【适用范围】主要用白糖，辅之以冬瓜糖、青红丝、果脯、蜜枣和青梅等蜜饯，突出蜜饯的甜香风味，主要用于甜菜。

【风味特点】甜香味美，味厚而不腻。

【注意事项】注意蜜饯等原料本身具有甜味，不可调制过甜。

三、冰糖水

以冰糖作为主要调味剂，具有甘甜、味醇的口味特点，以及润肺止咳、清痰去火的食疗功效。

【调味配比】清水 500 克，冰糖 250 克。

【制作方法】将冰糖和水加热，小火熬开 20 分钟后即为冰糖水。

四、蜜汁

蜜汁味是冰糖、白糖、蜂蜜、盐（微量）的结突出蜂蜜的甜香风味，甜汁稠黏。

常用于蒸、蜜汁等甜菜菜肴。具有甜香滋润、色红油亮的特点，是制作夏季甜菜的首选，适合薯芋类原料的制作加工。

【调味配比】蜂蜜 10 克，白糖 20 克，冰糖 15 克，清水 500 克，盐 1 克，湿淀粉 15 克，香油 5 克，色拉油适量。

【制作方法】锅内放入油，加入冰糖，小火加热，不停用手勺搅动，至颜色发红时加入清水，调入白糖、盐、冰糖烧开，用湿淀粉勾琉璃芡后，离火加入香油、蜂蜜拌均匀即可。

五、糖桂花汁

糖桂花味是在蜜汁味的基础上添加糖桂花，突出桂花香味。主要用于汤、羹甜食中。具有甜香滋润、色红油亮的特点，是制作夏季甜菜的首选，适合薯芋类原料的制作加工。

【调味配比】冰糖 15 克，蜂蜜 10 克，白糖 10 克，桂花酱 20 克，清水 500 克，湿淀粉 15 克，香油 5 克，色拉油适量。

【制作方法】将锅内放入油，加入冰糖，小火加热，不停用手勺搅动，至颜色发红时加入清水，调入白糖、桂花酱烧开，用湿淀粉勾芡后，离火加入蜂蜜、香油搅拌均匀即可。

【注意事项】炒糖时注意火力，以小火操作为佳。

六、桂花菠萝酱

桂花菠萝酱具有味香鲜滑的特点，适用于炸、蜜汁类菜肴的烹制。

【调味配比】鲜菠萝 250 克，淡盐水 500 克，柠檬皮 25 克，柠檬汁 100 克，桂花酱 150 克，白砂糖 100 克，花雕酒 15 克，精盐 2 克。

【制作方法】将鲜菠萝去皮洗净切片，用淡盐水浸泡 20 分钟去苦味，再与柠檬皮一起入搅拌机中打碎，与柠檬汁、桂花酱、白砂糖、精盐、花雕酒入锅内烧沸即可。

【注意事项】菠萝要现用现搅拌，不宜长时间放置。

七、叉烧汁

"叉烧"是烤肉的一种方法，"叉烧"是从"插烧"发展而来的，把腌渍后的瘦猪肉挂在特制的叉子上，放入炉内烧烤。成品具有色泽红亮、香气宜人的特点，深受人们的喜爱。

【调味配比】白砂糖 300 克，酱油 100 克，腐乳汁 50 克，南酒 50 克，芝麻酱 3 克，食盐 14 克，香油 10 克，味精 5 克。

【制作方法】

①将酱油放入干净的锅内，放入芝麻酱、腐乳汁混合，加热搅匀。

②将白砂糖、食盐、南酒一同倒入上述调味汁中，文火加热，边加热边搅拌，使其充分溶解，加热至沸片刻，再倒入香油、放入味精，搅拌均匀即可。

【适用范围】适用于禽畜类原料的烹调，也可以作为面点的馅心使用。

【风味特点】色泽红润，香气浓郁。

【注意事项】

①将肉放入叉烧汁中浸泡 1 天，然后放入烤炉，240℃左右烧烤 20～30 分钟，再用旺火将汁浓缩，浇在肉上即可食用。

②根据个人口味自行调整配料，如可将腐乳汁改为红曲水。

八、桂花汁

【调味配比】白糖 30 克，桂花陈酒 50 克，桂花酱 10 克，吉士粉 50 克，香橙粉 100 克，鲜橙汁 50 克，白醋 50 克，精盐 2 克，清水 400 克。

【制作方法】炒锅上火，将上述调味料放在锅中调和均匀即可。

【适用范围】适合根茎类植物原料和无异味的动物性原料的烹制。

【风味特点】味道甜香，有浓郁的桂花香气。

【注意事项】白醋有挥发性，应在烹调后期加入。

第六节　咸香味型

咸香味型主要以咸味剂与香料的结合为主要倾向，微加辛辣酸甜的配合，在浓厚中见清淡，十分醒味。

一、南乳酱

南乳又叫红腐乳，是用红曲发酵制成的豆腐乳。它表面呈枣红色，内部为杏黄色，味道带脂香和酒香，微有甜味，乳香咸鲜，微辣回甜。适用于海鲜类、牛肉、猪肉等原料的调味，如乳酱海鲜煲、乳香扒牛排等菜肴的烹制。

【调味配比 1】南乳汁 400 克，芝麻酱 75 克，腐乳（约 2 块）20 克，花生酱 65 克，蒜蓉 5 克，花雕酒或南博 50 克，生抽 15 克，盐 2 克，白糖 12 克，鸡精 6 克，玫瑰露酒 50 克，红曲水 25 克（红曲米：水=1：1.5）。

【制作方法 1】将芝麻酱、花生酱用水澥开，将所有调味料混合均匀。

【调味配比 2】南乳 500 克，芝麻酱 50 克，腐乳 30 克，红油 15 克，花生酱 20 克，芹菜末 20 克，蒜蓉 5 克，花雕酒 50 克，生抽 30 克，精盐 5 克，白糖 50 克，鸡粉 6 克，鱼露 50 克，橙红食用色素适量，色拉油 100 克（以 750 克净料计）。

【制作方法 2】

①将芝麻酱、花生酱用纯净水调澥开，锅内加入色拉油烧热，炸香蒜蓉，加入南乳、腐乳炒出香味，烹入花雕酒，放入芝麻酱、花生酱、生抽、鱼露烧开，加入盐、白糖、鸡粉调好口味，下入橙红食用色素调色，撒入芹菜末搅拌均匀，淋入红油即可。

②锅内加入调味料，小火加热，烧开即可。

【注意事项】水溶性酱料（如芝麻酱、花生酱）和油溶性酱料（如南乳、腐乳）在一起调制时，一定要将其完全溶解融合。此酱汁呈流泥状态，如出现溅汤或溅油现象，须入锅重新加热调制。每次加工此酱汁的量不宜多。

二、虾酱汁

虾酱是用小虾加入盐，经发酵磨成黏稠状后做成的酱食品。味道很咸，一般作为调味使用，入菜具有调味、增香的作用。在传统的虾酱调味基础上，与其他调料融合制成的虾酱汁，具有虾酱味浓郁、咸鲜而清香的特点，很受食客欢迎。适合与炸、煎等烹调方法结合使用。

【调味配比】虾酱 50 克，南酒 30 克，植物油 30 克，花生酱 25 克，大葱 20 克，酱油 20 克，食盐 2 克，胡椒粉 6 克，味精 6 克。

【制作方法】

①大葱去皮，清洗干净，切碎；虾酱与花生酱混合。

②将植物油加热，油温在四成热时倒入混合的调味酱，炒制片刻，再放入酱油、食盐、切碎的葱、南酒及 400 克清水，搅拌均匀加热至沸，改文火煮沸 20 分钟，最后加入胡椒粉、味精搅拌均匀即可。

【适用范围】适用于动物性、植物性原料的加工制作。

【注意事项】用鸡汤或骨汤调味，口味更加鲜美。

【风味特点】口味鲜香，虾酱味浓郁。

三、乳酱汁

乳酱汁是以腐乳为主进行调味的一种调味料，具有腐乳味香、咸鲜微麻的特点，深受食客欢迎，适合与烧、煎等烹调方法结合使用。

【调味配比】腐乳 300 克，生抽 120 克，米酒 40 克，蚝油 30 克，大葱 20 克，鲜姜 20 克，白砂糖 15 克，食盐 2 克，芥末酱 10 克，花椒粉 6 克，味精 5 克，植物油 50 克。

【制作方法】

①将腐乳放入干净的容器内捣碎。大葱去掉外皮，洗净剁碎。鲜姜清洗干净，用刷子刷净凹凸不平处，去掉表皮及腐烂部分，用水冲洗干净，控干水分，用绞肉机将鲜姜绞碎。

②将植物油加热至六成热时，倒入剁碎的腐乳、大葱、鲜姜、花椒粉，炒至出香味，再倒入适量的水及生抽、米酒、盐、白砂糖、蚝油搅拌均匀，文火加热至沸，最后加入芥末酱和味精，搅匀即可。

【适用范围】一般用于肉菜、蔬菜、鱼类的烹制。

【风味特点】有浓郁的腐乳香味，鲜咸微麻。

【注意事项】注意用具及加工过程的卫生。

四、海鲜汁

海鲜汁是以经济价值较低的海产品（海带、鱼骨）为主制成，具有海鲜味浓、色泽棕褐、清香的特点，适合与蒸、白灼等烹调方法结合使用。很受食客欢迎。

【调味配比】海带 300 克，特色酱油 30 克，干白葡萄酒 13 克，白砂糖 6 克，食盐 5 克，紫菜 5 克，味精 1 克，黑胡椒粉 1 克。

特色酱油配料：酱油 400 克，南酒 40 克，鲜姜 20 克，八角 8 克，丁香 5 克，香叶 3 克。

【制作方法】

①海带清洗干净，放入蒸锅内蒸 30 分钟，然后切碎，再加入 600 克水打浆；海带浆煮沸 30 分钟，备用。

②制备特色酱油时，先将香辛料（大料、丁香、香叶）用纱布包好，鲜姜洗净，切碎，再将酱油倒入干净的锅内，放入香辛料包加热至沸，文火煮沸后倒入南酒，煮沸，停火过滤，滤液备用。

③将海带浆、特色酱油、白砂糖、食盐混合，边加热边搅拌，使原料充分溶解混合。放入锅中小火加热至沸后，放入干白葡萄酒、紫菜（紫菜预先切碎），边加热边搅拌，最后加入味精、黑胡椒粉，搅拌均匀，即为成品。

【适用范围】用于海鲜类原料的烹制，多用于蘸料。

【风味特点】色泽棕褐，有浓郁的海鲜味，汁略黏稠。

【注意事项】煮海带时注意应将表面的浮沫去掉，以减少腥味。注意加工过程中的卫生。

五、虾头调味汁

虾头调味汁是以经济价值较低的海产品下脚料（虾头、虾壳）为主制成，具有虾味浓郁、色泽粉红、清香的特点，适合与蒸、白灼等烹调方法结合使用。很受食客欢迎。

【调味配比】虾头、虾壳 200 克，食盐 10 克，白砂糖 6 克，南酒 10 克，湿淀粉 20 克，白醋 10 克，鲜姜 15 克，胡椒粉 2 克，味精 5 克，鸡粉 3 克。

【制作方法】

①虾头汁：虾头、虾壳称重，再倒入为其质量 3 倍的清水，加热至沸，文火煮沸 20 分钟，然后用两层纱布过滤，滤液即为虾头汁。鲜姜清洗干净，切片。

②将虾头汁倒入锅内加热，并放入姜片，加热至沸后再放入白砂糖、食盐、鸡粉、南酒，搅拌均匀，小火加热 10 分钟，加入湿淀粉搅拌，最后倒入白醋，撒上胡椒粉和味精搅匀即可。

【适用范围】适合与植物性原料搭配，以虾的鲜美滋味弥补植物原料的不足。

【风味特点】色泽粉红，有浓郁的虾味，汁为黏稠状。

【注意事项】注意熬制时火候的控制，最后倒上白醋。

六、盐焗鸡料

盐焗鸡是广东名菜，盐焗法是把配好调味料的光鸡用纸包好，放入炒制好的砂锅盐堆里焗制数小时而成。外表澄黄油亮，鸡香清醇，而且香而不腻，爽滑鲜嫩，老少皆宜。

【调味配比】精盐 2 克，味精 1 克，沙姜末 2.5 克，鸡粉 2 克，香油 6 克，花生油 4 克。

【制作方法】炒锅上小火，下精盐烧热盛出，放入沙姜末拌匀后入碟，碟中加入香油、味精和鸡粉、花生油调成味汁。

【风味特点】咸鲜而清香，味透入骨。

【适用范围】适合于海鲜、禽类原料。

【注意事项】盐堆加热时，要均匀受热，才能保证成熟一致。

七、椒盐

椒盐是热菜中常用调味料，可用于热菜及小吃面点中，具有香酥和咸鲜的味道，用椒盐味佐食，风味无穷，最宜下酒。香麻味长，咸鲜酥脆。要注意选用质量高的花椒，以皮多籽少为好。

【调味配比】精盐 150 克，花椒 50 克。

【制作方法】

①先将花椒放入锅中，中火炒至微黄色时倒出研成细末过罗。

②将精盐放入锅中炒至水分蒸发干、粒粒散开时倒出，与花椒末拌匀即可。

【适用范围】供蘸食炸制菜肴使用。

【风味特点】咸鲜香麻，四季均宜。广泛用于炸、煎等菜肴的调味。

【注意事项】炒制时应注意火候的掌握，焙时要出香味，用手可以捏末为宜；但是不要焙焦，以免失去了香麻的风味。

八、炒菜用淮盐

【调味配比】细盐 500 克，味精 150 克，五香粉 10 克，沙姜粉 10 克。

【制作方法】将细盐放入炒锅内，微火炒制至色微黄盛出，稍晾，趁热拌入五香粉、沙姜粉拌匀，晾透拌入味精即可。

【适用范围】适合用于炒制菜肴或原料的研制入味。

【风味特点】色灰，味清香，耐人回味。

【注意事项】盐一定要炒，防止结团。

九、五香味料

花椒、桂皮、八角、干姜、陈皮、小茴香等是香辛料，利用其多重复合产生的综合香气，可以提升菜肴的香味，刺激人的食欲。

【调味配比】八角 20 克，干姜 5 克，小茴香 8 克，陈皮 6 克，桂皮 40 克，花椒 18 克。

【制作方法】将原料先烘干水分，分别用研磨机粉碎，然后过 60 目筛。以保鲜袋包装，封口严密，慎防吸湿。

注：使用时，如是酱、煮可直接用纱布包起使用。

【适用范围】熏、烧类或长时间加热的菜肴。

【风味特点】色褐，清鲜可口，五香味厚。

第十章　热菜的烹调方法

烹调方法就是把经过初步加工和切配成形的原料，通过加热和调味，制成不同风味菜肴的操作方法。由于烹饪原料的性能、质地、形态各有不同，菜肴在色、形、香、味、质诸质量要素方面的要求也各不相同，因而制作过程中加热途径、糊浆处理和火候运用也不尽相同，这就形成了多种多样的烹调方法。我国菜肴品种虽然多至上万种，但其基本烹调方法则可归纳为烧、扒、焖、汆、煮、炖、煨、炸、炒、爆、烟、烹、油浸、涮、煎、贴、塌、蒸、烤、盐焗、卤、挂霜、拔丝、蜜汁等余种。

烹调方法是我国烹饪技艺的核心，是前人宝贵的实践经验的科学总结。因此，学习时，必须用科学的态度，从作用、特点、适用范围、操作要领等方面，弄通道理，并切实练好基本功。

我国烹饪原料取材广泛，各地菜肴的风味特点又不尽相同，在此基础上形成的烹调方法极为丰富多彩。本章将着重阐述主要的、常用的、具有普遍性的烹调方法。

第一节　以水为主要导热体的烹调方法

以水作为主要导热体，烹调时原料浸没于水中，原料脱水情况不严重，原汁原味保持得较好。鲜嫩细小的原料，成菜后仍具有柔嫩的特点；老韧的原料则可以酥烂。导热体水的量、

加热时火候掌握的不同，都能影响菜肴的特点。常见的以水为主要导热体的烹调方法有烧、扒、焖、汆、煮、炖、煨等。

一、烧

（一）什么是烧

以水作为主要导热体，经旺火煮沸汤汁——中小火成熟、入味——旺火勾芡三

个加热阶段，成菜具有软熟嫩的质感，这种方法叫烧。

1. 第一阶段——表层处理

绝大部分的烧制菜肴，原料都要先进行表层处理。其作用是排去其中部分水分，去除其中的腥膻异味并起香；改变原料表层的质地和外观，使起皱易上色，并使变得较为坚固，易于保持形态，吸入卤汁和裹附芡汁。

表层处理的方法一般有三种：

第一，用类似煎的方法，即锅中置少量油烧热，将原料投入，以中火或旺火进行短时间加热。因为所用油量小，原料直接接触锅底，所以要防止粘底。煎制前锅要洗干净，烧热后要用油润滑锅壁后才能下料。下料后要注意旋锅，使原料改变位置，均匀地接受热量。不能煎得过老，原料结皮即可加料焖烧。常用此法的原料多为扁平状，如鱼、豆腐、明虾、排骨等。

第二，用类似炸的方法，即锅中置较多的油，烧热，将原料投入，以中火进行加热，所用油脂与原料之比约为3：1。由于原料浸没于油中，而不接触锅底，所以脱水较快而表面结皮较慢，一些腥味重、形体不规则的原料大多取用此法。关键是，不同的原料，要运用不同的火候，腥味重、不易散碎的原料，可用中火中油温作较长时间的加热；含水分较多、易散碎的原料，则应用旺火高油温短时间加热。用此法的原料有整只的鱼类、家禽，笋，豆腐等。

除了用类似炸的方法外，有时也用类似氽的方法作烧的表层处理。氽是原料在低油温、大油量的油锅中用中小火慢慢加热的方法。主要用于蔬菜，比如豆荚类、茎菜类蔬菜。一方面鲜菜表面黏附油脂后色泽光亮，另一方面蔬菜在油中加热不像在水中，水中加热，蔬菜会因果胶质溶化于水使水分溢出而外形不挺，而经油锅处理的蔬菜则基本能保持生鲜时的外形，且本味突出。再略加焖烧，成菜外观漂亮，内质酥烂。这种油氽法，也有叫油焖法的。

第三，用类似焗的方法，即在锅中加少量油烧热，投入原料用旺火快速加热。所用油量最少，主要作用是润滑。由于原料直接接触高热的锅底，所以必须不停地翻炒，以防烧焦。

取用此法的原料，形状不能过大而且不易散碎。焗前，锅也必须刷净、烧热、用油滑过，操作时火要旺，颠翻炒锅的动作要快。焗的时间长短应根据原料的特点和成菜要求而定，血腥重的应当多焗一会。小块状禽类、鳝丝、部分蔬菜常取此法。

2. 第二阶段——调味焖烧

这个阶段决定烧菜的味道和质感，用中小火焖烧。

第一，经表层处理或直接入锅焖烧的原料下锅之后，首先应投入调味佐料，如果是动物性原料，应最先投入酒，才能有效地起到解腥起香的作用。调味料先于汤水加入，能使原料表层更多地吸收调料的味道。有的调料，如酱油、咖喱粉等还有利于上色。加酱油烧菜一般还要在旺火上收一下汁。加汤水时动作要轻，应从锅壁慢慢浇入。待汤水烧开后转入中小火加盖焖烧。

第二，焖烧时间的长短、火力的大小要根据原料质地的老嫩、块型的大小而定。一般质地老、块型大的原料应多添些汤水用小火多焖烧一会；质地鲜嫩、块型小的原料，可稍微少加些水，火也可以旺些，焖烧时间掌握在原料断生即好。

第三，烧菜投料要准，一般情况调料与汤水一定要一次下准，中途追加会冲淡卤汁的味道，严重影响菜肴的口感。汤水的最佳添加量应该是勾芡后形成宽紧最合适的卤汁所需要的数量。

第四，烧菜用汤根据原料而定。烧鱼类，用清汤，以保持鱼味的清鲜纯真；烧禽类、蔬菜类用高汤；烧山珍海味则要用浓白汤或高汤。

3. 第三阶段——收汁勾芡

这个阶段是烹调的关键阶段，与菜肴的色泽、形态、卤汁长短关系密切。

经过焖烧，原料已成熟或基本成熟，质感已基本定形，所亨以应取旺火使芡汁快速糊化，使卤汁稠浓包裹于原料之上，此]时的操作，仍需注意几个关键问题。

第一，用旺火也要掌握好分寸，并非火越大越好。同时旺火还可有细微的差别，汤汁多，原料少，火可大一些；汤汁少，术原料特别嫩的，应稍稍偏向中火，以避免芡汁糊化过快而结团粘底。

第二，下芡要均匀。烧菜大多取用淋芡和泼芡。有些排列齐整或易散碎的原料下芡后不能颠翻炒锅或用勺子搅拌，很容易出现结团现象，所以下芡之后一定要多旋锅或多拌炒，芡粉汁也要调得稍微薄些。淋芡要淋在汤汁翻泡处，或要边淋芡、边端锅旋动，或者用勺子搅拌翻锅。

第三，勾芡后明油忌多。一方面，过多的明油给人带来视觉和口感上的不适，另一方面明油过多还可导致芡汁澥掉。正确的下明油方法是将油从锅边淋入，随后旋转铁锅，使油沿锅壁沉底，再稍加旋锅使油脂与卤汁拌和后翻身装盘。这样油既不过多，光色也较好。应注意的是加油之后颠翻、搅拌、旋锅次数不能多，以免油为火所包容，失去光泽。

有些菜肴，如虾子蹄筋、葱烧海参，在勾芡后要把沸油推打入卤汁中。这种情况下，勾芡要厚，油要沸热，沸油应分几次推打入芡内，同时严格控制油与勾汁的比例。如果油超过勾汁的包容量，形成油芡分离，就不符合此类菜肴的要求了。

（二）烧的种类

烧大致可分为干烧、红烧、白烧三种。

1. 干烧

第一，什么是干烧。

干烧指菜肴烹制过程中，用中小火收干卤汁，不勾芡或下极少的芡汁，菜肴见油不见汁（并非没有一点卤汁）的一种烧法。由于焖烧后收稠卤汁，所以原料一般都较入味。干烧常用配料有豆瓣酱、葱、姜、蒜、酒酿（糟）酱油、糖、醋等，有的还加肉末。

第二，干烧的操作要领。

干烧的难点在于正确下料和收稠卤汁。干烧调料品种较多，其先后顺序和投料比例至关重要。一般原料经表层处理后，先以油焗葱、姜、蒜、豆瓣酱等，至油发红，再放入原料加水焖烧。为防止卤汁粘底，一般熄炒后盛出，待稠汁时再放入。由于干烧的调料较多，且又都切成细末，所以焖烧后收汁阶段要注意火候的掌握，一般火不能太大，多旋动铁锅，并用铁勺不断地将卤汁浇淋于原料表面。干烧类菜肴一般下芡极少或不下芡，收稠至卤汁包上原料即成。代表菜肴有干烧鲮鱼、干烧明虾等。

2. 红烧、白烧

这是烧的两种最基本的形式，红烧指调料用酱油或其他呈色的调味品，成菜色泽深红光亮的烧法；红烧多用于烧制动物原料，不加入呈色调味品称为白烧。白烧常用于植物原料。

二、扒

（一）什么是扒

扒是强调原料入锅整齐，加热烹制时不乱，勾芡翻锅后仍保持整齐形态的一种烹调方法。尤以山东、河南、北京、辽宁等地最为著名。

（二）扒的操作要领

扒的原料较广泛，尤以扒制山珍海味著称。几种原料相配的，讲究大小一致，质地相仿，原料大多是无骨、扁薄的熟料或半熟料。原料切配后像冷菜那样拼摆好，或摆放锅垫内。下锅时倒扣于锅底，要求不乱不散。烹制时，一般先以葱姜炝锅，添入高汤。原料入锅加调味料后以较大的火烧开，盖上锅烹盖，盖压住原料，随后用中小火焖烧。此法最见功夫处是勾芡和大翻锅，勾芡时须将芡粉淋在水泡翻滚处，并配之以不停旋锅，以使芡汁均匀。待芡汁全部拢结原料时，淋油大翻身，再淋些油即轻轻扣入盘中。下关、旋锅、大翻锅应一气呵成。

下粉汁应细而匀，铁锅应旋得轻而灵，原料翻过身来，要不散不乱，周身均匀地裹上一层芡汁，油光滑润。

扒菜除整齐美观外，口味比较醇厚香肥，尤其是几种原料相配，多味配合，具有独特的鲜醇。山珍海味原料都以高汤相佐，原料翻过身来，要不散不乱，周身均匀地裹上一层勾汁，油光滑润。

扒根据其导热形式、加热特点及成菜特色，实质上是讲究成菜排列整齐的一种烹调方法又可分为"红扒""白扒"等。

三、焖

（一）什么是焖

焖是原料以水为主要导热体，经旺火（烧沸汤汁）—长时间小火（烧酥软入味）—旺火加热（稠浓卤汁），成菜酥烂软糯，汁浓味厚的一种烹调方法。焖的操作过程与烧很相似，但在第二阶段小火加热的时间更长，火力也更小。经过小火长时间加热之后，原料酥烂程度、汤汁浓稠程度都比烧为甚，而原料的块型依然保持完整。

（二）焖的操作要领

1. 原料选择

焖的加热特点决定了原料的选择，且以动物性原料为多。老韧原料往往比鲜嫩原料含有更多的风味物质，经焖烧析出于汤汁之中，原料的本味丰厚。常用的原料有牛肉、猪肉、牛筋、鸡、鸭、黄鳝、甲鱼、蹄筋等，不论因生长期或部位不同而有老嫩之别的，一律选用偏老的。植物性原料取焖法，都是耐长时间焖烧的，如笋等。

2. 要正确运用火候

焖的加热过程与烧相似，也有三个阶段。第一阶段原料作表层处理时也用旺火，以去除原料异味，使原料上色，所用方法有炸、煎、煸或焯水等。第二阶段大火收稠卤汁也与烧相仿，但是，因为在第二阶段中经过长时间的焖烧，原料内的蛋白质等物质溶于汤汁中，卤汁浓厚，所以收汁阶段火就不能太大，要多旋锅，密切注意卤汁耗损情况，及时下芡或稠浓卤汁。焖的第三阶段是焖的特色所在，也是关键，要用小火甚至微火加热，焖烧过程中要经常晃动铁锅，以防粘底。

3. 要正确掌握调味料等的投放

焖菜小火加热时间较长，因此一些咸味调料不宜过早加足，有许多是先在第一阶段加热时加一部分咸味调料，到收稠卤汁前外加一些调味料。另外，焖菜加油也极为讲究，如果需要勾芡，原料入锅时的底油不能太多，以免芡汁糊化不均匀而影响效果；原料本身含脂肪量多的，焖烧后油脂溢出，勾芡前要撇去一些浮油。不需勾芡的焖菜要加一定的油脂，以期经过焖滚振荡后油脂与汤汁混合为乳浊液，增强肉汁的浓厚度和黏稠性，使卤汁与原料混为一体。还有，汤汁一定要一次加准，半途添加会冲淡原有的浓醇的味感，使菜肴口味大打折扣。

四、烩

（一）什么是烩

小型或较细碎的原料入水，经旺、中火较短时间加热后勾薄芡，成品半汤半菜，这种烹调方法称之为烩。烩菜的特点是汤宽汁醇，滑利爽嫩。

（二）烩的操作要领

烩菜的特点取决于原料的选择和加工，勾芡及用汤。

1. 烩菜对原料的要求比较高

强调原料鲜嫩或酥软，不能带骨屑，不能带腥味，以熟料或半熟料或易熟的生料为主。要求加工得细小薄，一般多为丝、片、粒、丁等，并且要求大小一致，整齐美观。烩菜的原料大多在两种以上。多种原料的刀工处理要求一致或相仿。常用的有山珍海味、鸡、里脊肉、虾仁、新鲜的鱼肉，及素料中鲜味好的如香菇、蘑菇、冬笋等。

2. 与原料选择同样重要的是用好汤

烩菜的美味，大半在汤。所用的汤有两种，一为高级清汤，一为浓白汤。高级清汤用于求清鲜口味、汤汁清白的烩菜；浓白汤用于求口感厚实、汤汁浓白或淡红色的菜；有时还可加些奶油。

要求勾成薄芡，以至手勺将汤舀起慢淋，成一直线，浓于米汤即成。烩菜下芡的目的，一为使汤稍稠之后，原料不至于全部沉入汤底，最主要的是能使汤汁延长在舌面上停留品尝的时间。操作时，火一定要旺，汤要沸，下芡后要迅速搅和，使淀粉迅速充分糊化，而不至于结团。

（三）烩的应用

烩菜勾芡较浓即为羹，羹的原料种类不太多，勾芡后原料基本不能浮沉。下芡时汤一定要开，下芡后要多加搅拌。

烩菜代表性的菜有酸辣汤、什锦豆腐羹、西湖药菜羹、奶汤烩鱼片等；羹菜有黄鱼羹、海参羹等。

五、汆

（一）什么是汆

细薄易熟的原料入沸水，经大火短时间加热，成菜汤多于原料几倍，这种烹调方法称为汆。加热时间极短，投料后一滚即成，汤汁不需勾芡。

（二）汆的操作要领

汆菜的原料绝大多数是生的，要选择新鲜而不带或少带血污、腥味的动物性及鲜脆爽嫩的植物原料，如鸡片、鱼片、肥牛片、里脊片、墨鱼片、生汆丸子、笋片、蘑菇片等。以丝、片状多见，要求切得细薄。汆菜汤汁多于原料。因此汤的质量直接关系到汆菜的质量。一定要用清汤；质量好、要求高的汆菜，要求用高汤。汆在操作时有两种方法。一种是原料直接投放汤汁中，烧开后投调料，撇沫成菜。这种方法的难点是要在尽可能短的时间里将沫撇净，保持汤汁清澈见底。撇沫时待汤将开，沫上浮时，即可将锅往身边拉，使锅半坐在火上，形成前半边开，后半边不开的情况，这时浮沫会集中到不开的一边。用勺迅速撇去，一次不净，还可淋些凉水，待重新开时再撇，撇净为止。另一种做法是原料在一大锅沸水中烫，烫熟后捞出，放于已调好味的清汤中即成菜肴。这种做法操作较方便，原料不易烫老，汤汁也不易混浊。从沸水中捞出原料后要用汤水冲一下，冲去黏附的浮沫。这种做法北方也叫"汤爆"或"水爆"。清汤汆鸡片、汤爆肚、水爆肚、汤爆双脆、毛尖汆虾仁等都是具有代表性的汆菜。

（三）汆的应用

涮是汆的应用，实则是自助式的汆，即自取生料自烫食。餐具多为钢制或铝制火锅，以煤炭或酒精为燃料，现已改用电、液化气灶等为燃料，要始终保持汤汁沸腾。涮食的生料切得越薄越好。涮食的原料一般有羊肉片、牛肉片、里脊肉片、鱼片、虾片、腰片等。素菜原料也应加工得形体小些，便于快速成熟。食时用筷夹住原料放开水锅中来回涮几下，待原料变色断生，始可蘸调料进食。涮食的调料口味较丰富特别，一般都要求有一定的浓度。

涮的品种常见的有涮羊肉、四生（六生、八生）火锅、小肥牛、小肥羊火锅、菊花锅等，皆以鲜嫩、本味突出见长。

六、煮、炖（熬）

（一）什么是煮

原料入水，旺火烧开后用中、小火作较长时间的加热，成京菜汤宽汁浓醇，这种烹调方法叫煮。煮的加热时间与烧焖相似：或略短，但水量大大超过烧焖。成菜汤与原料至少 1∶1，大多在 2∶1 或 3∶1 左右。

（二）什么是炖

炖是原料放入陶器中，加水或好汤和调味料，旺火烧开后持续小火加热至原料酥烂而汤汁清澈醇厚的一种烹调方法。与一般煮菜的不同之处在于使用陶器，特别强调小火长时间的加热。如：清炖鸡，清炖狮子头、萝卜炖牛脯。

铁器既是加热器皿——锅，又充当盛器，烹制完毕后连锅上桌。陶器的特点是传导热量缓慢，因此散失热量也慢，它能使锅内温度较长时间维持，适于原料酥烂脱骨。炖菜能使原料的呈味物质缓慢而尽可能多地析出，因而使汤汁味美。

煮、炖（熬）的操作要领：

1. 要正确掌握火候

要求汤清的不能用旺火或中火，要求汤浓的不能用小火和微火；原料老韧的要用小火或微火熬制，原料鲜嫩的则用中火或旺火。

2. 要讲究原料的选择

强调以原料本味为主，经过一定时间的加热，令原料中呈鲜物质析于汤汁中。原料的选择首先必须强调新鲜、含腥膻味少，其次是要选含蛋白质丰富的原料。凡有血腥异味的，在正式烹制前都必须经过焯水、过油等初步熟处理。

3. 要正确添汤加料

为了增强汤汁的鲜醇度，许多原料在烹制前要以鲜汤辅佐；但也有些原料为求突出本味，则排斥添加鲜汤，比如鱼汤、鸡汤的熬煮，都强调单纯用水。加汤要一次加准，这是烹调的一大关键，不要待加热一定浓度后再添加水或汤汁，以免影响菜肴风味。一些加热时间长、原料质地老的，烹调时还应注意咸味调料放在后边加，防止过早加入影响原料达到酥烂。

七、煨

煨是将经过表层处理或焯水的原料放入锅内，加调味品和汤汁，用旺火烧开，微火、小火长时间加热的一种烹调方法。

煨的操作要领：

1. 应选用富含蛋白质、脂肪丰富的原料

因胶汁能使汤汁浓稠，故此富含明胶蛋白质的原料更适于煨。常用的原料有牛筋、蹄髓、肥鸭、鸡、鱼、鹅等。

2. 为使汤汁浓稠，许多原料都先经表层处理或初步熟处理

作表层处理时，火力可大一些，加热的时间则不可太久。如原料脂肪含量不高，可留下一些余油作为调味品。

3. 正确掌握小火加热的时间

原料入锅后应先用旺火烧开，随后盖严盖子，把火调至小火或微火，保持容器内的汤汁似滚非滚状，慢慢加热。加热时要注意不使汤汁溢出，并且掌握时间，防止原料过于酥烂。

4. 要强调原汁配原味

切不可在原料中添加其他汤汁，以免破坏原汁原味。煨菜的代表品种有番茄煨鱼、辣子煨鸡块等。

第二节　以油为主要导热体的烹调方法

油能传递很高的热量，且在传热时具有排水性，因此，在充当导热体时，能使原料快速成熟，脱水变脆，并带有特殊的油香和清香味。油的这种排水性，能使原料本味更加浓郁，还可使某些易溶于水或蒸汽的原料保持其外形。以油为介质，不可能使原料酥烂，但对已经酥烂的原料加热，则可得到特有的酥脆质感。

以油为主要导热体的烹调，方法主要有炒、爆、炸、汆、油浸等六类。

一、炒

（一）什么是炒

炒是将加工成丁、丝、条、球、片等的小型原料投入小油锅，在旺火上急速翻拌调味成菜肴的一种烹调方法。炒菜的加热时间较短，原料脱水不多，因此成品鲜嫩滑爽干香。蔬菜一般不勾芡，有的地方对动物性原料习惯勾芡。

（二）炒的分类

根据炒的加热特征，可分为滑炒和煸炒两种。滑炒以油作为主要导热体，煸炒以油与锅作为主要导热体。

1. 滑炒

第一，什么是滑炒。

经过将刀工处理或自然形态的小型原料，上浆后在中小油量的温油锅内加热成熟，再加入调味料，成菜滑爽柔嫩，卤汁紧包，这种烹调方法就是滑炒。

滑炒操作较为简便，易于掌握，是运用最为广泛的一种炒法。滑炒的原料大多数都需要上浆。

滑炒都是鲜嫩的动物性原料，如鸡、鸭、鱼、肉、牛、羊等，且都选用最嫩的肌肉部位，大多加工成丁、丝、片、粒等。原料的这种形态，扩大了与导热体接触的面积，因而加热时极易流出水分而蜷缩变老，所以滑炒前需要上浆。上浆适当与否，对成菜质量至关重要。

第二，滑炒的操作程序。

滑炒主要经历两个过程。

①第一个过程：滑油——加热至断生

上好浆的原料在油锅中划散加热至断生或刚熟的过程叫滑油。滑油的关键有四：

第一，锅烧热，热到能使锅壁的水分蒸发干净即可；用油滑过，可使锅壁滑润，防止滑油时原料粘在锅底。

第二，下料时要掌握油温的变化情况。下料时的油温，其可变因素有：原料的数量，油的温度，火力的强弱，加上原料本身对油温的要求。火力强，原料下锅时，油温可适当低些；原料数量多，油温应高些；原料形体较大、或易散碎的油温应低些。具体说来，容易划散，且不易断碎的原料可以在四五成油温时下锅，如牛肉片、肉丁、鸡球等。容易断碎形体又相对较大的原料，如鱼片等，则应在二三成油温时下锅；且最好能用手抓，分散着下锅。一些丝、粒、浆状的原料，一般都不易滑散，有些又特别容易碎断，可以热锅冷油下料，如鱼丝、鸡米、芙蓉蛋液等。

第三，下料后要及时划散原料，防止脱浆、结团。油温过低，原料在油锅中没有什么反应，这时容易脱浆，应稍等一下，不急于搅动，等到原料边冒油泡时再划散。油温过高，则原料极易黏结成团，遇到这种情况，可以端锅离火，或添加一些冷油，划散原料。那些不易碎断，可用手勺，动作可以快速一些，一般是在锅中划顺时针圆弧；那些容易碎断的，则要用筷子，动作要轻缓。

第四，划散的原料要马上出锅，并沥干油。形态细小的原料不太容易沥净油，要用手勺翻拨几次。倘若沥油不干净，很可能导致在炒拌和调味阶段挂不上芡。

②第二个过程：炒拌——定味，定色泽

炒拌是滑炒的最后一道工序，就是将经过滑油的原料与调味料拌和，有时要勾芡。滑油之后，原料已基本成熟，因此，炒拌的速度越快越能保证菜肴的嫩度。炒的目的是定味、定色和上光。除个别菜外，滑炒菜的口味和颜色主要由炒时调味决定。炒拌的操作关键有三：

首先，火要旺，速度要快，火旺锅底热，能使淋下的芡汁快速糊化，颠翻后包裹原料表面，缩短"炒"的时间；并且，油遇热光色更好，菜肴油光明亮。

第二，炒菜要快，所以调味要准，一般都是一次性投入。

第三，炒拌前焗香葱、姜、蒜（炝锅）或某些其他调料时，用油不宜过多，否则可使芡汁结团而包不上原料。炒拌后如勾芡，芡汁的包裹要均匀。芡汁要求厚薄均匀，过分稀薄或术过分浓厚的都可使勾芡把握不准。炒拌时火力较旺，下芡后若不及时颠翻炒锅，便可能结团、粘底甚至烧焦。下芡后一般要求翻匀即成，不宜多翻，以免使已包上原料的卤汁又脱离。待勾汁包裹住原料即可淋上少量油（下底油的一般不再加淋油）出锅盛装。

2. 焗炒

第一，什么是焗炒。

以油和锅作为导热体，将小型的不易碎断的原料，用少量油在旺火中短时间内烹调成菜的方法称为焗炒。焗炒时，原料表层一方面溢出一些水分，一方面又吸入部分由调味料和从原料表层溢出的水分形成的卤汁，所以焗炒菜用不着勾芡。焗炒菜的特点是鲜嫩爽脆，本味浓厚，汤汁很少。

第二，焗炒的操作要领。

①应选用质感鲜嫩或脆嫩的原料。素料有绿叶蔬菜，如豆苗，及切成丝、片、粒状的脆性料如青椒、莴苣等；荤料有猪、羊、牛肉及蟹粉等。这些原料经短时间的加热，除去了涩味和腥味，焗炒到刚好成熟，故仍保持其脆嫩或鲜嫩的质感。

②火要旺，锅要滑，翻拌要快速。火旺热必要求动作快速，锅滑则是原料在锅中不断翻动的必要条件。尤其是一些蓬松的绿叶菜，要在旺火、短时间内快速烹调。焗炒动物原料，火不必过旺，油温也可稍稍低些，以便于原料丝粒分开、香味透出，并促使调料渗入原料或附于原料表面。

③不同性质的原料合炒，要分开焗。比如韭菜炒肉丝、青椒炒肉丝，肉丝和韭菜、青椒丝就应该分开焗，调味时再合在一起，因为韭菜和青椒在旺火上稍加焗炒即成，而肉丝在旺火上焗炒则会结团，两种原料混在一起焗，则相互影响，韭菜、

青椒可能太热而失去脆嫩质感，肉丝可能还没有分散成熟。焗炒的代表性菜肴有回锅肉等。

二、爆

（一）什么是爆

爆是将脆性动物原料投入旺火高油温锅中，原料在极短时间内调味成菜的烹调方法。脆嫩爽口，汁紧油亮是爆菜的最大特点。

爆所用油量与原料之比一般为3∶1，属中等油量。油温很高，通常在八成左右。原料入锅后，水分骤遇高温而大量汽化，会发出爆裂声。"爆"的名称或源于此。

（二）爆的操作要领

1. 要选用新鲜动物性原料

由于操作速度快，投用的调料一般都比较轻，口味以较为清淡的咸鲜为主，故原料一定要新鲜，常用的有肚尖、鸡脯、鸡鸭脯、墨鱼、鱿鱼、海螺肉、猪腰、黄鳝等。

2. 原料一般都要锲花刀

这既可使成熟后原料外形美观，同时也很好地适应了爆的加热特点。经锲制的原料，外观似块，而实际上表面都成丝和粒状，受热面积扩大，因此，在高温中一灼即熟，缩短了加热时间，保证了脆嫩度。锲的原料必须块型大小一样，锲纹深浅与行刀距离一致，这样才能保证原料在短时间的加热中同时成熟。一般要求一盘中菜肴所用的原料，都锲同一种花刀，以求整齐美观。

3. 正确掌握火候和油温

有些在入油锅前要烫焯的原料，烫焯时要求水要多，火旺，水要保持剧烈沸腾，以使原料骤遇沸水而收缩，使所锲的花纹充分爆绽开来，也可使原料半熟，为在爆的过程中快速成熟制造条件。爆的全过程基本都要求用旺火。一定要等热时再下料。因油锅温度较高，原料入锅后要快速搅散，防止黏结，出现外熟里生现象。油爆之后，在炒和调味时，火力可以稍微减弱一些。

4. 兑汁用料要恰到好处

爆菜都用兑汁调味，无论勾芡与否，都取兑汁法。勾芡的，下芡粉的量要准，芡汁入锅时一定要辅以快速搅拌和颠翻，以防芡粉结团，包裹不匀。不用芡粉的兑汁，考虑到水分快速挥发的因素，汤汁可适当多一些。成菜的汤汁也不宜太多，以吃完原料盘中略有余汁为好。

（三）爆的应用

爆的应用，主要体现在选用的调味料及组成的味型上。芫爆和油爆是地方性的爆法。芫爆，也叫盐爆。其法是在兑汁调味中加入芫荽段，成菜强调鲜咸爽脆带有芫荽特有香味，不勾芡。油爆，也叫蒜爆，其法是在兑汁调味中加蒜泥勾芡或油焗蒜泥。在地方性爆法之外，爆菜的范围不断拓展，味型也越来越多，有鱼香、豉汁、咖喱味等。虽然味型扩大，但原料的选用和处理以及烹制的过程都符合爆的特点。至于近年来，有的地方将脆嫩原料上浆后再烹制，尽管其基本程序与爆相同，口味也相似，实际上却已是滑嫩有余而爽脆不足的滑炒菜了。至于传统所称的"汤爆""酱爆""葱爆"等，其选料和加热全过程与爆相差甚远，故不属爆这种烹调方法。

三、煎

（一）什么是煎

煎是以油与锅作为导热体，用中火或小火将扁平状原料两面加热至金黄色，成菜鲜香脆嫩或软嫩的一种烹调方法。

煎时，油不能淹没原料，因原料是扁薄状，因此要一面一面加热。煎的最大特点是：在很短的时间里使原料表面结皮起脆，阻止内部水分的外溢，因而菜肴外表香脆或松软、内部鲜嫩。从理论上说，煎制品与炸制品有相似之处，但两者的差别也比较明显。炸菜一般硬脆或酥脆，而煎菜多为松脆或软中略脆；炸菜原料以条块较多，而煎菜则一律为扁薄状，小到如金钱，大到如大饼；香味方面，后者则较前者浓郁。有的煎菜煎制完毕后要淋上一些酒、辣酱油之类的调味品。

（二）煎的操作要领

1. 原料要加工成扁薄形状，而且厚薄必须一致，这是保证原料短时间内成熟，形成煎菜特有质感的前提

原料以动物性的为主，要批切得大而薄，有些需要用刀背排敲一遍，再用刀面拍平。如用植物性原料，其中也往往嵌（夹、包）有加工成泥状的动物性原料；嵌夹应稍薄一些，以便成熟。也可以将动物性原料加工成泥，做成丸状，投入锅中后压成扁薄状。

2. 煎菜大多经拍粉、拖蛋液，有些剁成泥状的原料也加淀粉和蛋，起到松嫩和粘连的作用

挂的糊大多是整蛋糊、蛋黄糊，或者先在原料表面拍上干粉或干淀粉，随后放在蛋液中一浸即入锅煎制，这种方法煎制的成品香味浓，表层质感软嫩，色泽金黄，挂整蛋糊的原料煎制后松嫩而脆，要特别注意挂糊均匀。有些薄片状的原料，挂糊时不能多加搅拌，否则极易出现厚薄不均的现象。

3. 煎制菜肴一般在挂糊下锅之前拌上调味料

调味较简单，绝大多数是鲜咸味的，主要调料有葱姜汁、盐、酒、胡椒粉、味精等。调味料应拌调均匀，之后略为静置一会儿，使味渗入。煎菜以鲜干香嫩为主要特色。口味以偏淡一点为好，成菜后还可外带各种调料味碟，以增加各种菜肴的味感。

4. 煎制时要注意掌握火候

原料薄，火力旺；原料厚，火应小一些。但下料时火都应旺一些，油要稍热一

些，以使表层迅速结皮。要严格掌握断生即好的原则，不可多煎。用油量不能多，应始终保持一面暴露油外。

煎的代表菜有煎烹小黄鱼、煎鸡饼、生煎丸子等。

四、炸

（一）什么是炸

以油作为导热体，用油量大，大部分必须经中高油温加热（也有少数采用中低油温加热的），成菜具有香、酥、脆、嫩、松等特点，这种烹调方法就是炸。油温要根据原料而定，并非始终用旺火热油，但一般都必须经过中高油温加热的阶段。操作往往分两步，第一步主要是使原料成熟，所用油温不高；第二步复炸，使外表快速脱水变脆，则要用高油温。炸菜从油锅中捞出即为成品，在一般情况下还要外带调味料碟，以丰富口感增加特色。

炸的特点是：

第一，能使成品具有外焦里嫩的特殊质感。大部分炸菜所必须经过的高油温阶段指的是油温七八成热，即 200℃左右，这个温度大大高于水的沸点 100℃，悬殊的温差可使原料表面迅速脱水，而内部仍保存多量水分，因而达到制品外焦里嫩的效果。如炸制前在原料表层裹附上一层粉糊，或者将原料蒸煮酥烂，表层酥脆、里边酥嫩的质感会更为突出。

第二，能使原料上色。高温加热使原料表层颜色逐步由浅变深，颜色变化的规律是，油温越高，加热时间越长，转深就越快；颜色还与油脂本身有关，油脂颜色白，使用次数少，原料上色就慢，反之则快。炸菜所取的颜色应该是金黄色。

（二）炸的分类

根据原料炸前是否挂糊，我们将炸分为清炸和挂糊炸两大类。

1. 清炸

第一，什么是清炸。

清炸是原料调味后，不经糊、浆或拍粉处理，直接入热油锅加热成菜的一种炸法。清炸的菜的特点是本味浓，香脆鲜嫩，耐咀嚼。清炸的菜的脆嫩度不及挂糊类炸的菜肴，但是，在炸制过程中，原料脱水，浓缩了原料的本味，又使纤维组织较为紧密，加上它的干香味，因而具有一种特殊的风味。

还有一种特殊类型的清炸，即原料事先蒸酥或煮酥，然后再炸脆外表，比如名菜香酥鸭，成菜表层香脆，里边酥嫩。

第二，清炸的操作要领。

清炸菜的操作比任何炸菜难度都大。因为没有糊浆的遮挡，原料直接与热油接触，因此水分大量流失，而操作时既要保证原料成熟，表面略带脆性，又要尽可能减少水分的损失，这就对原料的选择、油温的控制和火候的掌握提出了很高的要求。

做清炸菜的原料有两种类型，一种是本身具有脆嫩质地的生料，一种是蒸、煮至酥烂的原料，两者都是动物性原料。生料在刀工处理时一定要大小厚薄一致，因清炸加热的时间不长，大小厚薄稍有不均便可导致熟生不一。原料一般都在炸前调味，酥熟料在蒸煮时已调好味，生料调味一定要调拌均匀，并最好能静置一定时间，使其入味。成菜后可外带调味料碟以丰富口感增加特色。

油温和火候掌握也是清炸菜的成败关系。首先，油锅要大一些，以便于较恒定地传导高温，使原料表层迅速结皮结壳，防止内部水分大量流失。清炸几乎都用急炸。原料形体较小，质感又较嫩的，应在八成左右油温下锅，下锅后即用手勺搅散，防止粘连在一起，约炸至八成熟捞出，待油热时，再炸几秒钟，里边成熟即捞出装盘。形体较大的原料，要在七成左右油温下料，让原料在锅中多停留一些时间，待基本成熟，捞出，烧热油再复炸一下。原料较多，油锅相对较小时，可热油下锅，待油温下降，即捞出，升高再投下，如此反复几次，到原料外焦里嫩即可。酥熟的原料油炸时，不但油量要大，且油温要更高，可在八九成时下料，如油温不能始终保持在八九成，可捞出，待油温升高再炸。清炸菜的颜色一般为金黄色或棕褐色。代表菜有炸菊花腌、炸八块、香酥鸭等。

2. 挂糊类炸

第一，什么是挂糊类炸。

经调味的原料裹附上由淀粉、蛋液等原料组成的糊浆拍粉再入油锅加热，成菜外脆里嫩、色泽金黄（也有个别的外松软里鲜嫩、色泽米黄）的一种炸法称挂糊类炸。

第二，挂糊类炸的种类。

油炸之后，糊壳的脆可分为硬脆和酥脆两种，嫩也有软嫩和酥嫩之别，其区别由所挂糊种的不同和原料本身质地的差异决定，据此，我们把挂糊类炸分为脆炸、酥炸、松炸、软炸、纸包炸五种。

①脆炸

脆炸是原料经调味、挂糊，烹制过程必须经过高温加热阶段，成菜外脆里嫩的一种炸法。大多数脆炸菜肴必须经两次加热，第一次以中油温使原料成熟（或接近成熟）、定型；第二次以高油温短时间使原料表层脱水变脆。也有些脆炸菜肴直接以高油温一次炸成。为便于同时成熟，原料必须加工得大小厚薄均匀。

脆炸的最大特点是外脆里嫩，即外表糊壳香脆，里层原料鲜嫩。这个特点主要由脆炸的原料决定，主要有：含水分多、质地软嫩、口感鲜美的动物性原料，如鸡、鱼、肉、虾等；或水分较多、鲜味较好的植物性原料，如蘑菇、香菇等。挂于原料表面的粉糊经油炸后结成糊壳，脱水变脆，有效地阻隔了油与原料的直接接触，减少了原料的水分和营养成分的流失，保证了菜肴的鲜嫩，提高了菜肴的营养价值。

炸制菜肴的脆性和脆度，由所挂糊种决定。脆炸所用的糊大致有全蛋糊、蛋黄糊、发粉糊、拖蛋拍粉糊几种。

挂全蛋糊和挂蛋黄糊的脆炸。由于含有鸡蛋成分，成品色泽金黄，糊层酥松，香味浓郁。挂蛋糊一般有两种，直接上糊的，依次加佐料、蛋、粉，搅拌均匀；预制糊浆的，先把原料调好味，另取盛器，将蛋与粉调拌成糊浆，待烹制时再与原料相拌，或将糊浇在包卷成形的原料上。淀粉受热前，吸水性能很差，因此调糊或搅糊过程中要注意加水量。一般情况下，调味中的葱姜汁、酒、蛋中所含的水及原料表面的水已足以调成厚薄适度的糊，因此不必加水；原料多时，亦可稍加一些，但应分次少量加入，不能加得过多。蛋粉糊涨性较好，成品膨大饱满，所以原料应加工得略小一些。实际操作中，原料往往是大批挂好糊储于冰箱，以备随时使用。经过冷藏的原料表面常有干结并相互粘连的情况，在油炸前应加些蛋液（也可以加些水或油）拌和一下。此类脆炸，也分两次炸成，第一次以中油温使糊浆糊化粘在原料表面，并使原料初步成熟；第二次，以高油温，旺火短时间加热，使表层糊壳迅速脱水变脆。挂这两种糊的代表菜例有桂花肉、卷筒黄鱼等。

挂发粉糊的脆炸。也叫松脆炸、胖炸。粉糊由面粉和发酵粉调成，成品糊壳膨胀饱满，松软而略脆。原料必须选择鲜嫩无骨的动物性原料，加工成的形体也不宜过大。原料先调上味，然后挂调制好的糊。调制发粉糊时，第一，要掌握好稠厚度，以能挂住原料、略有下滴为好。过薄会影响涨发，过厚又不易使原料均匀地裹上糊浆。第二，要多搅拌，但不能搅上劲。面粉加水后，如果使劲搅拌，其中的蛋白质会形成面筋网络（即"上劲"），原料就不易均匀地挂上糊浆；搅拌过少，又会影响成品的丰满。第三，发酵粉应最后放入。干的发酵粉遇湿面粉即产生二氧化碳气体，如果投入过早，烹制时气体已外逸，成品便达不到膨胀饱满的要求；再补加发粉，则因发粉味涩，过量使用而影响成品的口味。挂发粉糊的炸菜烹制时，先选用中油温，以中小火加热，令糊浆结壳、定型，并使原料基本成熟；随后再用较高油温复炸一下。出锅后应立即上桌，这是因面粉的颗粒比一般生粉大，脱水快，还软也快的缘故。代表菜有苔菜拖黄鱼、面拖虾等。

拖蛋液粘粉粒的脆炸。这种脆炸，原料浸蛋液后黏裹的是面包粉粒、芝麻、松仁等，其颗粒大小要尽量一致，否则极易出现焦脆不一的现象。原料浸蛋液再粘上粉粒后，要用手轻轻按一下，以防油炸时散落锅中。为使蛋液均匀地附于原料表面，大多数原料调味后要先拍上干面粉。烹制时，油温应介于温油锅与热油锅之间，一般不宜过高，否则粉粒状料易焦。代表菜有炸猪排、芝麻鱼排等。

以豆腐衣玉米纸状料卷裹原料的脆炸。也叫卷包炸。纸状料外不再挂糊。这些纸状料较易炸脆，且与包裹的原料结合得并不紧密，所以脆度特别好。这些纸状料通常是豆腐衣、平糊饭卷、春卷皮子等。原料要加工得细、小、薄，包卷要紧实，包形要尽量小。油炸时油温可以高一些，代表菜有炸响铃、春卷等。

②酥炸

鲜嫩或酥烂的原料挂上粉糊，成品表层酥松，内部鲜嫩或酥嫩，这种炸法称酥炸。不挂糊的酥炸，则称清炸。

酥炸的关键在于粉糊的调制和油温的掌握。粉糊通常由老酵面、油、碱水等料调拌而成，还有一种以蛋、面粉加油调制而成的。前一种糊油炸之后，糊壳涨发膨松，层次丰富，薄如蝉翼；挂后一种糊的，炸后脆硬中带有酥松。油与粉糊调和，使面粉中的蛋白质不能形成面筋网络；加热时，面粉中的淀粉糊化迅速脱水变脆；同时面粉颗粒为油脂包围，之间形成空隙，脱水之后，这些空隙便形成了酥脆的质感。酥糊一般较厚，挂时要注意能均匀包裹住；原料的形体也不宜太大，一般以条、块状为宜。配合糊壳特色，原料还应该是酥烂或软嫩无骨的。

酥炸上糊操作比一般脆炸菜慢，故原料下锅时，油温不宜太高。可先将原料逐个下锅，结壳后即捞出。全部原料下锅结壳后，再升高油温，复炸至外表色泽金黄酥脆，原料内部已成热时即可出锅。酥炸的代表性菜肴有椒盐排骨、炸子盖等。

③松炸

松炸，是鲜嫩柔软的原料挂蛋泡糊，在低油温的大油锅中慢慢加热成熟，成品外表洁白膨松绵软，内部鲜嫩柔软的一种炸法。蛋泡糊是用鸡蛋清抽打成无数细小气泡堆积起来并加干淀粉调成的。加热后，气泡中气体膨胀，也使糊壳膨胀起来。由于低油温，蛋清的洁白并不受到大的影响，最多略带米黄色。外表脱水不严重，所以并不脆。油炸过程中部分油脂渗入蛋泡的空洞中，使菜肴平添一种油香味。

松炸菜以松为最大特点，因此，原料选择特别强调质地鲜嫩或软烂，颜色浅淡。常用的原料有鱼条、鸡条、明虾等。特别强调原料形体加工得大小一致。原料加热时间不同，成菜色泽也不同。

蛋泡糊抽打起来后，加淀粉也是一个关键。淀粉遇热糊化，脱水变硬，数量过多，势必影响成菜质感；加粉太少，又会使蛋泡缺少支撑，原料难以挂上糊，即使挂上油余时也易脱落，令菜肴难以成形。蛋泡加粉后还不宜多搅拌，调匀即好，并应立即用筷子夹住已经调味的原料的一端拖入糊入油锅，否则会使气泡消失。

松炸的油锅要大，油与原料之比起码在 5∶1 左右，宽阔的油面能避免原料相互接触，粘住糊壳。油温一般掌握在三四成左右，下锅时甚至可更低些，一般以中火或小火慢慢加热，原料浮在油面，结壳前不能多加拨动。生料已熟，熟料已热时，即可出锅盛装，快速上桌。

松炸菜从油锅出来即成菜，外带调味料碟以丰实菜肴味感以洁白、松软、清淡的总体特点。松炸的代表菜有松炸鱼条、凤尾虾等。

④软炸

软炸，是将质嫩、形小的原料，经调味挂上蛋清糊，投入中温油中炸制成菜的一种烹调方法。蛋清糊一般是用鸡蛋清加入面粉（或淀粉）调制而成的。蛋清内含有较多的蛋白质，一般来说，在高油温中，加热时间越长，蛋白质凝固变化得越快，蛋清质地变得越硬；以中油温、较短时间加热，其凝固变术化的程度则较小，蛋清质地较软，软炸即是利用这一特性的。

制作软炸时，油温不宜过高或过低，温度过高易炸焦、外表变老，油温过低会使糊浆脱落，一般掌握在五成热下料，炸至外表结壳、原料断生，用漏勺捞起，然后油温升到七成热左右，再投入原料一炸即好，时间极短。制品外香软、里鲜嫩，呈淡黄色。

软炸菜的原料，在刀工成形后，放入调味品拌和浸渍入味，然后挂糊入油锅炸制。成品装盘后一般可跟随番茄沙司、椒盐或其他蘸食调味品同时上席。

软炸的代表菜有软炸口蘑、软炸腰片、软炸里脊等。

⑤纸包炸

纸包炸，是鲜嫩无骨的原料调味后包上玻璃纸或糯米纸，在低油温大油锅中加热成熟，成品外观漂亮，内质鲜嫩的一种炸法。纸包炸的操作要点在选料、调味、包纸、油汆四个环节。

第一，原料必须是鲜嫩无骨的，且以动物性原料为主，又以鲜味好，质感细嫩腥味少的鸡片、虾片、里脊片、鱼片等使用较多。植物性原料中鲜香味好的香菇、蘑菇有时被用作配料，其他除颜色点缀外，一般较少使用。原料的刀工应处理成薄片，配料尤其不能厚，且数量要少。

第二，原料的调味要轻。味型以鲜咸味为主，以使成菜散包之后，香味突出，保持原汁原味。

第三，包料的纸一般裁成 12～15 厘米见方，原料摊平，放于纸之一角，然后包折起来。玻璃纸一定要完整无缺。包好后大部分为长方包，薄片状，也有像包糖果一样的包法。既要包得严实，不使原料中调味汁溢出，又要便于食用者解开纸包。糯米纸只要包严实即可。

最后，要强调低温操作。倘若油温过高，便可能使包内水汽蒸发，体积膨胀，纸包破散。投料下锅时手法要轻，防止散包。有一种办法是：先将所有纸包排放锅中，再沿锅壁注入冷油，然后锅坐火上加热，随着油温逐渐升高，见纸包透明，里面原料一变色即可捞出盛装。加热切不可过度，否则包内的原料就会变老。盛装之前，沥去滞留在纸包缝隙里的油。纸包炸较为有名的菜肴有纸包鸡、纸包虾仁等。

五、油浸

（一）什么是油浸

将原料投入大油量锅中，随即熄火加热至原料成熟。也有在水中浸熟，加调味料，再浇淋调味汁，这种烹调方法叫油浸。油浸这种方法很特殊，原料在热油时下锅，立即熄火或离火，待油温降至 100℃ 左右时，捞出盛装，再另行调制咸鲜味的卤汁浇淋原料之上。成菜鲜嫩柔软，味美滑嫩。

油浸的原料主要是鱼类。

（二）油浸的操作要领

原料浸熟之后，应马上捞出，沥干油，随后浇上卤汁。卤汁通常以葱姜丝、红椒丝爆锅、酱油、盐、胡椒粉、酒、味精和水调成。调味要略重一点，卤汁也要浓一些，不能加水太多。浇上卤汁后，再将葱姜丝放鱼体上，浇上一些沸油。

油浸的代表性菜肴有油浸鳝鱼等。

六、熘

（一）什么是熘

原料成熟后包裹或浇淋上较多卤汁（即时烹制而成的）的方法称为熘。使原料成熟的基本烹调方法有炸、蒸、煮、划油。成菜卤汁较多，口味特殊。可分为炸熘、软熘等。

（二）熘的操作要领

炸熘亦称脆熘或焦熘，是原料炸脆之后浇淋或裹上具有特殊味觉的卤汁的熘法。脆熘强调外脆里嫩，要使卤汁的美味既为表层所吸收，又不使脆硬的外表潮软。

炸熘的过程分两步：先炸，再烹制卤汁浇淋或包裹于脆的原料上。这里的炸，虽要求将原料炸脆，但与脆炸又有些小的差异，主要是要求外表脆度能维持一定的时间。所以脆熘菜绝大部分要挂糊，脆熘菜卤汁的调制有两种方法，一种是在锅内调好后勾芡，倒入炸好的小型原料内翻拌；另一种是调好卤汁后浇在炸好的大型或有造型的原料上。不管哪一种形式，卤汁勾芡后都应加入沸油堆匀，使油与卤汁混为一体，以延缓水分对原料的渗透。卤汁的调制与油炸原料至脆，必须同时完成。原料与卤汁接触时有声响或有油泡翻起才符合要求。

炸熘的代表菜有咕噜肉、松鼠黄鱼、糖醋焦熘鱼等。

七、烹

（一）什么是烹

烹是原料经炸或煎成熟之后再喷入已经调好的调味清汁的一种烹调方法。俗有"逢烹必炸"之说。烹菜的原料多用拍粉处理，制品本味较浓。

（二）烹的方法及操作要领

烹法中，煎、炸所用原料都是动物性的，炸的都加工成段、块、条等形状，煎的则多为扁平状。炸或煎时火一般要旺一些，以尽可能缩短烹制时间，保持成品外脆里嫩的质感，又可使原料易于吸收喷入的调料。烹菜的调味料都事先兑制，待原料加热完毕，即将兑汁喷入，略加颠翻即可出锅。兑汁不加黄粉，数量以成菜略带卤汁为宜。

烹菜的代表品种有炸烹大虾、煎烹鲫鱼等。

八、拔丝

（一）什么是拔丝

将经油炸的小型原料，挂上熬制的糖浆，食用时能拔出丝来，这种烹制方法就是拔丝。拔丝的原料主要是去皮核的水果、干果、蔬菜的块状根茎、鲜嫩的瘦肉等，都要求加工成小块或球状。含水分较少的原料一般炸前拍粉，含水分多的水果类原料一般炸前挂蛋糊。有些拔丝菜为追求表皮较脆硬的质感，选择挂全蛋糊。成品香脆酥嫩，色泽金黄，食时可以牵出长丝。

（二）拔丝的方法

拔丝的常用方法有三：水拔、油拔和水油拔。

1. 水拔

锅中加糖和水，先以小火熬，待水分即将耗尽，即转旺火，见糖色转为金黄时即倒入炸好的原料翻拌，包上糖浆，出锅盛装。

2. 油拔

锅底加少许油，加糖，置火上用手勺不停搅动，搅至糖成浆并由黏变稀时，倒入原料翻拌。

3. 水油拔

在油炒后略加些水，先以小火熬糖，待水分汽化时即不停地搅拌，至糖浆色略转深，由稠变稀时倒入原料翻拌。

以上三种拔丝方法原理相同。拔丝的原料蔗糖为白色晶状颗粒，溶解于水，溶解度随温度增高而增加，当温度上升到 160℃时，蔗糖由结晶状态逐渐变为液态，黏度增加，若温度继续上升至 186～187℃时，蔗糖骤然变为液体，黏度变小。此时的温度即为蔗糖的熔点，是拔丝的最好时机。温度下降，糖液开始变稠，逐渐失去液体的流变性，当温度降到 100℃左右，糖就变成既不像液体，又不像固体的半固体，可塑性很强，此时扯拉，即可出现丝丝缕缕的细线，这就是我们期望术拔丝效果。当温度继续下降，糖就由半液体变成棕黄色的固体物，光洁透明，质地脆硬。冷菜中的甜品"玻璃"即利用这个亨原理，在能拔丝时不拔任其冷却成玻璃体，取其独特的外观和，工质感。

（三）拔丝的操作要领

1. 熬糖时要防止返砂和炒焦

糖由晶粒到能拔出丝来，术实际上经历了三个阶段：溶化阶段基本无色，大量冒泡，气泡大而不均匀；浓稠阶段开始泛出米黄色，大气泡逐渐减少；稀薄阶段颜色加深，气泡变为小而密，表面平静，此时为投料拔丝的最佳时机。

返砂就是糖变成液体后又变回砂糖，水拔法最可能出现这种现象。糖溶于水成糖液，当所加水蒸发完毕时，火不够旺，搅动不及时，糖液就会还原成砂糖。此时再搅，部分糖黏在勺上，底下部分会很快变色烧焦。油拔砂糖必须使糖粒全部彻底地溶化，不能留下未溶化的颗粒，否则会影响出丝。油拔时如火候掌握不当，很可能出现部分糖粒还未溶化，另一部分糖液已转色变焦的现象。

不管哪种拔法都应经过中小火、大火两个加热过程。糖下锅时都用小火，慢慢搅，目的是使糖彻底溶化。见糖液变稠，颜色变米黄色时，要立即移到大火上快速搅 3～5 秒钟，使温度迅速由 100℃ 左右提高到 180℃ 左右。水拔开始用小火，让水汽慢慢耗干，到水少时，再搅不迟；油拔先用中火，慢慢搅拌，见糖液溶化即移大火快速搅炒。当糖液变稀，色呈淡棕色时，正是糖的熔点，即拔丝的最佳时机，这时可将原料倒入翻拌。

2. 油炸熬糖同步进行

最好是熬糖和油炸原料同时到达最佳状态，随后迅速将两者结合在一起。如果事先将原料炸好，糖热料冷，原料入锅消耗糖的热量便会加速糖液凝结，拔不出丝来。油炸原料入锅时需要沥干油，否则很可能使糖浆难以均匀地包裹到原料上。

盛放拔丝菜的盘子要事先涂上熟油，否则糖会黏住盘底；上菜速度要快，稍一迟缓，就可能拔不出丝来。著名的拔丝菜有拔丝苹果、拔丝蜜橘、拔丝西瓜等。

九、蜜汁

（一）什么是蜜汁

以糖作为主要调料，成菜软糯带稠浓甜汁，这种烹制方法称为蜜汁。蜜汁菜所用的烹调方法主要是蒸，也有烧、焖的。在烹制的最后阶段，都有一个收稠糖汁的过程。一方面糖汁浓稠能使部分糖分渗入原料，或裹覆原料表面，起入味的作用；另一方面，糖浆浓缩作会产生一定的光亮。酥烂软糯是蜜汁菜的共同特征。

（二）蜜汁的操作要领

蜜汁菜肴主要用蒸，也可用烧的方法制成，其关键不尽相同。

1. 蒸制的蜜汁菜是先将原料加糖蒸酥，然后淫出糖水装盘，再将蜂蜜在火上熬，稠浓后浇淋于原料上。有的菜肴为求外观漂亮，将原料扣于扣碗中，排列齐整或排出一定形状，蒸好后扣于盘中，不散不乱。蒸制的蜜汁菜制作要点是：首先，应用中旺火将原料蒸烂，且应一气呵成，不可蒸蒸停停。其次，蒸时要防止汽水滴入而导致原料湿烂不成形，水多了也会冲淡甜味浓度。其三，原料出笼装盘后应将水流尽，熬糖不能过度，至稠米汤状即可，熬时一般取中火。有些蜜汁菜不要求过分甜，卤汁因糖分不够而黏性不足，也可勾薄芡。

2. 烧、焖两种烹调方法本身差异不大，用于烹制蜜汁菜肴，关键亦基本相似。取烧者，原料一般较易酥烂。取焖者，原料酥烂所需时间较前者为长，具体方法是先用少量油炒糖，随即加水（加些蜂蜜更好），将糖烧溶化，放入原料一起烧焖。至原料熟烂，即将糖汁稠浓成菜。烧焖类蜜汁菜难度比蒸制类大得多，稍有不慎就可能导致粘底烧焦。为了保证成品的质烹量，制作这类蜜汁菜必须注意两个问题：第一，要根据原料及〔成菜要求决定焖烧的时间及所用的火力。原料易酥烂的，应短时间中火加热，如蜜汁鲜桃；不易酥烂的，要小火较长时间加热，如蜜汁山药。在焖烧过程中，一定要经常旋动炒锅，不易术散碎的原料可多加翻拌。第二，糖汁将熬干时，不能再盖锅盖，应把铁锅握在手里，不断旋动。如果原料酥烂易碎，可用手勺不停地将卤汁浇淋在原料上。稠浓糖浆至稠厚似芡且有光泽时即可出锅盛装。

十、贴

贴是烹调前的制作过程，指将几层原料相叠，粘合在一起。这些原料中，底层一般是肥膘，肥膘面上是茸状动物料。多时可有几层相叠。贴好后的原料用煎的方法烹调，不过只煎有肥膘的一面。贴的原料一般都先经调味并挂糊，底层肥膘是熟的，批切成薄片，其他原料覆上去时，肥膘上面必须撒干淀粉。贴好后表面要涂光滑，还可摆出图案。加热时要严格控制火力。原料层数多的，火要小，层数少的，火可旺些。在加热过程中，往往需要加酒和水，并加盖焖一下，利用蒸汽加热上层原料。有时也取变通办法，将层数多的原料先上笼蒸到成熟或半熟再煎。贴制菜的代表菜肴有千层鱼、锅贴虾等。

第三节　以蒸汽和干热空气导热的烹调方法

以水蒸气为主要导热介质的烹调方法主要有蒸，以干热空气为主要导热介质的烹调方法主要有烤。

一、蒸

（一）什么是蒸

原料以水蒸气为导热体，用中、旺火加热，成菜熟嫩或酥烂，这种烹调方法称为蒸。绝大部分蒸菜在蒸制前调味，也有少部分在蒸制后再另外调整口味。

蒸汽作为热导体，有它的特殊性。

第一，蒸汽的热量比较稳定，操作时容易掌握成菜的质感与加热时间的关系。蒸汽是水的变态，用旺火加热时，最低温度是 100℃，盖严笼盖之后，笼内压力增加，温度会略有上升，一般情况下可达 102℃左右，温差小，加热时可变因素相对减少。所以，蒸菜烹调时间的确定性比较大。

第二，蒸汽导热能更多地保存原料的原汁原味。原料处于密闭的空间，笼内温度呈饱和状态，不存在水分的内外交流，除了原料受热挤出少量水分外，不会产生大量脱水的情况，故成品原味俱在。但同时也存在一个问题，外加的调味料在加热过程中不可能为原料所吸收，亦即不易入味。

第三，用蒸汽加热，不会破坏原料的形态。原料进笼，到成菜出笼，不移动位置，与水煮相比，即使原料达到成熟或酥烂的质感，也不致改变其外形。这个特点为许多造型讲究的工艺菜所应用。

（二）蒸的操作要领

根据蒸汽导热的特点，在蒸制菜肴的过程中，应掌握以下要领：

1. 原料选择

选用新鲜的原料，并且事先调味蒸制的原料一定要特别新鲜，倘若稍有异味，成熟后即毕现无遗。蒸制的原料大致分成两类：成菜要求鲜嫩的，一般是些形体不大或者较易成熟的；要求醣烂的，一般是些富含蛋白质质地较老韧的。对于前者，调味之后可马上蒸制，以防调味涌入后水分排出，质地变老；后者调味后往往要腌制一定时间，使之事先入味。

2. 要正确掌握火候

不同要求的蒸菜，在掌握火力的强弱及时间长短上有所不同，具体说来有三种情况：

第一，旺火沸水速蒸。要求质地鲜嫩，只要蒸熟，不要蒸酥的菜肴，一般应采用旺火沸水速蒸，断生即可（10分钟左右）；如粉蒸牛肉片、清蒸鳞鱼等。如果蒸过头，则原料变老，口感粗糙。这种方法选用的原料一般质地较嫩。

第二，旺火沸水长时间蒸。凡原料质地老、体形大，而又需要蒸制得酥烂的，应采用这种方法。蒸的时间长短应视原料质地老嫩而定（一般需2~3小时）。总之要蒸到原料酥烂为止，以保持肉质酥烂肥香，如荷叶粉蒸肉等。

第三，中、小火沸水徐徐蒸。原料质地较嫩，或经过较细致的加工，要求保持鲜嫩的或塑就的形态，就要用这种方法。如绣球鱼翅、兰花鸽蛋、白雪鸡等。

3. 要合理使用蒸笼

蒸制时往往是几种菜肴一起加热。因此在具体操作时应注意以下三点：

第一，汤水少的菜应放在上面，汤水多的应放在下面。

第二，淡色的菜肴应放在上面，深色的应放在下面。这样万一上面的菜肴汤汁溢出不至于影响下面的菜。

第三，不易熟的菜肴应放在上面，易熟的应放在下面。因为热气向上，上层笼格的热量高于下层。

二、烤

（一）什么是烤

用干热空气和辐射热能直接将原料加热成熟的方法称为烤。烤菜制作时，已经调味的原料直接放在明火上或放进烤箱里，因此它的导热过程实际上是火将空气烧热，空气再将热传导给原料；同时，火光强烈的辐射也给予原料很高的热量。烤菜的加热过程，也是脱水的过程，能像炸一样使原料脱水变脆，而香味的浓郁更甚于炸。烤制的原料挂在空中或摆在烤盘里，不像炸那样浸没于油中，所以烤制时产生的香味全部扩散在空气中。烤制时原料外部只有涂刷于表面的调味品，没有任何东西浸入原料，故本味更浓。烤制的菜肴有的外表香脆内部肥嫩，有的肉质紧实，越嚼越香。

（二）烤的分类

根据烤炉设备及操作方法的不同，烤可分为暗炉烤和明炉烤两类。

1. 暗炉烤

暗炉烤指使用封闭型的烤炉烤制原料。这种炉子，热量集中，可使原料四周同时受到高温烘烤，容易烤透。原料大多事先调味，并腌渍一定时间。烤菜口味宜淡不宜咸。暗炉烤制时要注意掌握火候。烤前应先将烤炉烧热。原料形体大的，火要小一些；形体小的，火可大一些。烤炉中，一般顶部和近火处温度最高，要注意经常变换原料的位置。悬吊着烘烤的，要变换前后位置；用烤盘的要变换其上下位置，以使原料的不同部位和不同烤盘内的原料同时成熟。

烤制品除用冷菜之外，上席应越快越好。许多菜烤制时形体较大，烤好后需要改刀上席的，改刀时动作要快。著名的北京烤鸭、烤豆腐等都属暗炉烤制的菜肴。

暗炉烤有一种特殊的应用——泥烤。

泥烤是原料裹上一层黏质黄泥，放入烤炉内加热成熟的烤法。泥烤最早是将裹上黄泥的原料放在炭火、柴火的余烬里加热成熟。

泥烤菜肴以黄泥烤鸡（也称黄泥煨鸡、叫化鸡）为代表。制法是原料调味后包上荷叶和玻璃纸，外边用捣碎的酒瓷封。泥加水和成黏糊，均匀地涂裹在原料表面（一般泥厚约 1 厘米），随后用小火烤。因为有严密的保护层，热量缓慢透入而不易散发，所以成品原味俱在，香味浓郁，质感酥嫩。

泥烤应选择中等老嫩的原料。原料太老，烤制费时太多，质感嫌粗；原料太嫩，烤制后脱骨出水，口感也不好。原料调味前一般要焯水，以去除表层血腥，保证本味的纯醇。口味不京能过咸。荷叶或玻璃纸要包得紧密，否则里边汁液渗出为泥巴所吸收。进烤箱后可先用旺火烤一会，随后转小火，烤至泥巴板结，里边原料成熟为止。

2. 明炉烤

明炉烤指将原料放在敞口的火炉或火盆上烤炙。火炉、火盆上方一般有铁架子，原料就放在铁架上。为便于翻转，许多原料还以铁叉或铁丝串住。明炉烤的特点是设备简单，火候较易掌握。但因火力分散，故烤制的时间较长。烤时火直接烧烤原料，脱水更多，干香味也更为浓郁。

明炉烤的原料，形体小的大多事先调味，形体大的求其外表香脆质感，往往烤成之后随调好的调味品上席供蘸食。事先调味的要经过腌渍阶段，以便入味。烤时离火近一些，翻动勤一点。原料多以各种肉类为主，成品颇耐咀嚼。形体大的，烤时就得耐心，离火稍远些，缓缓地不停地转动原料，使每一部分均匀地受热。有些原料还在表皮涂以糖稀，使皮色棕红，质地香脆。这种烤菜烤时要做到外表脆时里边正好成熟。

明炉烤的名菜有烤羊肉串、烤乳猪、烤酥方等。

第四节　以盐为导热体的烹调方法

以盐作为导热体的烹调方法有一种，即盐焗。

（一）什么是盐焗

盐焗是原料经调味包裹之后，埋入热盐中焗熟的一种烹调方法。盐焗一法滥觞于粤菜，现已流传到全国各地。盐是热的不良导体，但加热到一定温度，其散热也相当缓慢。盐焗就是利用这个原理，将原料慢慢焗熟酥烂的。盐焗菜骨酥肉烂，香味浓郁，本味俱在。

（二）盐焗的操作要领

首先，选用的原料质地不能太嫩，鲜味要好。其次，调味不能太重，要比一般菜肴轻一点。第三，包原料的纸应耐高温，且稍微大些，一定要包裹严密，倘若有盐钻入势必影响菜肴的口味。第四，盐焗菜加热时不移动位置，故原料周围的热盐要厚一些，原料应尽量埋没于盐的中央，其周围盐的厚度应大致均匀，锅底应以小火或微火慢慢加热。第五，要根据原料形体和质地决定加热时间，一般都在 20 分钟到半小时左右。

盐焗的代表品种是盐焗鸡。

参考文献

[1] 李建国. 南方卷中国大锅菜[M]. 北京: 中国铁道出版社, 2018.

[2] 刘广伟. 中国菜 34-4 体系[M]. 北京: 地质出版社, 2018.

[3] 朱立挺. 中国陕菜[M]. 西安: 陕西旅游出版社, 2018.

[4] 河北邯郸美食林商贸集团有限公司. 中国邯郸菜[M]. 石家庄: 河北科学技术出版社, 2018.

[5] 黄君. 中国创意菜醉春谣[M]. 北京: 中国轻工业出版社, 2018.

[6] 朱立挺, 庄永全. 中国陕菜烹饪技艺大全[M]. 西安: 西安出版社, 2018.

[7] 陈志田. 舌尖上的中国传世美食炮制方法全攻略[M]. 北京: 中国华侨出版社, 2018.

[8] 杨骥. 古代小说与饮食小说中国[M]. 广州: 暨南大学出版社, 2018.

[9] 李建国. 世界厨房中国味蒸烤箱卷[M]. 北京: 中国铁道出版社, 2018.

[10] 谈祥柏. 中国科普名家名作趣味数学专辑数学营养菜典藏版[M]. 北京: 中国少年儿童出版社, 2018.

[11] 王仁兴. 国菜精华[M]. 北京: 生活·读书·新知三联书店, 2018.

[12] 陈功. 泡菜加工学[M]. 成都: 四川科学技术出版社, 2018.

[13] 梁实秋. 民食天地文化名家谈饮食[M]. 扬州: 广陵书社, 2018.

[14] 宿育海, 程鹏. 陕人陕菜[M]. 西安: 西北大学出版社, 2018.

[15] 李玉芬. 寻味淮扬菜[M]. 哈尔滨: 黑龙江科学技术出版社, 2018.

[16] 晓玲叮当. 最美泥巴菜[M]. 通辽: 内蒙古少年儿童出版社, 2018.

[17] 张刚. 招牌川味风味菜[M]. 兰州: 甘肃科学技术出版社, 2018.

[18] 路世竑, 闫书耀. 花椒与花椒芽菜高效生产技术[M]. 北京: 中国农业科学技术出版社, 2018.

[19] 刘建伟. 旺店爆款招牌菜 200 款第 1 部[M]. 济南: 山东省地图出版社, 2018.

[20] 刘军茹. 中国文化[M]. 北京: 五洲传播出版社, 2018.

[21] 中国农业科学院作物科学研究所, 吉林省农业科学院大豆研究所. 中国大豆品种志 2005-2014[M]. 北京: 中国农业出版社, 2018.

[22] 兰延超. 中国传统名吃[M]. 长春: 吉林出版集团股份有限公司, 2018.

[23] 强振涛. 中国闽菜[M]. 福州: 福建人民出版社, 2018.